国家科技重大专项

大型油气田及煤层气开发成果丛书

（2008—2020）

卷11

低渗—超低渗油藏有效开发关键技术

李熙喆　杨正明　周志平　周永炳　等编著

石油工业出版社

内容提要

本书针对低渗—超低渗油藏“十三五”面临的“提高采收率、提高单井产量、提高动用程度”三大关键问题，提出了超低渗油藏有效开发基础理论和水平井线注线采等有效补充能量技术，介绍了缝网匹配的立体加密调整和功能性水驱等提高采收率新方法，阐述了聚合物微球深部调驱、井下智能分注和老井缝端暂堵体积压裂等提高储量动用关键工艺技术，总结了薄互层水平井穿层压裂设计、现场实施及控制工艺技术，为推动低渗—超低渗油藏改善水驱试验和工业应用起到了重要的支撑作用。

本书可供高等石油院校相关专业师生、石油现场工程师阅读，也可供科研机构从事相关研究的科研人员参考。

图书在版编目（CIP）数据

低渗—超低渗油藏有效开发关键技术 / 李熙喆等编著 .
—北京：石油工业出版社，2023.5
（国家科技重大专项 · 大型油气田及煤层气开发成果丛书：2008—2020）
ISBN 978-7-5183-5080-3

Ⅰ . ① 低… Ⅱ . ① 李… Ⅲ . ① 低渗透油气藏 - 油田开发 Ⅳ . ① TE348

中国版本图书馆 CIP 数据核字（2022）第 000327 号

责任编辑：王金凤　申公昱
责任校对：刘晓雪
装帧设计：李　欣　周　彦

出版发行：石油工业出版社
（北京安定门外安华里 2 区 1 号　100011）
网　址：www.petropub.com
编辑部：（010）64523537　图书营销中心：（010）64523633
经　　销：全国新华书店
印　　刷：北京中石油彩色印刷有限责任公司

2023 年 5 月第 1 版　2023 年 5 月第 1 次印刷
787×1092 毫米　开本：1/16　印张：14.25
字数：310 千字

定价：150.00 元

《国家科技重大专项·大型油气田及煤层气开发成果丛书（2008—2020）》

编委会

《低渗—超低渗油藏有效开发关键技术》

编写组

组　长：李熙喆

副组长：杨正明　雷征东　罗　凯　刘庆杰　周志平　周永炳
樊建明

成　员：（按姓氏拼音排序）

曹仁义　陈淑利　程时清　胡明毅　雷启鸿　李　莉
李海波　李恕军　李兆国　刘建军　刘先贵　吕文雅
骆雨田　彭缓缓　师永民　唐　凡　陶　珍　田昌炳
王沫然　翁定为　吴忠宝　伍家忠　许晓宏　杨海恩
姚　斌　于海洋　张亚蒲　郑宪宝　祖　琳

丛书·序

能源安全关系国计民生和国家安全。面对世界百年未有之大变局和全球科技革命的新形势，我国石油工业肩负着坚持初心、为国找油、科技创新、再创辉煌的历史使命。国家科技重大专项是立足国家战略需求，通过核心技术突破和资源集成，在一定时限内完成的重大战略产品、关键共性技术或重大工程，是国家科技发展的重中之重。大型油气田及煤层气开发专项，是贯彻落实习近平总书记关于大力提升油气勘探开发力度、能源的饭碗必须端在自己手里等重要指示批示精神的重大实践，是实施我国“深化东部、发展西部、加快海上、拓展海外”油气战略的重大举措，引领了我国油气勘探开发事业跨入向深层、深水和非常规油气进军的新时代，推动了我国油气科技发展从以“跟随”为主向“并跑、领跑”的重大转变。在“十二五”和“十三五”国家科技创新成就展上，习近平总书记两次视察专项展台，充分肯定了油气科技发展取得的重大成就。

大型油气田及煤层气开发专项作为《国家中长期科学和技术发展规划纲要（2006—2020年）》确定的10个民口科技重大专项中唯一由企业牵头组织实施的项目，以国家重大需求为导向，积极探索和实践依托行业骨干企业组织实施的科技创新新型举国体制，集中优势力量，调动中国石油、中国石化、中国海油等百余家油气能源企业和70多所高等院校、20多家科研院所及30多家民营企业协同攻关，参与研究的科技人员和推广试验人员超过3万人。围绕专项实施，形成了国家主导、企业主体、市场调节、产学研用一体化的协同创新机制，聚智协力突破关键核心技术，实现了重大关键技术与装备的快速跨越；弘扬伟大建党精神、传承石油精神和大庆精神铁人精神，以及石油会战等优良传统，充分体现了新型举国体制在科技创新领域的巨大优势。

经过十三年的持续攻关，全面完成了油气重大专项既定战略目标，攻克了一批制约油气勘探开发的瓶颈技术，解决了一批“卡脖子”问题。在陆上油气勘探、陆上油气开发、工程技术、海洋油气勘探开发、海外油气勘探开发、非常规油气勘探开发领域，形成了6大技术系列、26项重大技术；自主研发20项重大工程技术装备；建成35项示范工程、26个国家级重点实验室和研究中心。我国油气科技自主创新能力大幅提升，油气能源企业被卓越赋能，形成产量、储量增长高峰期发展新态势，为落实习近平总书记“四个革命、一个合作”能源安全新战略奠定了坚实的资源基础和技术保障。

《国家科技重大专项·大型油气田及煤层气开发成果丛书（2008—2020）》（62卷）是专项攻关以来在科学理论和技术创新方面取得的重大进展和标志性成果的系统总结，凝结了数万科研工作者的智慧和心血。他们以“功成不必在我，功成必定有我”的担当，高质量完成了这些重大科技成果的凝练提升与编写工作，为推动科技创新成果转化为现实生产力贡献了力量，给广大石油干部员工奉献了一场科技成果的饕餮盛宴。这套丛书的正式出版，对于加快推进专项理论技术成果的全面推广，提升石油工业上游整体自主创新能力和科技水平，支撑油气勘探开发快速发展，在更大范围内提升国家能源保障能力将发挥重要作用，同时也一定会在中国石油工业科技出版史上留下一座书香四溢的里程碑。

在世界能源行业加快绿色低碳转型的关键时期，广大石油科技工作者要进一步认清面临形势，保持战略定力、志存高远、志创一流，毫不放松加强油气等传统能源科技攻关，大力提升油气勘探开发力度，增强保障国家能源安全能力，努力建设国家战略科技力量和世界能源创新高地；面对资源短缺、环境保护的双重约束，充分发挥自身优势，以技术创新为突破口，加快布局发展新能源新事业，大力推进油气与新能源协调融合发展，加大节能减排降碳力度，努力增加清洁能源供应，在绿色低碳科技革命和能源科技创新上出更多更好的成果，为把我国建设成为世界能源强国、科技强国，实现中华民族伟大复兴的中国梦续写新的华章。

中国石油董事长、党组书记
中国工程院院士　戴厚良

丛书·前言

石油天然气是当今人类社会发展最重要的能源。2020 年全球一次能源消费量为 134.0×10^8t 油当量，其中石油和天然气占比分别为 30.6% 和 24.2%。展望未来，油气在相当长时间内仍是一次能源消费的主体，全球油气生产将呈长期稳定趋势，天然气产量将保持较高的增长率。

习近平总书记高度重视能源工作，明确指示“要加大油气勘探开发力度，保障我国能源安全”。石油工业的发展是由资源、技术、市场和社会政治经济环境四方面要素决定的，其中油气资源是基础，技术进步是最活跃、最关键的因素，石油工业发展高度依赖科学技术进步。近年来，全球石油工业上游在资源领域和理论技术研发均发生重大变化，非常规油气、海洋深水油气和深层—超深层油气勘探开发获得重大突破，推动石油地质理论与勘探开发技术装备取得革命性进步，引领石油工业上游业务进入新阶段。

中国共有 500 余个沉积盆地，已发现松辽盆地、渤海湾盆地、准噶尔盆地、塔里木盆地、鄂尔多斯盆地、四川盆地、柴达木盆地和南海盆地等大型含油气大盆地，油气资源十分丰富。中国含油气盆地类型多样、油气地质条件复杂，已发现的油气资源以陆相为主，构成独具特色的大油气分布区。历经半个多世纪的艰苦创业，到 20 世纪末，中国已建立完整独立的石油工业体系，基本满足了国家发展对能源的需求，保障了油气供给安全。2000 年以来，随着国内经济高速发展，油气需求快速增长，油气对外依存度逐年攀升。我国石油工业担负着保障国家油气供应安全，壮大国际竞争力的历史使命，然而我国石油工业面临着油气勘探开发对象日趋复杂、难度日益增大、勘探开发理论技术不相适应及先进装备依赖进口的巨大压力，因此急需发展自主科技创新能力，发展新一代油气勘探开发理论技术与先进装备，以大幅提升油气产量，保障国家油气能源安全。一直以来，国家高度重视油气科技进步，支持石油工业建设专业齐全、先进开放和国际化的上游科技研发体系，在中国石油、中国石化和中国海油建立了比较先进和完备的科技队伍和研发平台，在此基础上于2008年启动实施国家科技重大专项技术攻关。

国家科技重大专项“大型油气田及煤层气开发”（简称“国家油气重大专项”）是《国家中长期科学和技术发展规划纲要（2006—2020年）》确定的16个重大专项之一，目标是大幅提升石油工业上游整体科技创新能力和科技水平，支撑油气勘探开发快速发展。国家油气重大专项实施周期为2008—2020年，按照“十一五”“十二五”“十三五”3个阶段实施，是民口科技重大专项中唯一由企业牵头组织实施的专项，由中国石油牵头组织实施。专项立足保障国家能源安全重大战略需求，围绕“6212”科技攻关目标，共部署实施201个项目和示范工程。在党中央、国务院的坚强领导下，专项攻关团队积极探索和实践依托行业骨干企业组织实施的科技攻关新型举国体制，加快推进专项实施，攻克一批制约油气勘探开发的瓶颈技术，形成了陆上油气勘探、陆上油气开发、工程技术、海洋油气勘探开发、海外油气勘探开发、非常规油气勘探开发6大领域技术系列及26项重大技术，自主研发20项重大工程技术装备，完成35项示范工程建设。近10年我国石油年产量稳定在2×10^8t左右，天然气产量取得快速增长，2020年天然气产量达$1925\times10^8m^3$，专项全面完成既定战略目标。

通过专项科技攻关，中国油气勘探开发技术整体已经达到国际先进水平，其中陆上油气勘探开发水平位居国际前列，海洋石油勘探开发与装备研发取得巨大进步，非常规油气开发获得重大突破，石油工程服务业的技术装备实现自主化，常规技术装备已全面国产化，并具备部分高端技术装备的研发和生产能力。总体来看，我国石油工业上游科技取得以下七个方面的重大进展：

（1）我国天然气勘探开发理论技术取得重大进展，发现和建成一批大气田，支撑天然气工业实现跨越式发展。围绕我国海相与深层天然气勘探开发技术难题，形成了海相碳酸盐岩、前陆冲断带和低渗—致密等领域天然气成藏理论和勘探开发重大技术，保障了我国天然气产量快速增长。自2007年至2020年，我国天然气年产量从$677\times10^8m^3$增长到$1925\times10^8m^3$，探明储量从$6.1\times10^{12}m^3$增长到$14.41\times10^{12}m^3$，天然气在一次能源消费结构中的比例从2.75%提升到8.18%以上，实现了三个翻番，我国已成为全球第四大天然气生产国。

（2）创新发展了石油地质理论与先进勘探技术，陆相油气勘探理论与技术继续保持国际领先水平。创新发展形成了包括岩性地层油气成藏理论与勘探配套技术等新一代石油地质理论与勘探技术，发现了鄂尔多斯湖盆中心岩性地层大油区，支撑了国内长期年新增探明 10×10^8t 以上的石油地质储量。

（3）形成国际领先的高含水油田提高采收率技术，聚合物驱油技术已发展到三元复合驱，并研发先进的低渗透和稠油油田开采技术，支撑我国原油产量长期稳定。

（4）我国石油工业上游工程技术装备（物探、测井、钻井和压裂）基本实现自主化，具备一批高端装备技术研发制造能力。石油企业技术服务保障能力和国际竞争力大幅提升，促进了石油装备产业和工程技术服务产业发展。

（5）我国海洋深水工程技术装备取得重大突破，初步实现自主发展，支持了海洋深水油气勘探开发进展，近海油气勘探与开发能力整体达到国际先进水平，海上稠油开发处于国际领先水平。

（6）形成海外大型油气田勘探开发特色技术，助力“一带一路”国家油气资源开发和利用。形成全球油气资源评价能力，实现了国内成熟勘探开发技术到全球的集成与应用，我国海外权益油气产量大幅度提升。

（7）页岩气、致密气、煤层气与致密油、页岩油勘探开发技术取得重大突破，引领非常规油气开发新兴产业发展。形成页岩气水平井钻完井与储层改造作业技术系列，推动页岩气产业快速发展；页岩油勘探开发理论技术取得重大突破；煤层气开发新兴产业初见成效，形成煤层气与煤炭协调开发技术体系，全国煤炭安全生产形势实现根本性好转。

这些科技成果的取得，是国家实施建设创新型国家战略的成果，是百万石油员工和科技人员发扬艰苦奋斗、为国找油的大庆精神铁人精神的实践结果，是我国科技界以举国之力团结奋斗联合攻关的硕果。国家油气重大专项在实施中立足传统石油工业，探索实践新型举国体制，创建“产学研用”创新团队，创新人才队伍建设，创新科技研发平台基地建设，使我国石油工业科技创新能力得到大幅度提升。

为了系统总结和反映国家油气重大专项在科学理论和技术创新方面取得的重大进展和成果，加快推进专项理论技术成果的推广和提升，专项实施管理办公室与技术总体组规划组织编写了《国家科技重大专项·大型油气田及煤层气开发成果丛书（2008—2020）》。丛书共 62 卷，第 1 卷为专项理论技术成果总论，第 2～9 卷为陆上油气勘探理论技术成果，第 10～14 卷为陆上油气开发理论技术成果，第 15～22 卷为工程技术装备成果，第 23～26 卷为海洋油气理论技术装备成果，第 27～30 卷为海外油气理论技术成果，第 31～43 卷为非常规油气理论技术成果，第44～62卷为油气开发示范工程技术集成与实施成果（包括常规油气开发7卷，煤层气开发5卷，页岩气开发4卷，致密油、页岩油开发3卷）。

各卷均以专项攻关组织实施的项目与示范工程为单元，作者是项目与示范工程的项目长和技术骨干，内容是项目与示范工程在2008—2020年期间的重大科学理论研究、先进勘探开发技术和装备研发成果，代表了当今我国石油工业上游的最新成就和最高水平。丛书内容翔实，资料丰富，是科学研究与现场试验的真实记录，也是科研成果的总结和提升，具有重大的科学意义和资料价值，必将成为石油工业上游科技发展的珍贵记录和未来科技研发的基石和参考资料。衷心希望丛书的出版为中国石油工业的发展发挥重要作用。

国家科技重大专项“大型油气田及煤层气开发”是一项巨大的历史性科技工程，前后历时十三年，跨越三个五年规划，共有数万名科技人员参加，是我国石油工业史上一项壮举。专项的顺利实施和圆满完成是参与专项的全体科技人员奋力攻关、辛勤工作的结果，是我国石油工业界和石油科技教育界通力合作的典范。我有幸作为国家油气重大专项技术总师，全程参加了专项的科研和组织，倍感荣幸和自豪。同时，特别感谢国家科技部、财政部和发改委的规划、组织和支持，感谢中国石油、中国石化、中国海油及中联公司长期对石油科技和油气重大专项的直接领导和经费投入。此次专项成果丛书的编辑出版，还得到了石油工业出版社大力支持，在此一并表示感谢！

中国科学院院士 贾承造

《国家科技重大专项·大型油气田及煤层气开发成果丛书（2008—2020）》

分卷目录

序号	分卷名称
卷 29	超重油与油砂有效开发理论与技术
卷 30	伊拉克典型复杂碳酸盐岩油藏储层描述
卷 31	中国主要页岩气富集成藏特点与资源潜力
卷 32	四川盆地及周缘页岩气形成富集条件、选区评价技术与应用
卷 33	南方海相页岩气区带目标评价与勘探技术
卷 34	页岩气气藏工程及采气工艺技术进展
卷 35	超高压大功率成套压裂装备技术与应用
卷 36	非常规油气开发环境检测与保护关键技术
卷 37	煤层气勘探地质理论及关键技术
卷 38	煤层气高效增产及排采关键技术
卷 39	新疆准噶尔盆地南缘煤层气资源与勘查开发技术
卷 40	煤矿区煤层气抽采利用关键技术与装备
卷 41	中国陆相致密油勘探开发理论与技术
卷 42	鄂尔多斯盆缘过渡带复杂类型气藏精细描述与开发
卷 43	中国典型盆地陆相页岩油勘探开发选区与目标评价
卷 44	鄂尔多斯盆地大型低渗透岩性地层油气藏勘探开发技术与实践
卷 45	塔里木盆地克拉苏气田超深超高压气藏开发实践
卷 46	安岳特大型深层碳酸盐岩气田高效开发关键技术
卷 47	缝洞型油藏提高采收率工程技术创新与实践
卷 48	大庆长垣油田特高含水期提高采收率技术与示范应用
卷 49	辽河及新疆稠油超稠油高效开发关键技术研究与实践
卷 50	长庆油田低渗透砂岩油藏 CO_2 驱油技术与实践
卷 51	沁水盆地南部高煤阶煤层气开发关键技术
卷 52	涪陵海相页岩气高效开发关键技术
卷 53	渝东南常压页岩气勘探开发关键技术
卷 54	长宁—威远页岩气高效开发理论与技术
卷 55	昭通山地页岩气勘探开发关键技术与实践
卷 56	沁水盆地煤层气水平井开采技术及实践
卷 57	鄂尔多斯盆地东缘煤系非常规气勘探开发技术与实践
卷 58	煤矿区煤层气地面超前预抽理论与技术
卷 59	两淮矿区煤层气开发新技术
卷 60	鄂尔多斯盆地致密油与页岩油规模开发技术
卷 61	准噶尔盆地砂砾岩致密油藏开发理论技术与实践
卷 62	渤海湾盆地济阳坳陷致密油藏开发技术与实践

本卷·前言

随着中国经济快速发展，石油等能源的消费总量大幅度增加。2019 年中国原油消费量为 6.96×10^8t，其中国外进口原油为 5.05×10^8t，原油进口量占总消耗量的 72.6%，较高的石油对外依存度已经成为影响我国能源安全的重大问题。2011 年以来，低渗—超低渗油藏动用地质储量占总探明地质储量的 39.5%。低渗—超低渗油藏产量也逐年递增，2019 年中国石油天然气股份有限公司低渗—超低渗油藏年产油量占公司原油产量的 36.8%。因此，低渗—超低渗油藏规模有效开发对中国石油以至我国石油工业可持续发展具有重要意义。但低渗、特低渗油藏总体采出程度低，分别为 15.6% 和 9.9%，传统水驱调控适应性差，提高采收率潜力大；超低渗油藏常规水驱难以建立有效压力系统，产量递减快，缺乏有效能量补充方式。迫切需要攻克低渗—超低渗油藏有效开发关键技术来支撑油田现场开发。

本书紧密围绕“低渗—特低渗油藏如何进一步提高采收率”和“超低渗油藏如何进一步提高储量动用率”两大瓶颈问题，提出了超低渗油藏有效开发基础理论和水平井线注线采等有效补充能量技术，介绍了缝网匹配的立体加密调整和功能性水驱等提高采收率新方法，阐述了聚合物微球深部调驱、井下智能分注和老井缝端暂堵体积压裂等提高储量动用关键工艺技术，总结了薄互层水平井穿层压裂设计、现场实施及控制工艺技术，为低渗—超低渗油藏有效开发提供技术支撑。

全书共分七章。第一章由李熙喆、杨正明、雷征东、罗凯、刘庆杰、李兆国、周志平、周永炳和李海波等人撰写；第二章由李熙喆、杨正明、罗凯、刘先贵、张亚蒲、骆雨田、李海波、刘学伟、曹仁义、王沫然、程时清、于海洋、刘建军、郭和坤、胡明毅、熊生春、杨铁军、王文明和林伟等人撰写；第三章由雷征东、陶珍、彭媛媛、田昌炳和许晓宏等人撰写；第四章由刘庆杰、伍家忠、陈兴隆和杨惠等人撰写；第五章由樊建明、李恕军、李兆国、雷启鸿、王冲、王芳、陈小东、刘建、曹仁义、吕文雅、齐媛和李庆等人撰写；第六章由周志平、杨海恩、姚斌、唐凡、齐银、翁定为、马波、薛芳芳、于九政、达引朋、王勇茗、梁宏波、师永民等人撰写；第七章由周永炳、陈淑利、郑宪宝、李莉、吴忠宝、祖琳、李照永、张庆斌、王云龙、蔡敏和徐粤州等人撰写。

本书由中国石油勘探开发研究院牵头，联合长庆油田、大庆油田、北京大学、清华大学、中国科学院、中国石油大学（北京）、中国石油大学（华东）和西南石油大学等 13 家单位、691 位科技工作者联合完成的重大科技成果。

本书在撰写过程中引用和参考了大量文献与有关资料，在此特向资料数据提供者和文献作者表示感谢，书中难免存在不足之处，敬请广大读者批评指正。

目 录

第一章 绪 论

低渗—超低渗油藏是我国目前原油增储上产的重要领域。2011 年以来，低渗—超低渗油藏动用地质储量占总探明地质储量的 39.5%。低渗—超低渗油藏产量也逐年递增，2019 年中国石油天然气股份有限公司（以下简称中国石油）低渗—超低渗油藏年产油量占公司原油产量的 36.8%，预计 2035 年中国石油 1×10^8t 油产量中占比约为 50%。因此，低渗—超低渗油藏规模有效开发对中国石油以至我国石油工业可持续发展具有重要意义。

但低渗、特低渗油藏总体采出程度低，分别为 15.6% 和 9.9%，传统水驱调控适应性差，水驱波及范围和动用程度低，提高采收率潜力大；超低渗油藏常规水驱难以建立有效压力系统，产量递减快，缺乏有效能量补充方式。迫切需要攻克低渗—超低渗油藏有效开发关键技术来支撑油田现场开发。

本书依托"十三五"国家油气重大科技专项、中国石油重大科技攻关项目，按照"以基础研究为引领、技术研发为核心、现场试验为抓手"的产学研一体化组织攻关模式，重点针对低渗、特低渗油藏提高采收率、超低渗油藏有效动用以及关键工艺等领域开展了理论技术攻关和现场试验，提出了超低渗油藏有效开发基础理论和水平井线注线采等有效补充能量技术，介绍了缝网匹配的立体加密调整和功能性水驱等提高采收率新方法，阐述了聚合物微球深部调驱、井下智能分注和老井缝端暂堵体积压裂等提高储量动用关键工艺技术，总结了薄互层水平井穿层压裂设计、现场实施及控制工艺技术，推动了中国石油低渗—超低渗油藏有效开发关键技术的研发换代和有序接替。本章简要概述了低渗—超低渗油藏开发所面临的挑战和取得的主要成果。

第一节 面临的挑战

依据低渗—超低渗油藏地质特点、开发技术现状和发展趋势，要实现低渗—超低渗油藏的可持续有效开发，需依赖以下 6 项理论、方法或关键技术突破。

一、超低渗油藏渗吸采油和不同介质补充能量开发机理

现有的渗吸采油和不同介质补充能量开发机理研究主要用小岩心物理模拟实验手段来研究自发渗吸和不同注入介质补充能量机理，补充能量主要开发方式以驱替为主。这些物理模拟实验手段难以揭示超低渗油藏复杂井型的渗流机理，且一部分超低渗油藏难以用驱替建立井间有效驱动压力体系，常用吞吐来补充地层能量，因而需攻克超低渗油藏渗吸采油和不同介质补充能量物理模拟技术，揭示其开采机理。

二、低渗、特低渗油藏水驱扩大波及体积技术

水驱是低渗透油藏最经济有效开发方式，但油藏整体进入中高含水阶段，采收率平均20.8%，主要问题是波及范围有限，平面波及系数仅有66%，纵向动用仅60%。需攻关动态裂缝表征技术，建立动态裂缝与基质非均质双重作用下剩余油定量评价技术，形成井网与动态裂缝匹配的加密调整技术和利用裂缝的精细注采调控技术，解决低渗、特低渗油藏扩大水驱波及体积的问题。

三、低渗—超低渗油藏提高采收率新方法

通过注水体系的功能化能否实现低成本有效提高采收率的目的？如何因地制宜在低渗—超低渗油藏实现多气源、多方式注气提高采收率的目标？影响特低渗—超低渗储层中化学体系的作用机理以及能否研制适合低渗—超低渗油藏的高效驱油剂？需通过提高采收率新方法的攻关，解决离子匹配精细水驱技术低成本和强驱油、注空气开发提高泡沫体系耐油和稳定性、化学驱实现注入性与有效提高采收率兼得等问题。

四、改善超低渗油藏水平井开发效果技术

超低渗透原油年产量占到长庆油田“十三五”规划原油年产量的1/3，是长庆油田5000×10^4t以上稳产、上产的重要支撑之一。为了实现上述目标，“十三五”期间需从新区上产和老区稳产两方面开展工作。新区每年新建原油产能50%以上为物性更差的超低渗油藏储量，提高储量动用程度难度大。老区超低渗透油藏自然递减为13.7%，综合递减为11.5%，递减较快，现有技术已不能满足超低渗透油藏持续稳产、上产的技术需求。需进一步优化有效能量补充方式和策略，解决超低渗油藏水平井开发有效驱替难以建立、递减大的问题；需进行井网调整优化，解决水平井注采井网见水风险大、见水突出的问题。

五、低渗—超低渗油藏低成本长效的工艺配套技术

从已开发的低渗—超低渗油藏来看，微裂缝发育，非均质性强，平面、剖面矛盾突出，是制约水驱动用程度提高的主因；例如长庆油田低产井数多（日产油小于0.5t有10397口，占总开井数1/4），采油速度低；套损问题日益凸显，年新增200口左右，年损失产能约18×10^4t，严重制约着储量动用程度的提高。需攻克细分层注水、高强微球深部调驱、转向压裂等技术，提高分注工艺有效性与测调效率，延长堵水调剖和重复压裂有效期，从而提高储层整体动用程度。

六、低渗、特低渗复杂油藏规模有效动用技术

大庆油田外围低渗、特低渗复杂油藏未动用储量属于特低丰度。油水同层小型油藏储量占84.8%，油水同层分级识别和薄储层预测精度低、建产区块优选难度大；而且低渗和特低渗透油藏单井产量低、采油速度低、采收率低、开发效益差；低效区块综合治理

难度大。需进一步提高油水层识别和地震预测精度，优选产建区块；攻关水平井穿层压裂一体化设计及其配套技术，解决特低丰度薄互层的有效开发问题；形成缝控基质单元注采系统综合调整技术，改善水驱开发效果。

第二节　取得的主要成果

在“十三五”期间，重点围绕制约低渗—超低渗油藏有效开发的瓶颈问题开展联合攻关，在开发基础理论、提高采收率新方法、精细水驱技术、有效动用关键工艺技术等方面取得一些新进展，具体包含以下几点。

（1）揭示了超低渗油藏不同注入介质补充能量和渗吸开采机理，探索了超低渗油藏有效开发基础理论。

创建了不同尺寸岩心不同注入介质补充能量和渗吸物理模拟实验方法，揭示了超低渗油藏不同注入介质补充能量和渗吸开采机理，建立了超低渗油藏多尺度、多重介质、多场耦合数学模型，研发了数值模拟和产能预测软件，夯实了超低渗油藏有效开发的理论基础。

① 研发了高温高压核磁共振在线测试等 5 套关键设备，升级了高压大模型物理模拟实验系统，发展了超低渗油藏物理模拟设备体系。实现了混合润湿性、原位黏度等关键参数动态测试和不同注入介质在线模拟，实现了超低渗油藏多井型（分段压裂水平井和直井等）、多介质（水、CO_2、活性水等）、多种开采方式（驱替、吞吐）的物理模拟。

② 创建了以“混合润湿性”为代表的 5 项关键物性参数测试方法，精细刻画了超低渗岩心微观孔喉分布特征和流体赋存状况，实现了储层润湿性等关键物性参数及其在开发过程中变化规律的动态评价，提高了超低渗储层认识水平。

③ 创建了超低渗油藏不同尺寸岩心渗吸采油和不同注入介质补充能量的物理模拟方法，揭示了超低渗油藏渗吸采油和不同介质补充能量开发机理，为超低渗油藏转变开发方式提供了理论支撑。

④ 开展了超低渗油藏人工裂缝、诱导裂缝和天然裂缝分布的精确表征，提出了复杂缝网下渗吸表征模型，明确了体积压裂和吞吐补能增产机理，探索建立了超低渗油藏体积改造模式下渗吸驱油理论，提出了超低渗油藏两类储层有效开发模式，为超低渗油藏有效动用提供技术支撑。

（2）创新发展了低渗、特低渗油藏缝网匹配的立体井网加密调整技术，建立了不同类型油藏水驱扩大波及体积调整模式，支撑了低渗、特低渗油藏规模有效开发。

通过动态裂缝有效描述，实现了由控制裂缝向有效利用裂缝转变，提高了注水效率；发展了沿裂缝带线性加密调整结合深部调驱技术，扩大平面波及体积；升级了精细分注和不稳定注水技术，提高纵向波及程度。

① 形成了裂缝表征与三维离散裂缝建模技术，通过核函数替换对数据进行分类、非线性映射，裂缝识别精度由 75% 提高到 85%。创新了应力场与渗流场耦合的动态离散裂

缝模拟技术，通过三维重构方法将复杂裂缝系统投影到各层，实现了单层动态裂缝扩展模拟，突破了静态裂缝模型的局限。提高了剩余油量化的精度和可靠性，剩余油定量评价结果在王窑区王 15-16 检查井组应用，95% 的井模拟时间与实际见水时间一致，平面及剖面上水驱状况与动态监测符合率达 93%。并以物理模拟、数值模拟、油藏工程方法为主，利用现场监测及检查井、加密井等资料修正，构建了 4 种剩余油分布模式，指导井网调整和剩余油挖潜。

② 形成了低渗、特低渗油藏缝网匹配的立体井网加密调整技术，并以最大化水驱波及体积为目标函数，使用遗传算法基于流动的井位优化方法，形成了基于剩余油分布的加密井位智能优化技术。在剩余油区内利用智能优化算法对加密井井位、注入量等进行优化，优化过程中累计产油持续升高，井位逐渐趋于最佳井位。

③ 创新了动态裂缝高精度快速诊断方法，建立了反演动态裂缝的试井模型及解释方法，实现井间裂缝水淹全过程跟踪和预警；提出了由“堵缝”向“控缝、利用缝”转变的优化新思路，形成了基于注水效率的低渗裂缝油藏注采优化方法，可降低无效注水、改变压力梯度分布，提高了波及体积。

④ 综合物理模拟、数值模拟，动态确定合理分注界限，建立了分层注水标准，分注的界限由 2m 隔夹层细化为 0.5m 的物性夹层，分注层内级差控制到 8 以下，研究区块的水驱纵向动用程度由 48.5% 提高到 72.4%；创新了周期注水方式，明确了适用条件、不同非均质性条件下的最佳时机，并优化了注水技术政策，确定了裂缝型油藏高频短停注、孔隙型油藏低频长停注方式，层内压力波动效果明显，提高采收率 2～3 个百分点。

⑤ 建立了三种水驱扩大波及体积调整模式：一是针对侏罗系低渗透油藏受注入水与底水双重影响难题，通过侧钻短水平井，建立了低渗油藏底注顶采和面积驱替相结合的立体驱动方式，提高采收率 5 个百分点以上；二是针对中含水期特低渗油藏目标区块，建立了全油藏波及模式，即以完善油水井数比为基础的注采系统调整，提高多方向受效比例 20%，实施层内、多段分层注水技术，提高纵向动用程度 15% 以上，精准注采动态调控，大幅度提高水驱动用程度；三是针对“双低”（低采油速度、低地质储量采出程度）油藏，重建井网驱替系统，即强化缝网匹配的井网调整，由直井加密向大斜度井加密转变，规模应用低渗油藏深部调驱技术，强化驱替系统建立，采用长停井治理与注采系统完善相结合的对策，有效改善注采系统。

（3）创新发展了低渗、特低渗油藏离子匹配精细水和气水分散体系等提高采收率技术，在现场应用取得初步成效。

① 建立了储层油—水—岩石微观作用的系列评价方法，为离子匹配体系的研制提供了理论依据。确定了低渗油藏注水离子匹配原则，研制了注水体系。离子匹配精细水驱技术在长庆油田杏河北应用 1 年后，注入性良好，见效井 22 口，见效率 71.0%，累计增油 2650.0t，阶段递减由 13.2% 下降至 4.0%，离子匹配剂吨换油 20.4t，投入产出比 1：4.05；在长庆油田五里湾一区经过 1 年先导试验后，注入性良好，见效井 17 口，见效率 77.2%，累计增油 2480t，阶段自然递减由 19.2% 下降至 8.1%，离子匹配剂吨换油 10.6t，投入产出比 1：2.3。

② 形成了水分散体系提高采收率技术。创新了超声波振荡生成纳米级气泡方法：突破了纳米级气泡生成的瓶颈，发展了孔板喷射生成微米气泡的方法，解决了微米气泡生成的均匀性和稳定性难题，为功能水气液分散体系的研制奠定基础；建立了重力及界面张力条件下微气泡发生及运移模型，模拟并预测了微气泡生成及运移特征，明确了微气泡生成特点及稳定运移特征，为分散体系的形成及稳定运移提供了理论基础；研发了短程大流量可视化装置和井下生泡装置，创新了分散体系分析测试平台，可直接获取工艺流程设计参数。在长庆油田五里湾一区，以中心井柳 101–31 井为代表的 11 口井明显见效，见效率 78.57%，试验井组日产油由 14.82t 提高到 17.00t，含水率由 70.69% 下降至 65.99%。

③ 储备研制了低渗透油藏化学剂。设计合成了一系列适应于低渗—超低渗油藏的钠基为反离子的、低分子量、低黏度的化学剂驱油体系，该体系在较低浓度下有效调节岩石矿物表面的电荷分布，室内评价较常规水驱提高驱油效率 12% 以上。

（4）创新了超低渗油藏水平井线注线采等有效补充能量和定向井稳产配套等技术，提高了超低渗油藏储量动用程度。

针对储层砂体结构及物性差异，以增大油藏接触体积，提高波及效率为目标，在“十二五”水平井注采井网实施效果分析的基础上，创新提出了以点注面采为主的短水平井细分切割五点、大斜度井分层注水开发技术，水平井线注线采注水开发技术，形成了以周期注水、调剖调驱、井网加密调整为主的定向井稳产配套技术，实现了超低渗油藏规模有效动用。

① 创新研发了短水平井五点井网 + 细分切割密集布缝注水开发技术。以马岭长 8 为代表的中厚油藏，前期采用 600～800m 水平段五点井网开发，水驱动用程度低，采油速度小、递减大。以提高水驱控制程度为目的，优化水平段长度 300～400m，同时为实现单井缝控体积最大化，改造工艺优化为细分切割压裂。

② 发展了大斜度井 + 多段压裂 + 分层注水开发技术。针对多薄层油藏、隔夹层发育的厚层油藏，为提高储量动用程度及单井产量，提出了大斜度井 + 多段压裂 + 分层注水开发的开发模式。斜井段钻穿各小层，使各小层的改造点间具有一定的平面距离，有利于避免缝间干扰，增大改造体积，提高单井产量、改善开发效果，实现降本增效。

③ 创新研发了水平井缝间驱替技术，由井间驱替向缝间补能转变。可实现缝间侧向驱替，提高了波及程度，缝间弹性溶解气驱转变为水驱，能量补充更充分，点状注水转变为线状，避免注入水单向突进，降低了水淹风险。研发了工艺管柱，确保注采压差 50MPa 压力下具有良好的密封性，研发了井口智能防喷装置，实现了就地和远程自动防喷，设计了管外窜验证管柱，为判断封隔点提供精确数据。

④ 基于超低渗油藏开发规律，建立了井网适应性评价标准，依据评价结果，指导稳产调整；攻关形成了以周期注水、调剖调驱、井网加密调整为主的定向井稳产配套技术，超低渗透油藏递减率下降至 7.8%，加密调整试验区采收率提高 3～5 个百分点。

（5）突破了低渗—超低渗油藏提高储量动用关键工艺技术，已成为低渗—超低渗油藏改善水驱提高储量动用技术利器。

以提高储量动用程度为核心，研发了关键材料及工具，创新形成了聚合物微球深部调驱、井下智能分注、老井缝端暂堵体积压裂等关键工艺技术，有效改善了低渗—超低渗透油藏水驱开发效果。

① 创新发展了低渗、特低渗油藏深部调驱技术，大幅改善平面水驱效果。“十二五”期间，通过引进吸收冻胶 + 体膨颗粒调剖工艺，一定程度上缓解了低渗、特低渗油藏平面矛盾，但存在调剖有效期短（6～8 个月）、多轮次调剖效果变差等问题。“十三五”期间，深入开展深部调驱技术研究。构建了窜流通道判识及量化表征方法，深化了深部调驱地质基础；研发了微（纳）米级调驱新产品，已成为低渗—特低渗油藏扩大波及体积的技术利器。

② 自主研发井下智能分注工艺，实现分注技术革命性进步。低渗—超低渗储层薄且叠合，原有分注工艺无法满足精细分注、精细管理的要求。难点一为单砂体刻画需更加精细，人工测调分注在多薄层层间分注和层内细分方面，由于工艺局限，无法实现精细分注；难点二为小水量分注稳定性差，检配合格率下降快，人工测调费用高。通过攻关，攻克了小型化井下流量计、高精度电动可调水嘴等技术难题，研发了井下智能配水器，实现了分层水量的自动测量与调整，检配合格率由 42.0% 上升至 90.3%，实现了分注工艺升级换代；借鉴随钻测量技术理念，创新波码无线双向通信技术，攻克了 0.5MPa 小压差信号识别及传送技术瓶颈，实现了 3000m 井深地面对井下数据互传与控制；开发了远程智能控制系统，实现了免人工测调，提升了劳动效率，单井年节约测试费用 5.2 万元，助推了分注技术向智能化方向发展。

③ 攻关形成了老井缝端暂堵体积压裂技术，高效挖潜低产区剩余储量。以华庆长 6 为代表的超低渗油藏具有“双低”开发特点（采油速度 0.28%，采出程度 4.3%），急需改善油藏开发效果。“十三五”期间，借鉴“体积压裂”理念，开展长期注采、固有井网条件下的老井缝端暂堵体积压裂技术攻关，形成了“动态多级暂堵、低黏液体造缝、多粒径支撑剂支撑”的缝端暂堵体积压裂工艺技术，提升缝内净压力 3～6MPa，裂缝带宽增加 30～50m，实现了裂缝侧向难动用储量的有效挖潜。研发新型暂堵剂及环保型压裂液体系关键材料，有效降低成本。

④ 创新形成了井筒修复系列技术，有效恢复套损区储量动用。创新形成了“多期河道叠加、砂体剩余储量分布”理论，结合井筒腐蚀程度及潜力分类，攻关形成以井筒再造、开窗侧钻为主体的小段—大段—全井段的修复治理工艺及图版，有效期延长 5 倍以上，储量动用水平大幅提升；自主研发连续管水力振荡器与钻井参数自动优化软件，钻井提速超过 40%，较常规侧钻成本下降 20%。优选了韧性水泥关键添加剂，侧钻井窄间隙固井质量优良率由 75% 上升至 91.4%，为分段压裂提供了良好的井筒条件。研究形成了高强树脂堵漏剂、LEP 长效封隔器等关键材料及工具，治理成功率提升 32%，有效期延长 18 个月，助推了套损治理工艺全面升级。

（6）创新发展了水平井穿层压裂开发技术和缝控基质单元综合调整技术，实现了大庆外围“双特低”油藏规模有效开发。

重点围绕制约大庆外围“特低渗、特低丰度”复杂油藏规模动用的瓶颈问题开展攻关，深化了斜坡区小型油藏群分布规律认识，发展了油水层分级识别与薄窄油层预测、水平井穿层压裂开发一体化设计、分类储层剩余油精细描述和开发调整综合治理四项关键技术，为“十三五”大庆外围油田产量稳中上升提供了强有力的技术支撑。

① 提出了斜坡区小型油藏群小层富集呈群分布新认识。一是运、分、聚动态成藏分析，揭示了斜坡区“微相控砂、小层控藏、断砂控富”的成藏认识，建立了断—砂匹配成藏五种模式；二是明确了葡萄花油层小型油藏群小层富集、同层发育、呈串珠状分布特征。

② 发展了特低丰度油藏油水层分级识别与薄窄油层预测技术。针对松辽盆地北部富油凹陷萨葡油层同层发育、丰度特低的特点，在“十二五”基础上持续攻关，以斜坡区小型油藏群精准评价为目标，集成创新了小层整体沉积微相、油水层分级精准解释、薄窄油层井震精准预测和按砂布井为核心的高效动用技术。

③ 创新了特低丰度油藏水平井穿层压裂开发一体化设计技术。针对特低丰度葡萄花油层，通过模拟应力差、隔层厚度、施工排量等，明确了穿层压裂影响因素，确定了水平井穿层技术界限；建立了穿层压裂水平井产能预测模型，综合考虑累计产油量、最终含水率、波及系数、裂缝偏移等多种因素对产量的影响，应用数值模拟法优化注采井网井距，相较于早期现场五点法哑铃形井网、七点纺锤形井网在采出程度、含水率、防压窜风险等方面更具优势；形成了以保持缝内高净压力、纵向长效支撑为核心的可控穿层优化设计方法及现场诊断控制技术，给出了相应的参数与图版，裂缝高度 20m，2～3 层特低丰度薄互层有效穿层。

④ 完善了特低渗油藏分类储层剩余油精细描述技术。建立了基于灰色关联分析的储层定量分类评价方法，创建了考虑裂缝与非达西效应的油水两相渗流模型，并集成到自主研发的 PREP 潜力评价软件中，丰富了特低渗油藏分类储层剩余油描述技术，快速计算各类剩余油潜力。

⑤ 发展了特低渗油藏开发调整综合治理技术。针对特低渗油藏单井产量低、有效驱替难的突出问题，“十三五”攻关形成了以直井缝网压裂动态缝建模数模技术、砂体—人工裂缝—井网匹配的整体优化调整设计、注水为主多元能量补充为核心的缝控基质单元开发调整技术，有效改善区块开发效果。采用“因区、因井、因层”分类施策，试验形成了以油水井对应压裂、水平侧钻 + 适度规模压裂、周期注水 + 深度调剖为主的挖潜增效综合治理技术，4 个试验区自然递减率降低 6.34 个百分点，长关低产井比例下降 11.16 个百分点，为 2.2×10^8t 潜力储量效益开发提供技术支撑。

第二章 超低渗透油藏物理模拟方法与渗流机理

近年来，超低渗油藏产量快速增长，已成为油田开发的重要组成部分。但随着开发的进行，超低渗油藏面临产量递减快、稳产期短、采出程度低等问题，迫切需要探索超低渗透油藏有效开发理论来指导油田开发。

超低渗透油藏有效开发理论的探索有赖于超低渗油藏物理模拟方法的创建和渗流机理的认识，主要解决超低渗油藏关键物性参数的精确测试及其在开发过程中变化规律的精准表征、不同注入介质补充能量的物理模拟方法及其体积压裂条件下渗流机理和补充能量开采机理等瓶颈问题。“十三五”期间，由中国石油勘探开发研究院牵头，联合清华大学、中国石油大学（北京）、中国石油大学（华东）、西南石油大学、重庆科技学院和中国石油大学胜利学院等单位进行攻关，发展完善了超低渗油藏物理模拟设备体系，创建了超低渗透油藏以“混合润湿性”为代表的5项关键物性参数测试方法，揭示了超低渗储层微观孔隙结构特征及微尺度渗流机理；创建了超低渗油藏不同尺寸岩心渗吸采油和不同注入介质补充能量的物理模拟方法，揭示了超低渗油藏渗吸采油和不同介质补充能量开发机理；探索建立了超低渗油藏有效开发理论，提出了超低渗油藏两类储层有效开发模式，为超低渗油藏有效开发提供理论和方法。

第一节 超低渗油藏物理模拟实验系统和关键物性参数测试方法

物理模拟实验研究是进行渗流机理等理论研究的基础，物理模拟技术的发展与创新推动了渗流理论到矿场应用的步伐。“十三五”期间，研发和升级了超低渗油藏物理模拟设备和实验系统，创建了超低渗透油藏以“混合润湿性”为代表的5项关键物性参数测试方法，揭示了超低渗储层微观孔隙结构特征及微尺度渗流机理，为超低渗油藏有效开发提供参考及技术支持。

一、超低渗油藏渗流机理物理模拟实验系统

研究团队经过5年攻关，研发了超低渗岩心核磁共振在线测试等5套关键设备（表2-1-1），升级改造了高压大模型物理模拟实验系统，发展了超低渗油藏物理模拟设备体系，为超低渗油藏研究提供了设备支撑。下面重点介绍研发的超低渗岩心核磁共振在线测试系统和升级后的高压大模型物理模拟实验系统两套设备。

表 2-1-1 设备与实验系统技术参数、主要功能

设备名称	技术参数指标	解决的关键问题
超低渗岩心核磁共振在线测试系统	围压达到 40MPa，温度达到 80°C，最短回波时间缩短至 0.1ms，在实验过程中可对岩心测试 T_2 谱、分层 T_2 谱以及 MRI 成像，编制了润湿性、原位黏度测试和动态评价软件	能够模拟地层高温高压条件，检测纳米级孔隙中流体的信号，精确观测到实验过程中沿轴向不同孔道中流体饱和度和原位黏度等参数的变化
大模型物理模拟实验系统（升级后）	电阻率检测功能和速度由 300kΩ 以下、2～5s/ 点变成无限制、1s/ 点；压力检测速度由 3s/ 次变成 0.5s/ 次；由直井单相模拟向水平井、多相和裂缝模拟技术升级	能实现超低渗储层多井型（分段压裂水平井、直井）、多介质（水、CO_2、活性水等）、多种开采方式（驱替、吞吐）物理模拟
超低渗岩心精细注水物理模拟系统	驱替压力最高 10000psi，流量最小可达 0.001mL/min，测量精度 0.0001mL/min	能满足超低渗透油藏注水驱替物理模拟过程中恒定高压、超低流量的需求，实现不同方式的注水驱油模拟
超低渗岩心溶解气驱实验平台	包含含气油复配、驱替和回压控制等三大系统；压差传感器精度为 0.0015MPa，编制了含气油藏渗流阻力梯度计算软件	能模拟地下溶解气析出后对超低渗油藏渗流阻力的变化特征，给出合理的生产压差等现场参数
超低渗岩心离心实验系统	离心力达到 15000psi，气水离心最小喉道半径达到 20nm	能满足渗透率小于 1mD 储层流体赋存孔喉尺寸分布研究，精确评价亚微米、纳米孔喉内流体赋存特征
超低渗岩心渗吸实验测试系统	围压达到 50MPa，温度达到 80°C	实现超低渗岩心高温高压下的渗吸模拟，精确分析油藏岩石渗吸采油过程

1. 超低渗岩心核磁共振在线物理模拟测试系统

超低渗岩心内非均质性强和孔喉细小的特点，决定了其岩心在高温高压驱替过程中核磁共振信号难以检测，为实现能够对超低渗岩心内部流体进行探测这一目标，依托苏州纽迈分析仪器股份有限公司设计研发了超低渗岩心高温高压核磁共振在线分析系统。系统整体示意图如图 2-1-1 所示。

该测试系统将低场核磁共振测试技术与岩心高温高压驱替物理模拟实验技术相结合，可实现混合润湿性、原位黏度等关键参数动态测试和不同注入介质在线模拟。该测试系统采用专用高温高压探头和改进循环加热单元与加压管路，实现了地层围压达到 40MPa、温度达到 80°C的物理模拟；最短回波时间缩短至 0.1ms，能够检测纳米级孔隙中流体的信号；并形成了岩心分层 T_2 谱以及核磁共振成像技术，可精确观测实验过程中参数的变化。

2. 高压大模型物理模拟实验系统

“十二五”初研制的高压大模型物理模拟实验系统实现了低渗、特低渗油藏直井井网有效驱动的物理模拟。“十三五”期间，根据超低渗油藏开发生产实践，升级了物理模拟系统，升级前后的参数对比见表 2-1-2。

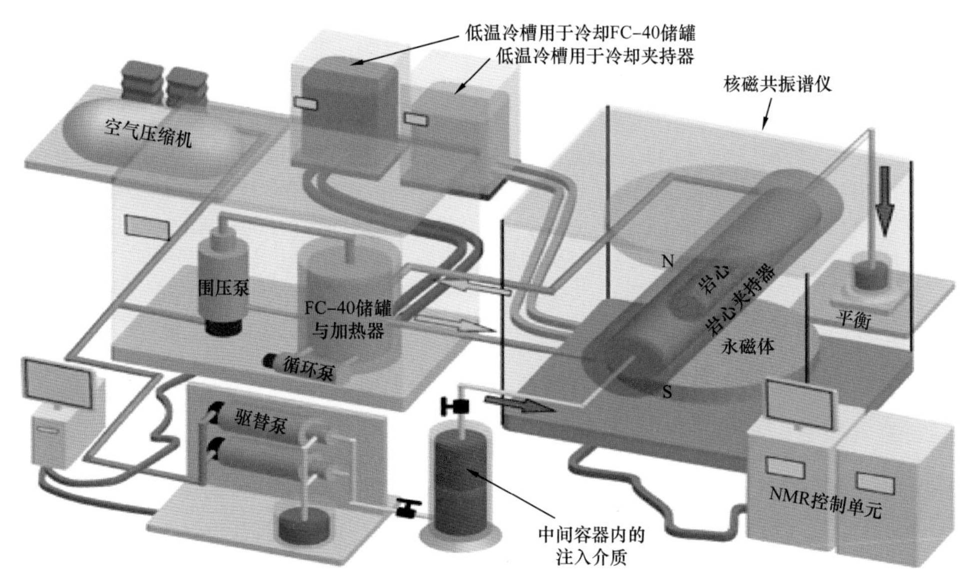

图 2-1-1 高温高压核磁共振在线物理模拟测试系统示意图

表 2-1-2 高压大模型物理模拟实验系统升级前后技术参数对比

项目		升级前	升级后
设备和操作指标升级	驱替功能	单泵驱替实验	三泵驱替实验
	电阻率检测功能和速度	300kΩ 以下，2～5s/ 点	无限制，1s/ 点
	温度控制	人工（半自动）	自动
	最快压力检测速度	3s/ 次	0.5s/ 次
	数据显示功能及控制功能	单屏显示，控制台操作	三屏显示，控制台、操作台切换操作
	模型安装周期	1.5d	0.3d
配套技术升级		平板模型制作技术、抽真空饱和水技术、油驱水饱和油技术、电阻率—油饱和度计算及标定技术	水平井模拟及制作技术、裂缝加工技术、微裂缝模拟技术和含气原油饱和技术
实验技术升级		单相高压驱替实验和直井井组水驱模拟实验	考虑压裂直井井组水驱模拟实验、分段压裂水平井注水开发及 CO_2 吞吐模拟技术、水平井（直井）注水吞吐实验技术和平面模型自发渗吸实验技术

实验系统升级改造后，测试效率大大提高，并且能够实现超低渗储层多井型（分段压裂水平井、直井）、多介质（水、CO_2、活性水等）、多种开采方式（驱替、吞吐）的物理模拟，为研究超低渗油藏不同注入介质开采机理起到了至关重要的作用。

二、超低渗油藏 5 项关键物性参数测试方法

在“十二五”非线性渗流曲线和可动流体百分数测试方法的基础上，“十三五”创

建了以“混合润湿性”为代表的5项关键物性参数测试方法，实现了参数的动态评价，见表2-1-3。以“混合润湿性”“原油赋存空间”两种测试方法为例，进行详细的论述。

表2-1-3 关键物性参数攻关前后技术参数对比

关键物性参数	原方法的不足	创建的新方法
孔隙结构与分布	常规单一测试方法适用于一定范围，不能准确表征纳米级到微米级多尺度孔隙分布特征	全尺度孔喉测试表征方法将低温氮吸附与高压压汞有机结合，用离心—NMR测试进行检验
混合润湿性	常规方法测量效率低、误差大，也不能定量岩心水湿和油湿程度	核磁共振混合润湿性测试及动态润湿性评价方法
原位黏度	常规测试的黏度为体相流体黏度，流体在岩心中的原位黏度无法测试	核磁共振原位黏度测试方法及其在开采过程中的变化规律
原油赋存空间	现有技术只能对原油赋存空间进行定性或半定量描述，难以精细刻画岩心原油赋存状况	原油赋存定量表征方法
边界层厚度	微管、微珠等实验，针对超低渗储层边界层研究有一定局限性，难以精细测试束缚水/油膜厚度	边界层厚度测试方法将离心法和低温吸附法相结合来计算束缚水膜体积，并利用比表面积与微孔隙百分数的关系

1. 混合润湿性及动态润湿性核磁共振测试方法

润湿性是超低渗油藏极为关键的一个物性参数，对于油田开发效果有很大的影响。超低渗油藏矿物成分复杂且随机分布，极低的孔渗伴随着较强的非均质性，因而其润湿性也较为特殊。研究表明超低渗砂岩的润湿性是混合润湿，即岩心内部一部分表面亲油，另一部分表面亲水。如果岩心表现为弱亲油，则说明岩心内部亲油的表面要多于亲水的表面，反之亦然。

1）混合润湿性核磁共振测试方法

常规的岩石润湿性测试方法有接触角法、Amott法、USBM法和自吸速率法等，但这些方法应用于超低渗油藏储层润湿性测量时，存在实验操作复杂、测试效率低及测试精度低等缺点，因而本节结合超低渗岩心特点，建立了超低渗油藏混合润湿性测试新方法。

该方法是将超低渗油藏物理模拟实验方法和核磁共振技术相结合，它主要利用核磁共振弛豫时间 T_2 图谱将多孔介质流体分为束缚流体和可动流体，束缚流体为小的 T_2 值，所对应的是小孔道和较大孔道壁中表面流体的份额，其测试原理如图2-1-2所示。

从图2-1-2中可以看出，在超低渗岩心的核磁共振图谱中，左边表示的束缚流体既有油，也有水，表明在超低渗岩心小孔道中和较大孔道壁表面既有油湿，也有水湿，为混合润湿。岩心如表现为弱亲油，即表明岩心中亲油部分大于亲水部分；反之如表现为弱亲水，则表明岩心中亲水部分大于亲油部分。

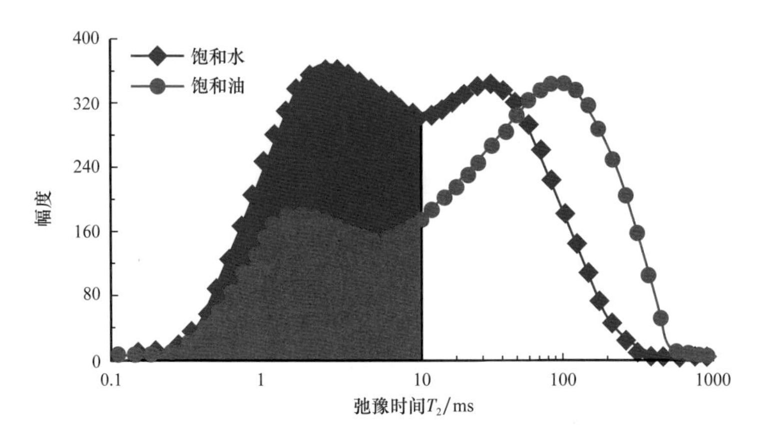

图 2-1-2　混合润湿测试原理油水分布图

定义混合润湿指数为：

$$\mathrm{MI}_{\mathrm{wo}}=\frac{S_{\mathrm{ws}}-S_{\mathrm{os}}}{S_{\mathrm{ws}}+S_{\mathrm{os}}} \tag{2-1-1}$$

式中　$\mathrm{MI}_{\mathrm{wo}}$——混合润湿指数；

S_{ws}——核磁共振谱亲水面积（图 2-1-2 左边蓝色部分），m^2；

S_{os}——核磁共振谱亲油面积（图 2-1-2 左边红色部分），m^2。

引入下面两个参数来描述岩心的混合润湿程度。

$$F_{\mathrm{w}}=\frac{S_{\mathrm{ws}}}{S_{\mathrm{ws}}+S_{\mathrm{os}}}\quad F_{\mathrm{o}}=\frac{S_{\mathrm{os}}}{S_{\mathrm{ws}}+S_{\mathrm{os}}}\quad F_{\mathrm{w}}+F_{\mathrm{o}}=1 \tag{2-1-2}$$

式中　F_{w}——亲水系数（表示岩心中水湿的面积占总面积的比例）；

F_{o}——亲油系数（表示岩心中油湿的面积占总面积的比例）。

因此，可以用上述 3 个参数全面地表述超低渗岩心的润湿特性。

根据上面形成的方法，对长庆油田某一区块的 30 块超低渗岩心进行混合润湿指数测定，测试结果如图 2-1-3 所示。

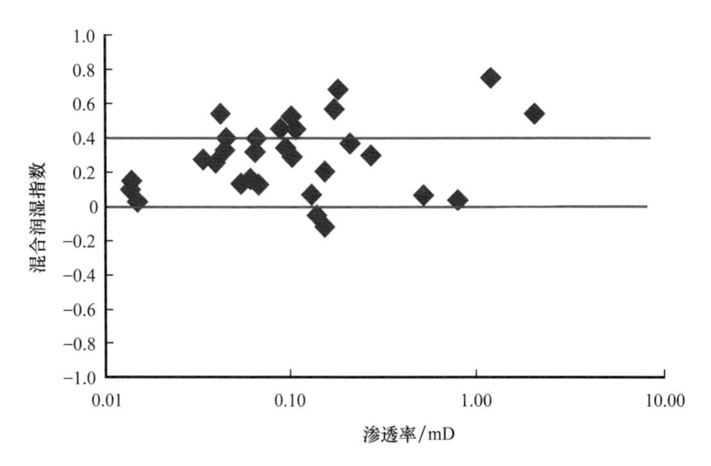

图 2-1-3　不同渗透率超低渗岩心的混合润湿指数

从图 2–1–3 中可以看出：超低渗岩心的混合润湿指数大多数处于 0～0.4 之间，处于弱亲水，只有个别岩心是弱亲油。

2）岩心动态润湿性的测试方法

动态润湿性是指油藏内部高温高压下渗流过程中的润湿性，是随开发过程不断变化的润湿性。动态润湿性与常规润湿性的不同之处在于，常规测试润湿性是将岩心从地层取出后置于常温常压下测试其润湿性，内部流体渗流状态、温度、压力都与油藏原始状态有所不同，而动态润湿性考虑了以上关键物性参数，用来描述油藏开发过程中储层岩石内部润湿性的动态变化。

核磁共振在线测试技术将低场核磁共振与岩心物理模拟实验设备相结合，能够有效地测试岩心开发过程中的核磁共振 T_2 谱，为岩心动态润湿性的测试提供了条件。

针对开发过程中润湿性改变的动态过程，提出了动态润湿指数 I_{DW}，用于表征开发过程中润湿性的动态变化特征。动态润湿指数 I_{DW} 表达式为：

$$I_{DW}=\frac{A_{wc}F_{wj}-A_{oc}F_{oj}}{A_{wc}F_{wj}+A_{oc}F_{oj}} \tag{2-1-3}$$

式中　I_{DW}——动态润湿指数；

A_{wc}——饱和油状态下 T_2 谱上可动流体 T_2 截止值以下部分水相信号总和；

A_{oc}——饱和油状态下 T_2 谱上可动流体 T_2 截止值以下部分油相信号总和；

F_{wj}——饱和油及驱替过程中不同状态下孔隙内边界流体水相孔隙壁面分子间的作用力，N；

F_{oj}——饱和油及驱替过程中不同状态下孔隙内边界流体油相与孔隙壁面分子间的作用力，N。

对三个典型超低渗油区的 6 块岩心水驱过程中的核磁共振数据进行分析，计算岩心的动态润湿指数，如图 2–1–4 所示。从图 2–1–4 中可以看出：在原始饱和油状态下，平均润湿指数为 –0.095，多数岩心为中性润湿，长庆油田渗透率 0.4mD 岩心与大庆油田 0.2mD 岩心属于弱油湿。随着开发的进行，各岩心的润湿指数整体上都有所提升，整体上平均动态润湿指数为 0.092，依然在中性润湿范围内，即各岩心随着开发的进行亲水性都有所增加。在开发过程中，在驱替量 2PV 之前，岩心的润湿性改变幅度较大，并有所波动；2PV 之后润湿指数增加幅度较缓。吉林油田超低渗岩心在开发后的润湿性改变最大，驱替 10PV 后岩心润湿性由中性润湿变为弱水湿。大庆油田超低渗岩心变化量其次，长庆油田超低渗岩心的润湿性改变指数最低。

2. 流体赋存定量表征方法

将核磁共振、高速离心、低温吸附及常规油驱水等实验相结合，建立了超低渗储层原油赋存空间定量分析方法。离心及核磁共振、低温吸附实验步骤如下：（1）岩心进行烘干，气测孔渗；（2）岩心饱和水，进行核磁共振测试；（3）对每块岩心进行 2.76MPa 离心力下的气驱水离心，离心后进行 T_2 谱检测；（4）对离心岩心的平行样进行低温吸附分析，计算每块岩心 50nm 以下微孔分布等参数。

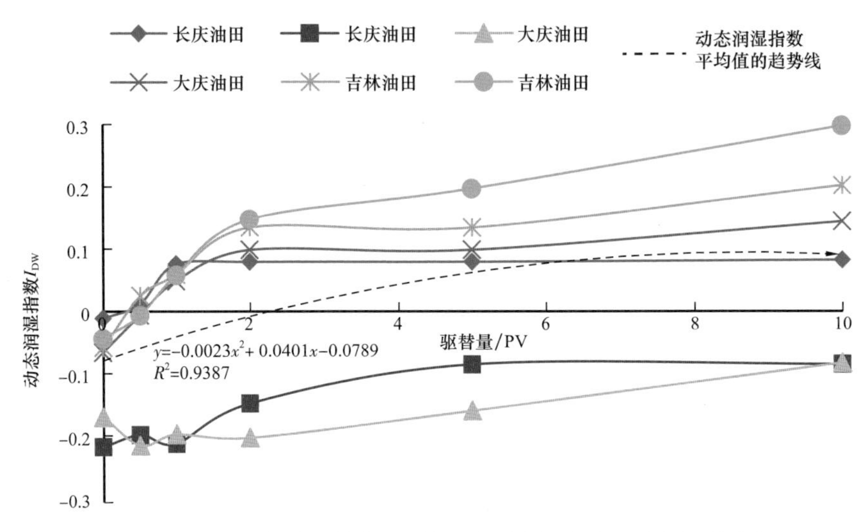

图 2-1-4　三个典型超低渗油区岩心在开发过程中的动态润湿指数

核磁共振油测量实验方法参照 SY/T 6490—2014《岩样核磁共振参数实验室测量规范》。2.76MPa 离心力与岩石 50nm 喉道半径对应（图 2-1-5），2.76MPa 离心后 T_2 谱束缚水包括两部分：一部分为小于 50nm 喉道控制的束缚水（微毛细管束缚水），另一部分为大孔隙空间表面束缚水膜（水膜束缚水）。

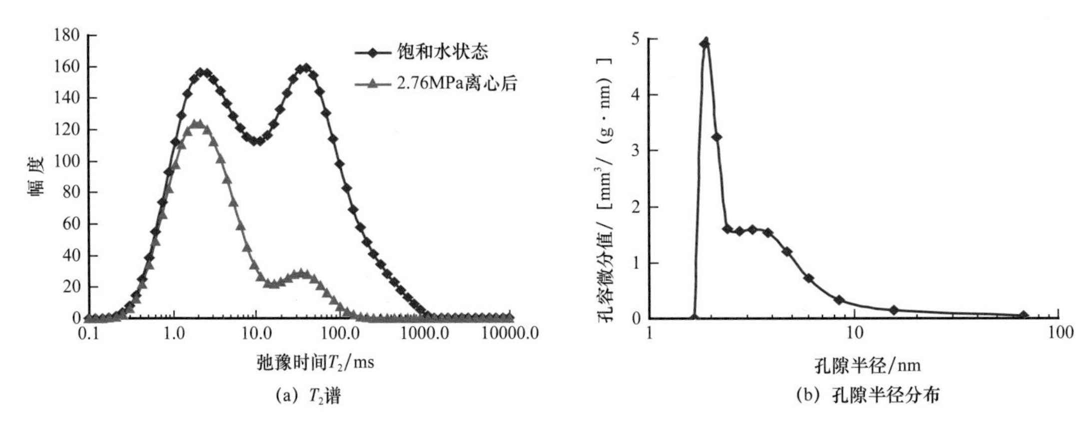

图 2-1-5　1 块岩心饱和水、2.76MPa 离心后 T_2 谱及低温吸附孔隙半径分布（ϕ=10.57%，K_g=0.21mD）

依据核磁共振理论，弛豫时间 T_2 与孔隙半径 r 有如下关系：

$$T_2 = \frac{1}{\rho_2 F_S} \quad r = \frac{r}{C} \tag{2-1-4}$$

式中　ρ_2——弛豫率，其大小与岩石矿物组成、岩石表面性质等相关；

F_S——孔隙形状因子；

C——弛豫时间 T_2 和孔喉半径的转换系数。

利用岩心低温吸附实验结果，可计算获得岩心微孔隙分布、50nm 以下微孔隙百分数等参数。低温吸附获得的 50nm 以下微孔隙分布与岩心受到 2.76MPa 离心力后（对应

50nm 喉道）微毛细管束缚水 T_2 谱反映的孔喉分布一致。对比二者关系可获得岩心转换系数 C。计算公式见式（2–1–5）和式（2–1–6）。

$$\frac{H_{Sw}\left(S_w-R_{ps}\right)}{C}+\frac{R_A R_{ps}}{C}=T_{2gSw}S_w \tag{2-1-5}$$

由式（2–1–5）可得：

$$C=\frac{H_{Sw}\left(S_w-R_{ps}\right)+R_A R_{ps}}{T_{2gSw}S_w} \tag{2-1-6}$$

式中 H_{Sw}——束缚水膜厚度，nm；

R_A——低温吸附实验得到的平均孔隙半径，nm；

R_{ps}——低温吸附实验得到的 50nm 以下微孔隙体积分数，%；

S_w——受到 2.76MPa 离心力离心后岩样含水饱和度，%；

T_{2gSw}——2.76MPa 离心力离心后岩样 T_2 几何平均值，ms。

利用岩心平行样，分别进行气水高速离心核磁共振分析及低温吸附实验，获得每块岩心总束缚水饱和度、岩石比表面积及微孔百分数等参数，综合各参数计算获得式（2–1–6）中 C。式（2–1–6）中 H_{Sw} 取值为 15nm（取 15 块岩心 H_{Sw} 平均值）。

利用上述方法计算获得的转换系数分布介于 2.01～9.40nm/ms，平均 5.80nm/ms。将转换系数应用于油相 T_2 谱，可定量分析储层原油赋存空间。

对 15 块密闭取心岩心进行核磁共振油水饱和度测量，获得每块岩心油相 T_2 谱。密闭取心岩心能很好反映原始地层实际状况，岩心内油相分布能很好代表原始地层原油赋存状态，利用转换系数 C，将每块岩心油相 T_2 谱转换为油相分布（图 2–1–6）。

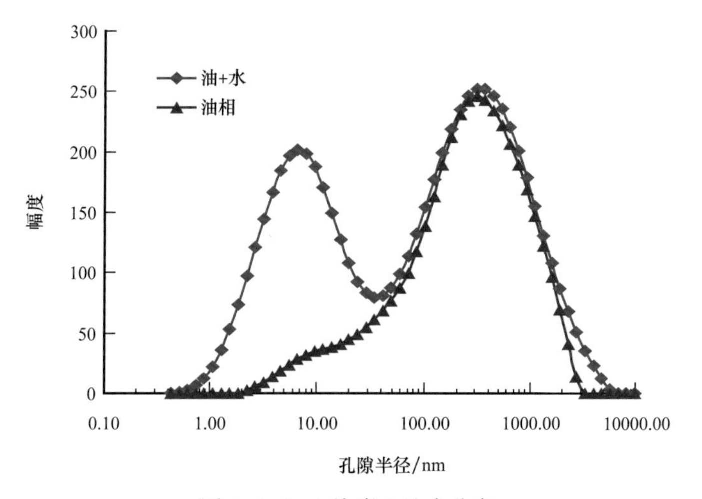

图 2–1–6　1 块岩心油水分布

由图 2–1–7 可知，15 块岩心原油最小赋存孔隙半径介于 0.73～7.35nm，平均 3.56nm，原油最大赋存孔隙半径介于 363～8587nm，平均 3195nm，原油平均赋存孔隙半径介于 50～316nm，平均 166nm，原油主流赋存孔隙半径介于 97～535nm，平均 288nm。储层微米级孔隙含量较少，其赋存的原油量也较少，15块岩心微米级孔隙赋存原油百分数介于0～11.59%，平均3.82%，亚微米级孔隙赋存原油百分数介于12.85%～42.14%，平均28.58%，纳米级孔隙赋存原油百分数介于7.02%～30.70%，平均18.78%。

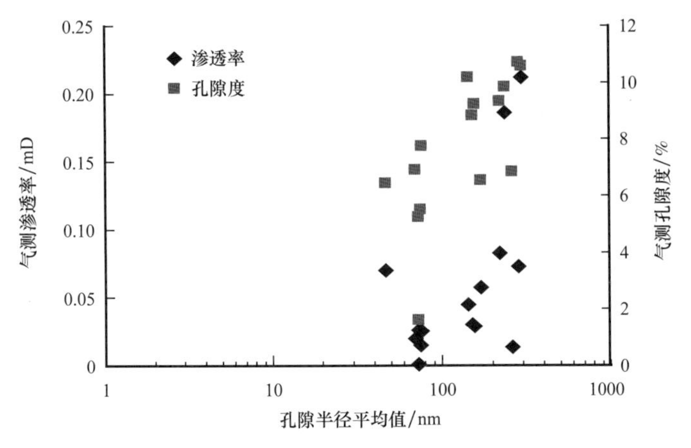

图2-1-7 15块岩心孔隙度、渗透率与孔隙半径比较

三、超低渗储层微观孔隙结构和流体赋存特征

超低渗油藏储层微观孔隙结构复杂多样，从纳米级到微米级都有分布，裂缝发育改善了储层渗流能力，但同时增加了储层非均质性。准确认识储层微观孔喉结构和流体赋存特征，是实现该类油藏有效开发的基础。

利用恒速压汞和核磁共振等技术，对中国石油3个典型低渗—超低渗油区近千块岩心进行主流喉道半径、可动流体百分数和启动压力梯度等测试，测试结果如图2-1-8至图2-1-11所示。

从图2-1-8至图2-1-11可以看出，与低渗、特低渗油藏相比，超低渗油藏主流喉道半径小（<1μm），启动压力梯度大（>0.1MPa/m），可动流体少（<50%），比表面积大，流体主要被纳米级孔喉所控制。其对比见表2-1-4。

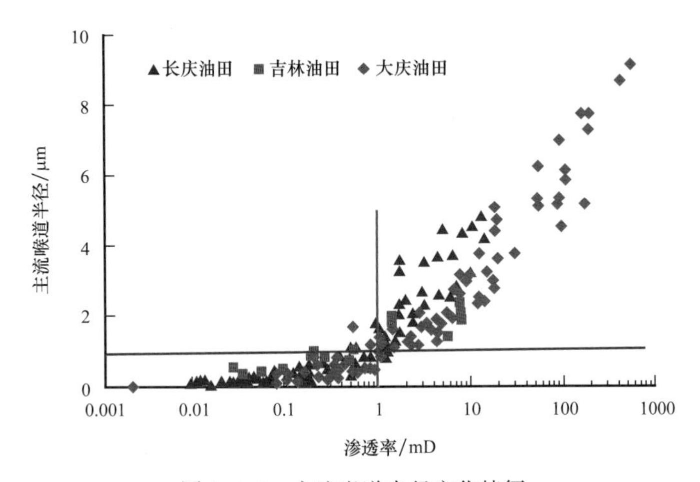

图2-1-8 主流喉道半径变化特征

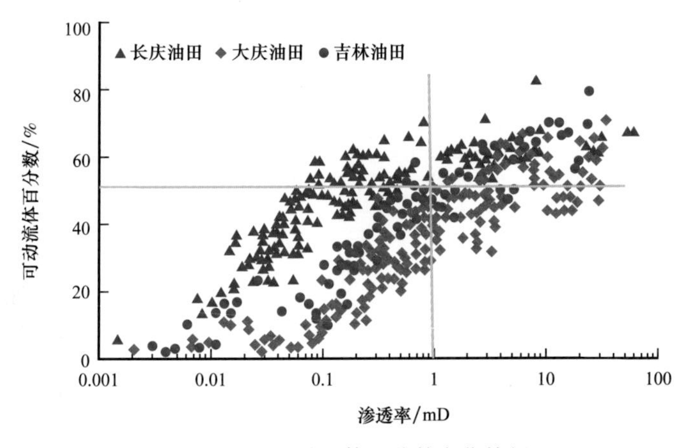

图 2-1-9　可动流体百分数变化特征

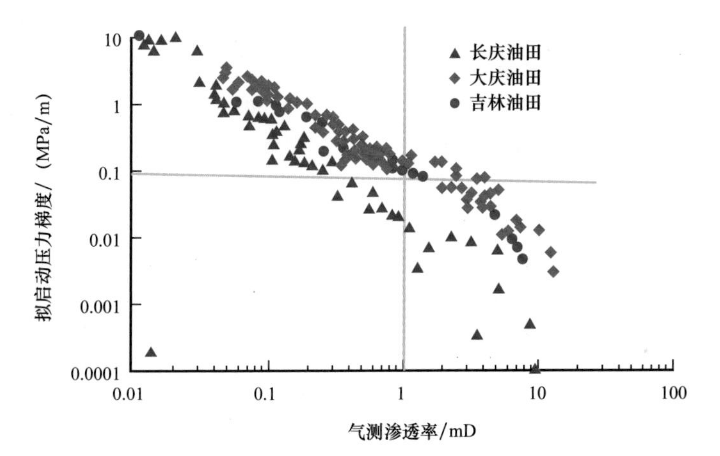

图 2-1-10　启动压力梯度变化特征

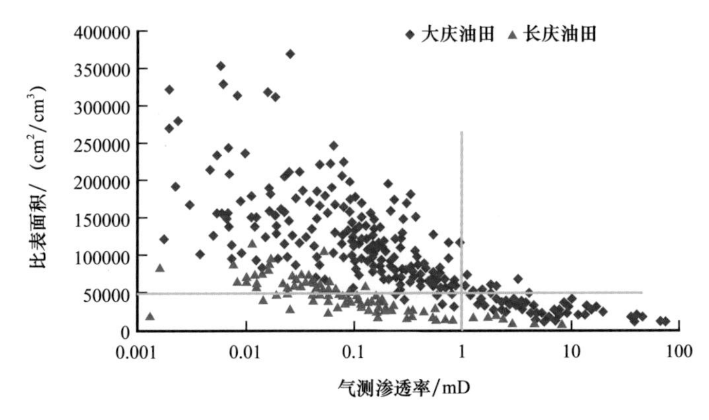

图 2-1-11　比表面积变化特征

超低渗储层常有一定量的微裂缝发育，如图 2-1-12 所示，微裂缝大大改善了储层渗流通道，同时增加了储层非均质性。

因此，超低渗油藏纳米级孔喉较多，而微米级孔喉较少，导致其开发难度大。

表 2-1-4 超低渗油藏与低渗、特低渗油藏储层参数对比

参数	低渗、特低渗油藏	超低渗油藏
孔渗参数	渗透率 1～50mD，孔隙度 10%～20%	渗透率＜1mD，孔隙度 9%～13%
微观孔喉	r＞1μm，以微米级孔喉占主体	r＜1μm，以亚微米和纳米级孔喉占主体
可动流体百分数	＞50%，65% 占主体	＜50%，40% 占主体
启动压力梯度	＜0.1MPa/m，极限渗流距离＞150m	＞0.1MPa/m，极限渗流距离 15～150m
主要作用力	以体积力（黏性力、毛细管力和惯性力）为主	以体积力和表面力（静电力等）为主
储层特征	物性较好，水驱油效率＞50%，剩余油分布复杂	物性差，非均质性强，微裂缝较发育，水驱油效率＜50%

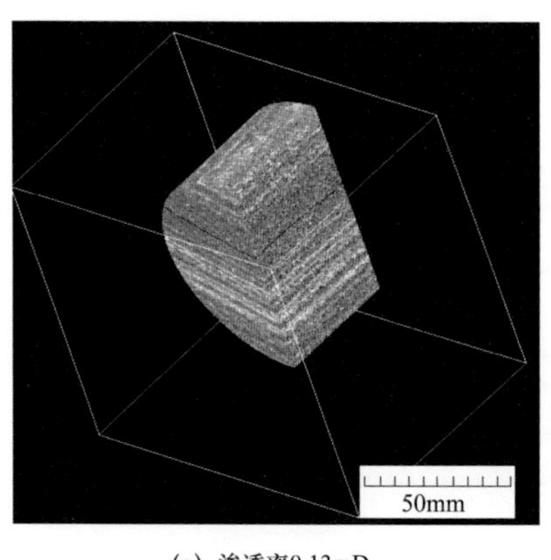

(a) 渗透率0.13mD

(b) 渗透率2.77mD

图 2-1-12 鄂尔多斯盆地两块岩心微裂缝发育特征（微焦点 CT）

第二节 超低渗油藏物理模拟方法和不同开发方式开采机理

明确不同开发方式采油机理是实现超低渗油藏有效开发的基础。通过研究建立了超低渗油藏不同尺寸岩心渗吸采油物理模拟方法，揭示超低渗油藏渗吸机理；形成了不同注入介质驱替和吞吐 3 套物理模拟实验方法，揭示了超低渗油藏不同注入介质驱替和吞吐渗流机理，为该类油藏有效动用提供技术支撑。

一、不同尺寸岩心渗吸采油物理模拟方法

渗吸是多孔介质自发地吸入某种润湿流体的过程，以往在裂缝性油藏应用较多。由于超低渗储层岩心孔喉分布的非均质、储层天然裂缝发育和体积压裂形成人工缝网综合作用，使得渗吸作用不可忽略。目前长庆、大庆和吉林等油田开展了超低渗油藏注水吞吐矿场试验，取得了一些进展，同时也暴露出一些问题，这些问题的解决有赖于对超低渗储层渗吸机理的深入了解。通过攻关，建立了小岩心自发渗吸、动态渗吸以及大模型

逆向渗吸和注水吞吐等不同尺寸岩心渗吸采油物理模拟方法。

1. 超低渗油藏小岩心自发渗吸物理模拟实验方法

采用自发渗吸物理模拟实验装置（图 2-2-1），开展超低渗油藏岩心自发渗吸实验，首先研究渗吸时间对渗吸驱油效果的影响，其次重点研究裂缝对渗吸采油效果的影响，分析裂缝对渗吸驱油的影响机理，人工裂缝示意图如图 2-2-2 所示。实验结果如图 2-2-3、图 2-2-4 所示。

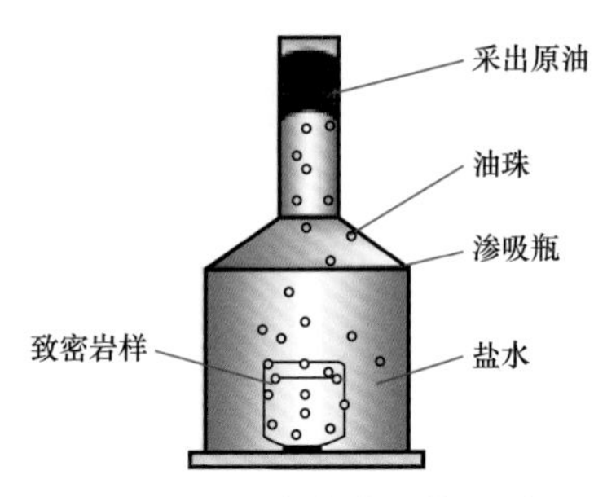

图 2-2-1　自发渗吸装置图

图 2-2-2　人工裂缝示意图

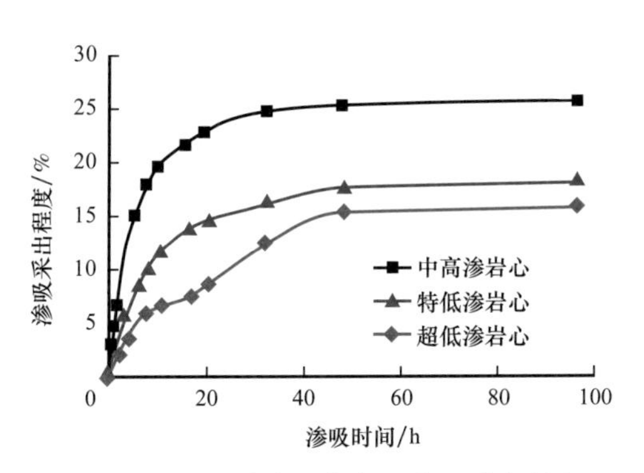

图 2-2-3　不同渗透率岩心渗吸采出程度

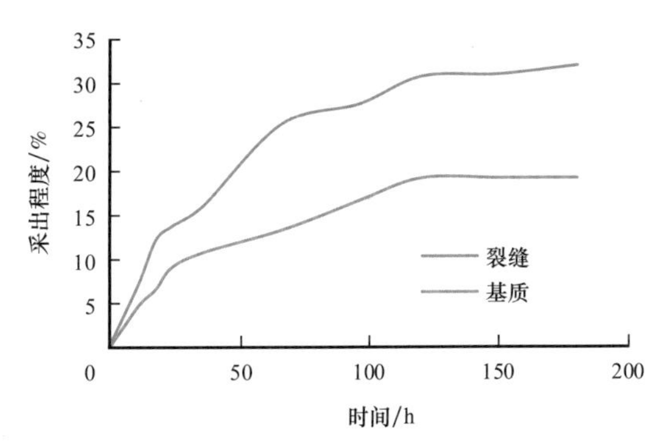

图 2-2-4　基质与裂缝岩心渗吸采出程度

对比基质岩心和含裂缝岩心的渗吸采出程度的差异，可以看出：岩心在逆向渗吸过程中，渗透率越低，渗吸平衡时间越长，采出程度越低，且油滴析出较晚；随着渗透率的增大，渗吸速度、渗吸采出程度均同步提高。中高渗岩心到达渗吸平衡时间最短，特低渗岩心次之，超低渗岩心所需时间最长。

裂缝可以有效增加岩心的渗吸质量，裂缝可以促进岩心的渗吸作用，且在实验后可以发现含有裂缝的岩心被水润湿的体积比不含裂缝岩心的体积大，含裂缝的岩心去离子水通过裂缝上升至岩心上表面发生渗吸，增强岩心的渗吸能力，但是由于岩心的孔渗特征及矿物成分有所差别，裂缝的作用大小不同。

2. 超低渗油藏小岩心动态渗吸物理模拟实验方法

以水驱油实验为基础，结合核磁共振技术形成两相渗流机理研究的一种新的实验方法，可以定量分析水驱油过程中驱替及渗吸作用的贡献。

图 2-2-5 为动态渗吸测试原理示意图，即通过测试岩心在饱和水状态的核磁共振图谱，饱和油状态的核磁共振图谱以及水驱油之后的核磁共振图谱，根据三次状态的核磁共振图谱和 T_2 截止值，可以划分出岩心中采油量由渗吸作用贡献的部分和驱替作用贡献的部分，其中小于 T_2 截止值的部分认为是渗吸采油量，大于 T_2 截止值的部分认为是驱替采油量。

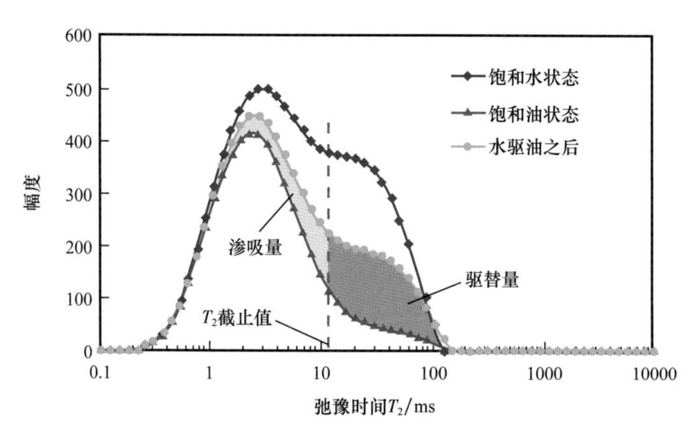

图 2-2-5 动态渗吸测试原理图

通过动态渗吸实验获得超低渗油藏岩心的渗吸采出程度结果，动态渗吸采出程度主要还是与岩心渗透率相关，对比不同渗透率级别岩心在动态渗吸过程中渗吸采油的效果，由图 2-2-6 可知，随着驱替的进行，渗吸随着渗透率的降低其作用越明显。

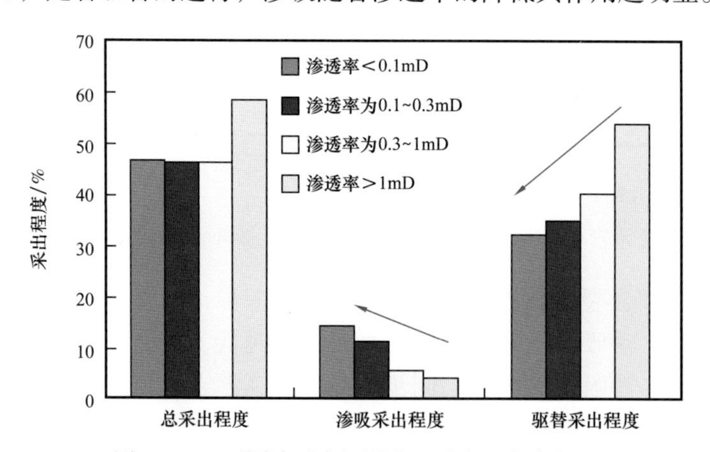

图 2-2-6 不同渗透率级别岩心采出程度直方图

3. 超低渗油藏大模型逆向渗吸和注水吞吐物理模拟实验方法

为研究注水吞吐和逆向渗吸前后模型渗流压力场变化规律，建立了一维注水吞吐物理模型，设计了反向驱替渗流阻力测量物理模拟实验方法，如图 2-2-7 所示。

图 2-2-8 为反向驱替渗流过程原理图。通过实验前后反向驱替渗流压力随距离变化规律，分析实验过程中水波及距离 L_e，因为注水吞吐和逆向渗吸过程中进入基质的水在裂缝附近形成油水两相混合带，而未被地层水波及的区域依然只有油相，使得两者渗流

阻力不同，在反向驱替过程中得出反向驱替压力随距离的变化曲线，当压力出现拐点的时候，证明此点所对应距离 L_e 即注水吞吐过程和逆向渗吸过程中水波及区域距离。

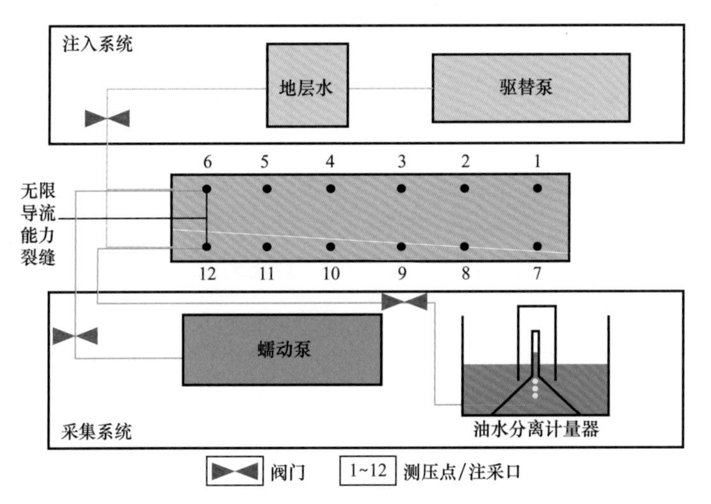

图 2-2-7　反向驱替渗流阻力测量实验装置

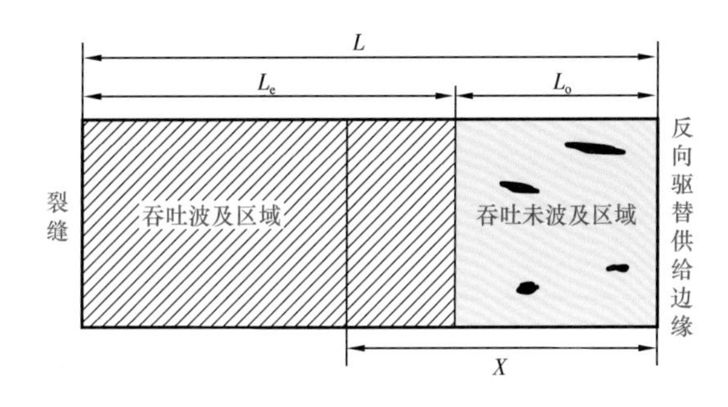

图 2-2-8　反向驱替渗流过程原理图

通过渗吸实验前后反向驱替压力随时间变化图（图 2-2-9）发现，逆向渗吸实验前后压力曲线发生了明显变化。以测压点 2 为例，逆向渗吸实验前反向驱替压力随时间逐渐上升，时间为 4000s 左右的时候，驱替压力基本稳定，为 10.5MPa，说明模型内部阻力梯度一定；渗吸实验后反向驱替压力也随时间逐渐上升，时间为 3100s 左右的时候，驱替压力达到最大值，为 12.5MPa，之后随着时间进行，反向驱替压力逐渐降低，最终稳定在 11MPa，与渗吸实验前稳定压力基本一致。渗吸实验后驱替压力明显上升，比渗吸前高出 2.8MPa 左右，渗流阻力高出 11%。

通过对比注水吞吐和逆向渗吸实验前后渗流压力随距离的变化规律（图 2-2-10）发现，当曲线中压力出现拐点时，该点所对应的距离即为注水吞吐和逆向渗吸过程中水的波及距离。注水吞吐的渗吸距离要大于逆向渗吸的渗吸距离，主要原因是因为在注水吞吐过程中，“吞”的阶段有一部分水在压力（压差）作用下，挤入基质，“吐”的阶段有一部分油依靠基质与裂缝间压差的“驱动”采出，所以采出的油不能全部视为“渗吸”贡献，其波及距离也不完全是“渗吸”的作用，而是压差与渗吸共同作用的结果，水相可进入更深的基质前缘。

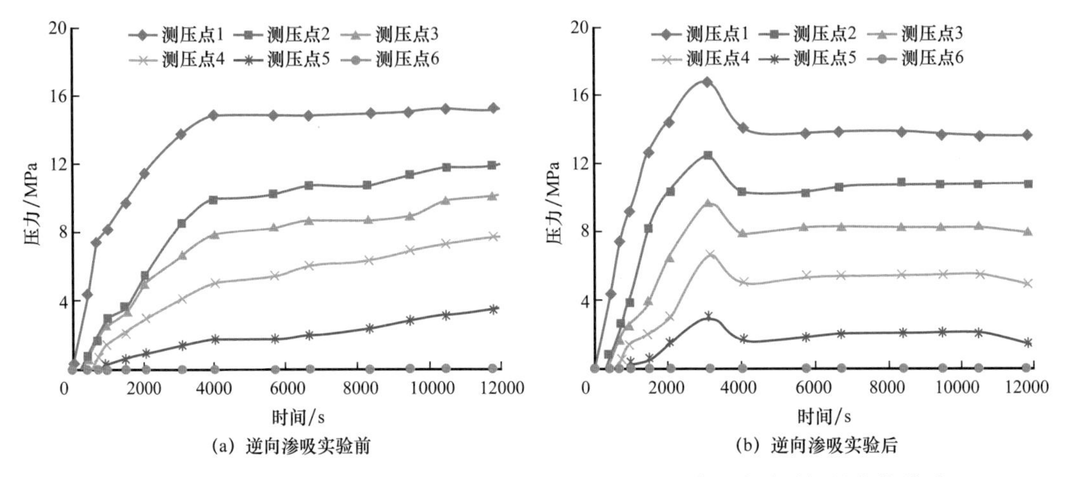

图 2-2-9 渗透率为 0.2mD 的露头岩样渗吸前后反向驱替压力随时间的变化关系

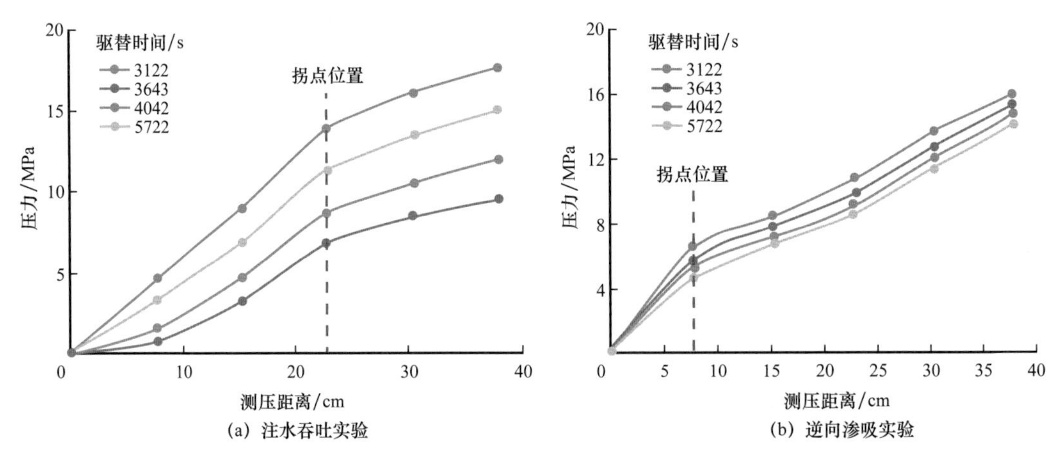

图 2-2-10 渗透率为 0.2mD 的露头岩样注水吞吐和逆向渗吸驱替压力随距离的变化关系

按照上述实验方法，研究了注入体积量和渗透率对渗吸距离的影响。研究表明：注水吞吐过程中，注入水体积增加 1 倍时，测得的渗吸距离为 40cm；渗透率为 2.0mD 的露头岩样，测得的注水吞吐渗吸距离为 30cm。这说明超低渗油藏体积改造规模越大，渗吸作用距离也越大，渗吸效果越好。

二、不同注入介质补充能量物理模拟方法

由于超低渗油藏渗透率极低、非达西渗流明显，在注水开发时存在启动压力梯度，导致注入难度大、产量递减快、采收率低等问题。目前，各油田对超低渗储层补充地层能量提高采收率的方法主要有分段压裂水平井或直井压裂进行 CO_2 吞吐、注水吞吐、不同注入介质驱替等几种方式。借助研发的物理模拟系统，研究注入不同介质采油机理和开发技术，为超低渗油藏有效开发提供参考及技术支持。

1. 超低渗油藏不同注入介质驱替和吞吐 3 套物理模拟实验方法

通过攻关，形成了小岩心、全直径岩心和高压大模型不同注入介质驱替和吞吐的物

理模拟方法。图 2-2-11 为大模型二维注水吞吐实验流程示意图，图 2-2-12 为利用小岩心不同注入介质驱替核磁共振在线物理模拟方法所测试的 0.5mD 四块岩心驱替过程中流体分布图。

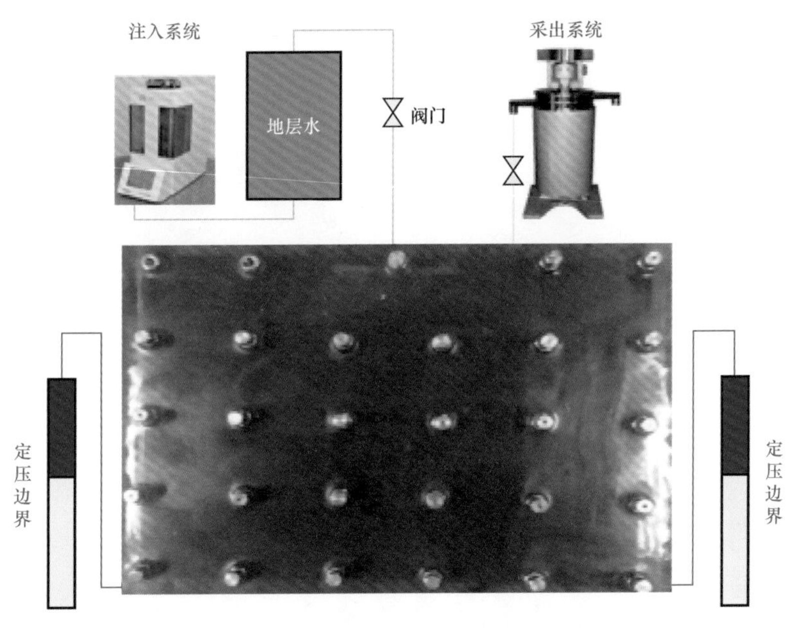

图 2-2-11　大模型二维注水吞吐实验流程图

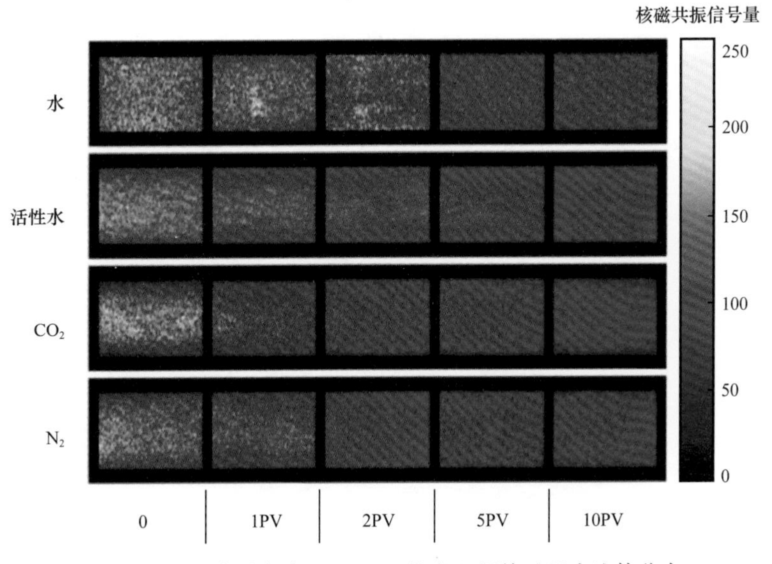

图 2-2-12　渗透率为 0.5mD 四块岩心驱替过程中流体分布

2. 超低渗油藏不同注入介质驱替渗流机理

利用小岩心不同注入介质驱替核磁共振在线物理模拟方法，对 16 块超低渗储层岩心进行了水驱、活性水驱、CO_2 驱和 N_2 驱实验，实验结果如图 2-2-13 至图 2-2-16 所示。

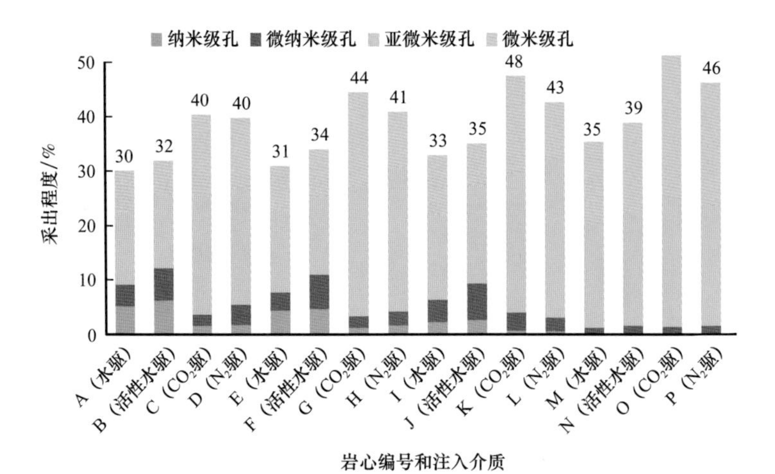

图 2-2-13 驱替后岩心的采出程度

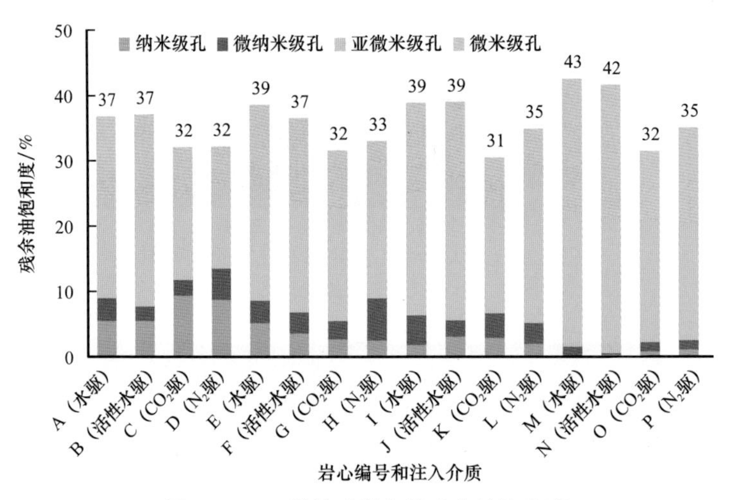

图 2-2-14 驱替后岩心的残余油饱和度

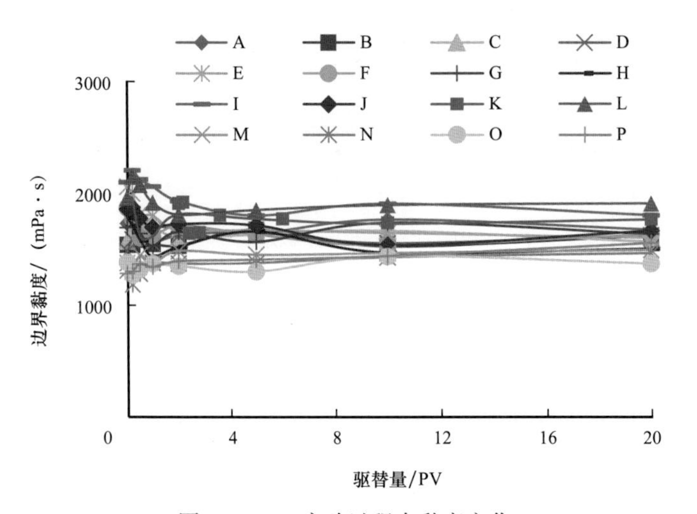

图 2-2-15 实验过程中黏度变化

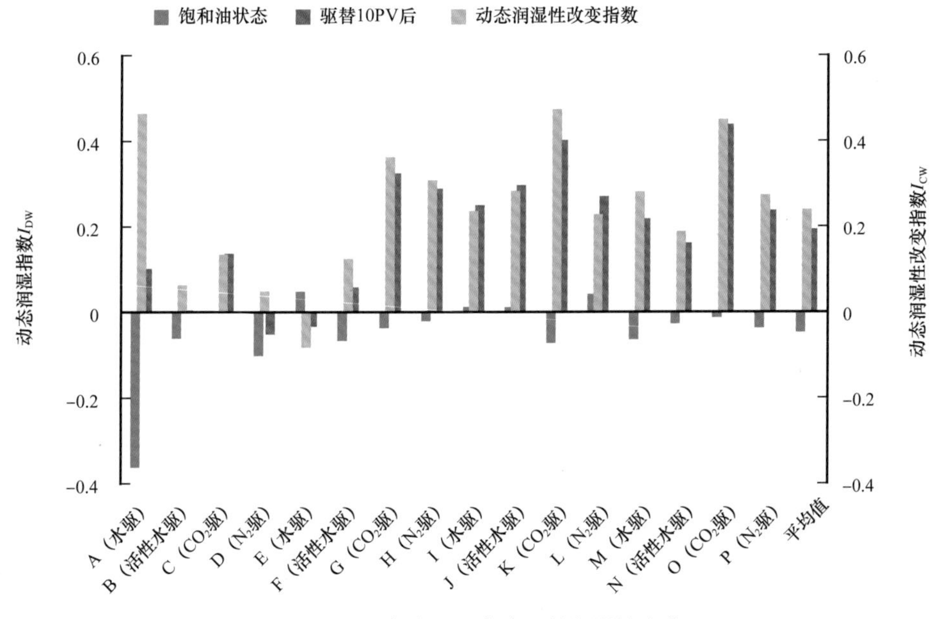

图 2-2-16　实验过程中岩心的润湿性变化

水驱和活性水驱的采出程度均随驱替量的增加在 2PV 左右有一个拐点，在驱替量 2PV 后采出程度增加缓慢。这表明，当驱替体积达到 2PV 左右时，注入的液体基本扩散到整个岩心能够进入的孔隙中。注活性水的驱油效果优于常规水驱，活性水在纳米孔级和微纳米级孔中的驱油效果比注水提高 42%，整体上活性水驱比常规水驱采出程度能够提高 10% 以上。两种注气驱替的采油效果明显优于两种注水驱替。与水驱相比，气驱采出程度在开始 1PV 时明显增加，拐点出现明显提前，注入 1PV 后，采出程度提高缓慢。CO_2 驱采出程度比 N_2 驱提高 10%。气驱在微米级孔和亚微米级孔上的采出程度比水驱提高 60%～70%，然而在纳米级孔和微纳米级孔上要低 1.5 倍，说明气驱的指进效应更为严重。岩心渗透率越低，渗吸采油比例越高，同时岩心整体是中性润湿，注入水能有效地驱替半径小于 0.1μm 的孔隙中的原油。

岩心残余油饱和度与孔隙结构、渗透率、初始含油饱和度都有关系，总体来看残余油主要分布在大于 0.1μm 的孔隙中。在相同渗透率水平下，气驱后岩心残余油饱和度比水驱低 10%～25%。在微米级孔中，气驱后岩心残余油比水驱少 40%～50%，但水驱后的岩心残余油在纳米级孔和微纳米级孔上均低于气驱后的岩心。

不同注入介质驱替过程关键物性参数变化分析：边界黏度整体上变化较小，说明实验中的驱替过程并没有对边界层原油有效地动用。整体上，原位黏度变化以 1PV 为界分为两个明显的阶段，第一阶段由于体相原油被大量采出，原位黏度下降明显；当注入水贯穿岩心后进入第二阶段，原位黏度变得下降较缓。实验岩心初始状态下处于混合润湿状态，整体表现为中性润湿。经过驱替后，岩心润湿性明显都向亲水方向转变，CO_2 驱后润湿性向水湿转变更强烈，说明 CO_2 驱过程中岩心孔道内部分矿物被其酸性溶解，导致孔道扩展暴露出部分亲水矿物，使得岩心驱替后润湿性明显亲水。

3. 超低渗油藏注水吞吐开采机理

注水吞吐大模型实验研究表明：注水吞吐与衰竭式开采方式相比，注水吞吐区域的压力梯度增大1倍，波及系数增加2倍，吞吐区平均含油饱和度降低10个百分点，可实现超低渗油藏有效动用。注水吞吐轮次不宜太多，太多效果变差。体积改造规模是影响吞吐效果的重要因素，注水吞吐对超低渗油藏中小孔隙原油动用效果好。

图2-2-17和图2-2-18分别为2mD和0.2mD露头模型不同注水量吞吐采出程度对比图。

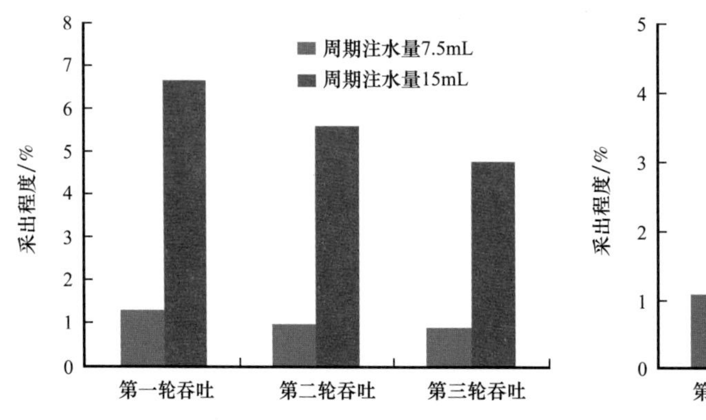

图2-2-17 2mD不同注水量吞吐采出程度　　图2-2-18 0.2mD不同注水量吞吐采出程度

从图2-2-17和图2-2-18中可以看出：随着吞吐次数的增加，周期采出程度逐渐降低，每一轮次呈现初期产量高、递减较快的规律。随着周期吞入水量的增加，采油量大幅度增加，在注入体积增加1倍的情况下，采油量提高约6倍，水换油率提高约3倍。0.2mD露头模型，随着吞吐次数的增加，周期采出程度逐渐降低。随着周期吞入水量的增加，采油量大幅度增加，在注入体积增加1倍的情况下，采油量提高约3倍，水换油率提高约1.5倍。注水量是影响吞吐效果的重要因素，保证一定的注水量进入基质，是获得良好吞吐效果的重要条件。渗透率通过影响吞吐过程中注入水波及区域进而影响采出程度。

4. 超低渗油藏注CO_2吞吐开采机理

利用自主研发的大模型分段压裂水平井CO_2吞吐物理模拟系统，研究了超低渗油藏注CO_2吞吐开采机理。

1）再现CO_2吞吐开采过程

图2-2-19和图2-2-20分别再现了CO_2“吞”和“吐”的实验过程。CO_2“吞”的实验过程：CO_2进入水平井，然后沿裂缝进入裂缝及周围区域，使裂缝周围区域压力升高并逐渐扩展到整个模型，在注入结束时，模型压力达到较均匀程度。由于水平井和人工裂缝的存在，CO_2沿水平井和裂缝快速进入地层深部，使CO_2能够与地层深部的原油发生相互作用，而且水平井和裂缝的存在极大增加了CO_2与原油的接触面积，使CO_2与原油能够发生高效萃取、溶解、降黏等作用。CO_2“吐”的实验过程：开始生产时，压力等值

线在裂缝附近分布较为均匀且平行于裂缝方向，在靠近裂缝的区域等值线分布密集，说明在裂缝附近为近线性流，相比于平面径向流其渗流阻力更小，裂缝和水平井有效降低渗流阻力，提高原油流动能力。因此，分段压裂水平井进行 CO_2 吞吐可以有效改变地层渗流场，降低渗流阻力，从而增加单井产量。

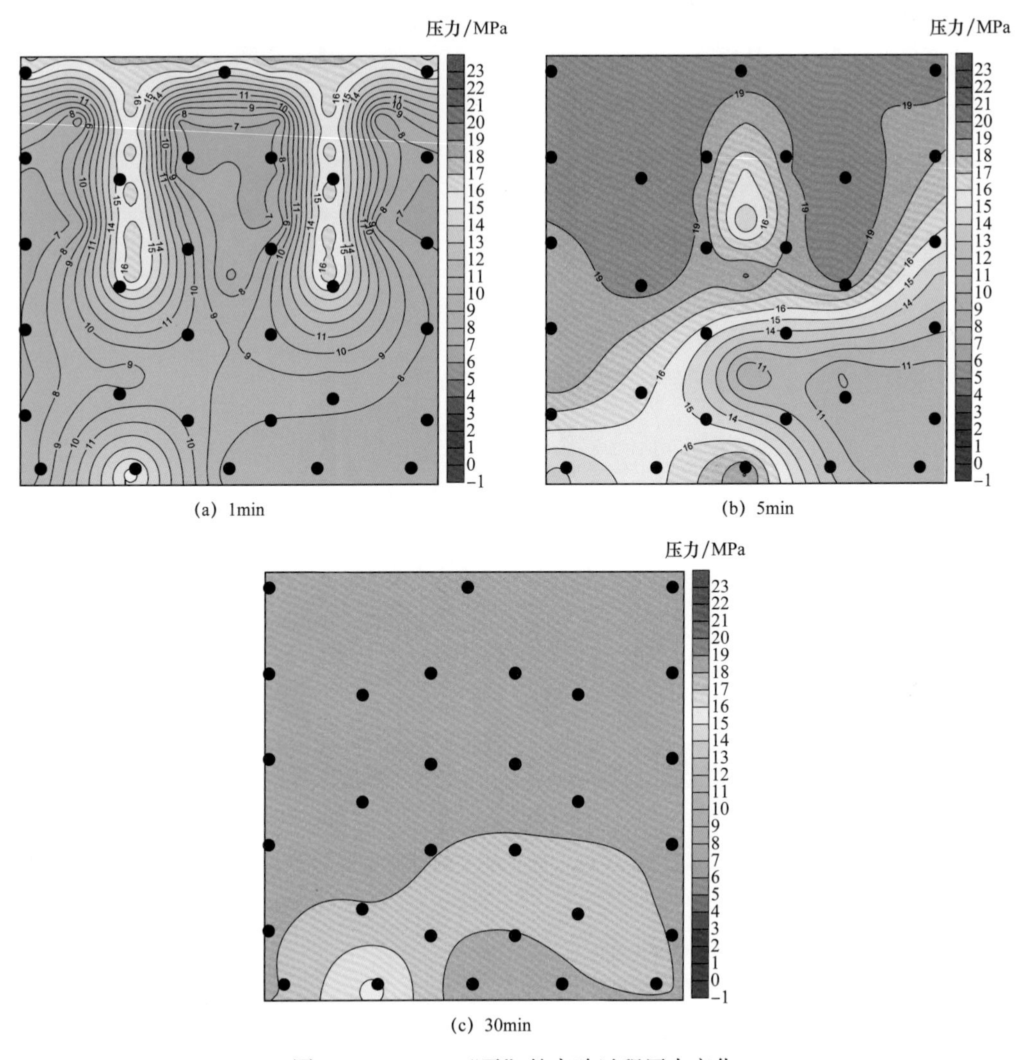

(a) 1min　(b) 5min　(c) 30min

图 2-2-19　CO_2“吞”的实验过程压力变化

2）CO_2 吞吐开采效果评价

从图 2-2-21 可以看出，当分段压裂水平井进行弹性开采时，其采出程度为 9%，与油田预测弹性采出程度接近。通过多轮次的吞吐，CO_2 吞吐后的最终采出程度比弹性驱采出程度多了 12.5 个百分点。即分段压裂水平井进行 CO_2 吞吐，可以有效地提高动用效果。随着多轮次吞吐，CO_2 利用率越来越低，通过吞吐提高的采出程度降低。

3）不同参数对 CO_2 吞吐效果影响

从图 2-2-22 可以看出，注入压力越高，CO_2 吞吐提高采收率效果越好。分析认为：

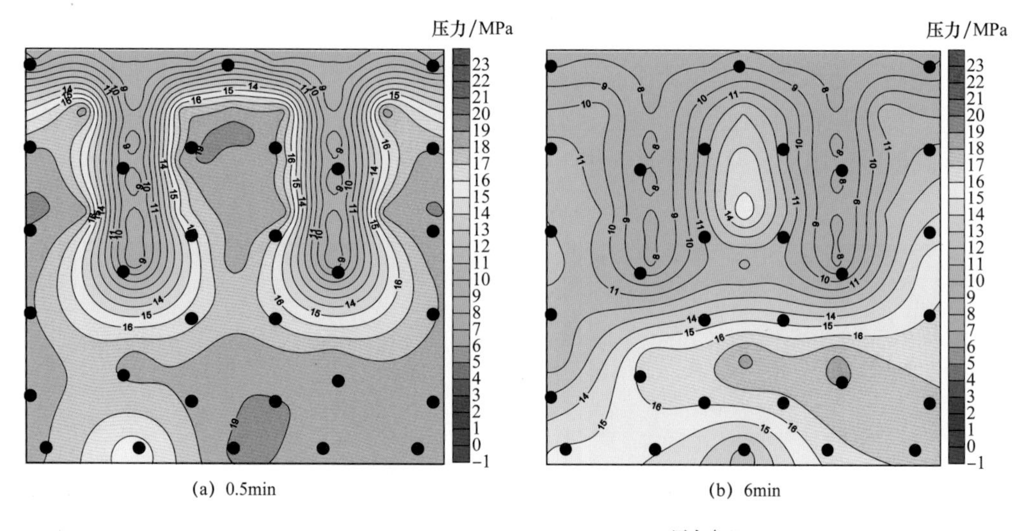

(a) 0.5min　　(b) 6min

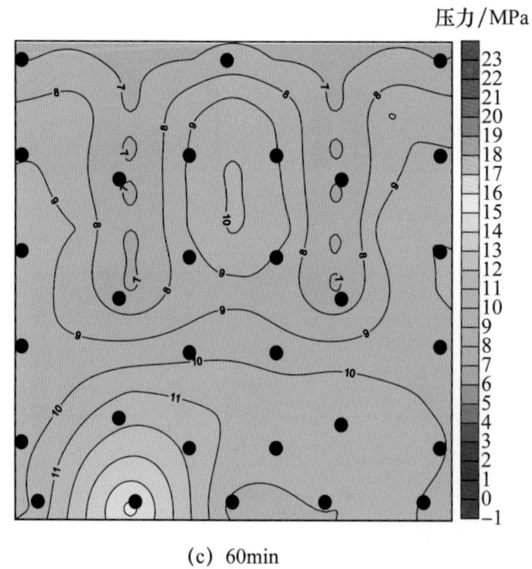

(c) 60min

图 2-2-20　CO_2“吐”的实验过程压力变化

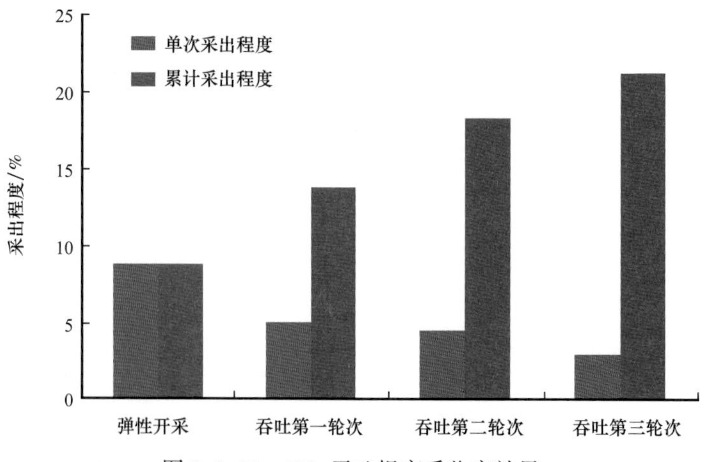

图 2-2-21　CO_2 吞吐提高采收率效果

（1）该区块最小混相压力为 17.8MPa，两模型都在最小混相压力以上，开采阶段，地层压力逐渐下降至最小混相压力以下，而较高的压力保证了在最小混相压力以上的混相驱阶段具有较高的采出程度；（2）在吞吐开采阶段，较高的注入压力，其 CO_2 注入量更大，使原油具有更高的膨胀能。

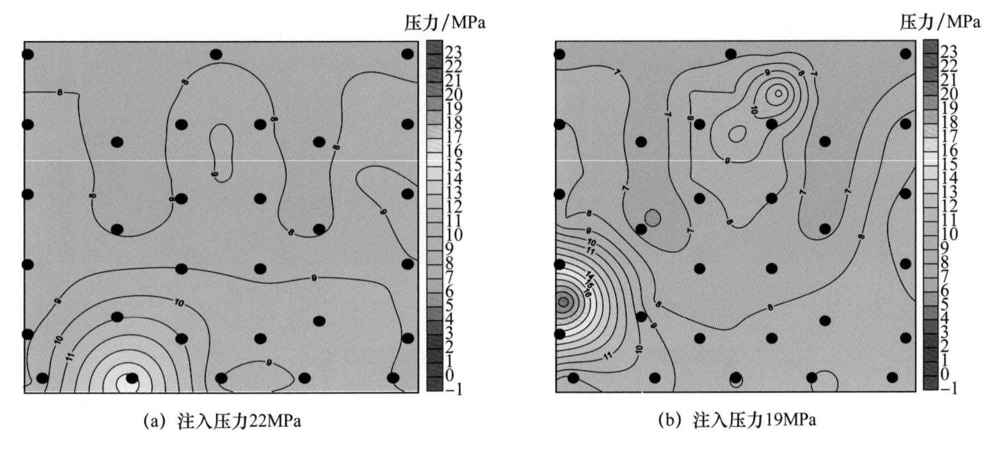

图 2-2-22　不同注入压力下模型压力分布图

随着焖井时间的延长，CO_2 吞吐采出程度和累计采出程度逐渐增加，并随着焖井时间的延长，CO_2 吞吐提高采收率程度趋于变缓，当焖井时间超过 30min，增加焖井时间对 CO_2 吞吐提高采收率效果有限。分析认为：随着焖井时间增加，CO_2 扩散到模型的深部或者边部区域，与原油更充分地接触，模型压力分布更加趋于平稳（图 2-2-23），而当达到 30min 以后，模型压力变化较小，整个模型压力趋于平稳，再增加焖井时间提高采出程度效果不明显。

对不同吞吐轮次采出原油组分进行分析（图 2-2-24），分段压裂水平井 CO_2 吞吐时，首先采出原油中的轻质组分，随着吞吐轮次的增加，采出原油的拟组分谱右移，采出原油的轻质组分含量减少，重质组分含量增加，流动阻力增大，产生堵塞现象。

5. 不同注入介质物性界限和提高动用程度的开发方式

研究表明长庆研究区块注水动用渗透率界限为 0.2～0.4mD，注气动用渗透率界限为 0.08mD。结合高压大模型物理模拟实验和数值模拟技术，探讨了超低渗油藏注水吞吐后开展注 CO_2 吞吐、不同井间交错布缝段间驱替、同井段间 / 缝间驱替等补充能量新方法，为提高超低渗油藏动用效果提供技术支持。

图 2-2-25 利用物理模拟实验方法确定了长庆研究区块不同注入介质物性界限，图 2-2-26 为不同注入介质吞吐采出程度对比。从图 2-2-26 中可以看出：随着吞吐次数的增加，注水吞吐周期采出程度逐渐降低，采出程度由第一次的 1.3% 降为第四次的 0.8%，四轮吞吐后的累计采出程度为 4%；通过注水吞吐后再注 CO_2 吞吐，实验结果为第一轮次注水吞吐采出程度为 1.6%，之后三个轮次注 CO_2 吞吐周期采出程度维持在 7.4% 左右，四轮吞吐后的累计采出程度为 23.6%。因此，超低渗油藏在注水吞吐后再注 CO_2 吞吐是可行的。

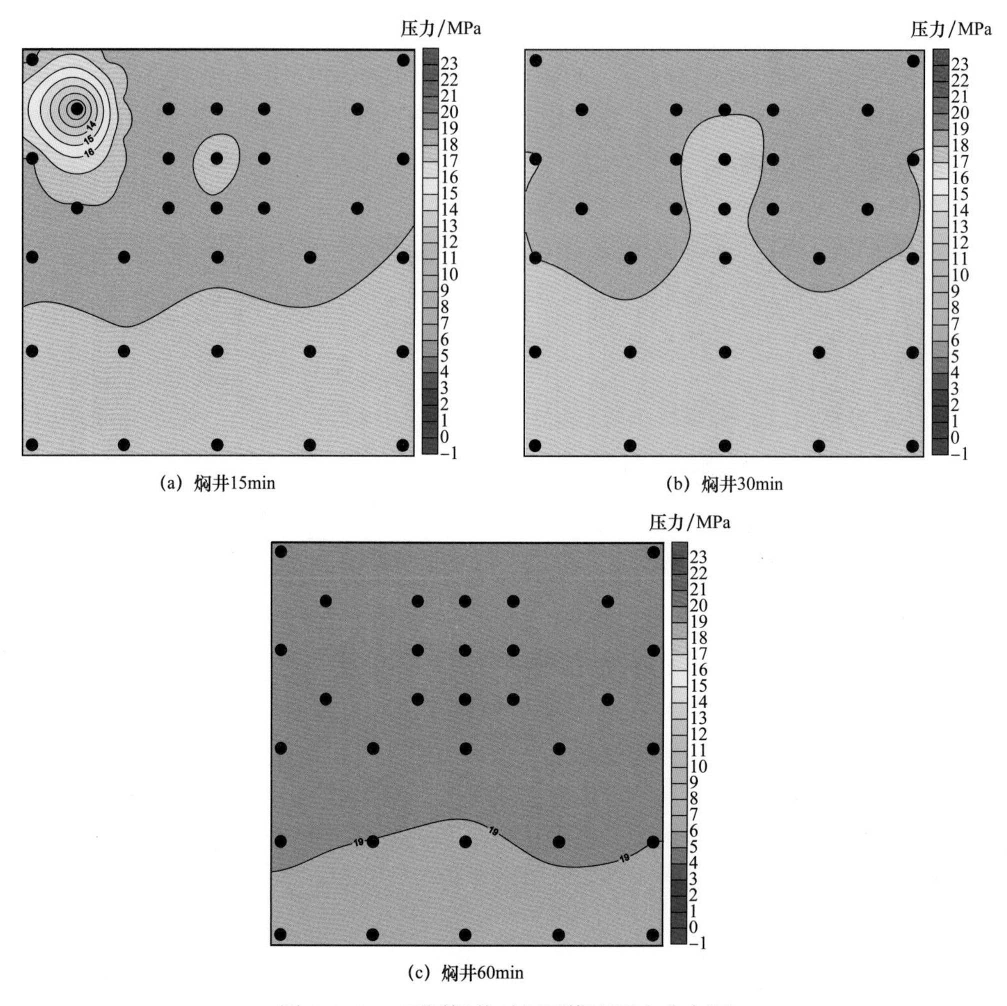

图 2-2-23 不同焖井时间下模型压力分布图

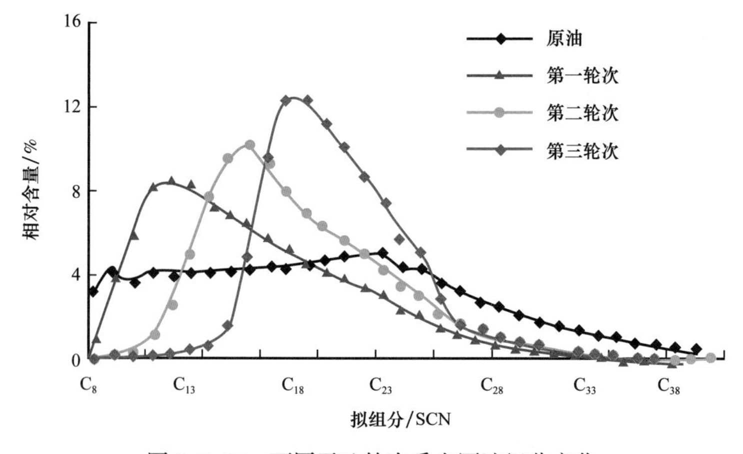

图 2-2-24 不同吞吐轮次采出原油组分变化

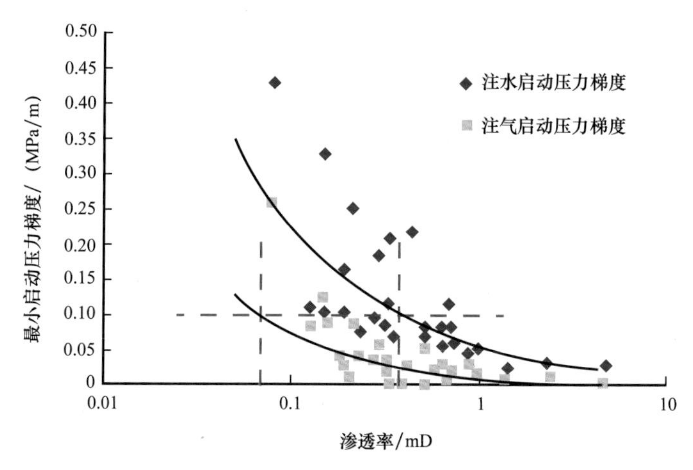

图 2-2-25　长庆研究区块不同注入介质物性界限

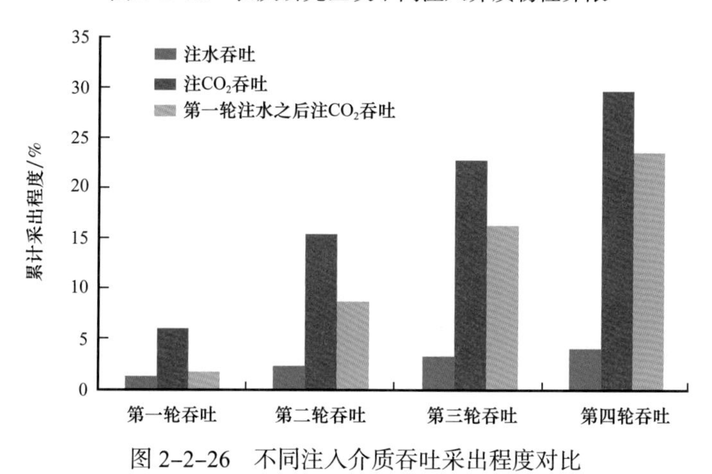

图 2-2-26　不同注入介质吞吐采出程度对比

第三节　超低渗油藏有效开发理论及其应用

“十三五”期间，随着水平井、体积压裂等新的开采方式在超低渗透油藏规模应用，人们对超低渗油藏储层特征和流体渗流机理有了深入的认识，超低渗油藏有效开发理论逐渐形成。该理论的基本内涵是：以有效提高超低渗油藏开发效果为目标，建立综合考虑超低渗油藏储层特征（天然裂缝较发育、基质孔喉细小）和人工措施（体积改造、改变储层润湿性等）特点及其相互作用机制（渗吸、非线性和多尺度渗流传质）的数学模型，优选新的开发方式，充分发挥驱替和渗吸作用以及实现注水介质的转换，有效提高超低渗油藏开发效果。该理论已在长庆、大庆和大港等油田进行了应用。

一、超低渗油藏有效开发理论

1. 体积压裂缝网精确表征方法取得新进展

在体积压裂缝网系统中，不同裂缝的主要差异表现在裂缝尺度、裂缝密度、裂缝导流能力的不同。人工裂缝通常尺度大、分布密度小、导流能力高；诱导裂缝与天然裂缝的尺度小、分布密度较大、导流能力低。因此，需要分别对裂缝的展布和渗流参数进行表征。目前主要的方法有离散介质方法、等效连续介质方法、基于典型模式的分类表征方法及复杂离散裂缝网格剖分算法。

采用“离散介质 + 连续介质”混合方法来对不同尺度裂缝进行表征，该方法既提高了裂缝描述的准确性，又提高了数值模拟计算的速度。

对于大尺度人工裂缝与易开启和闭合的诱导裂缝采用嵌入式离散介质表征方法。即在裂缝的离散表征中，每一条裂缝被显式地表示出来，其几何形态与渗流属性与每一条裂缝一一对应，基质网格不考虑裂缝展布，基质网格与裂缝相交形成的线或面形成对应裂缝网格，如图 2-3-1 所示。

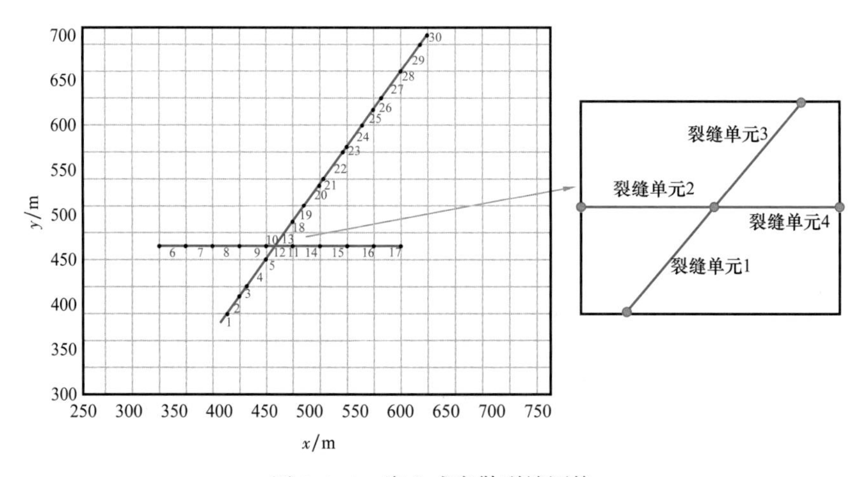

图 2-3-1 嵌入式离散裂缝网格

小尺度天然裂缝采用等效连续介质或双重介质表征方法。由于实际裂缝储层中天然裂缝分布极为复杂，要研究油藏流体的渗流规律，必须对天然裂缝系统进行简化，利用渗透率张量理论和渗流力学的相关理论，建立了天然裂缝的等效连续介质模型，如图 2-3-2 所示。

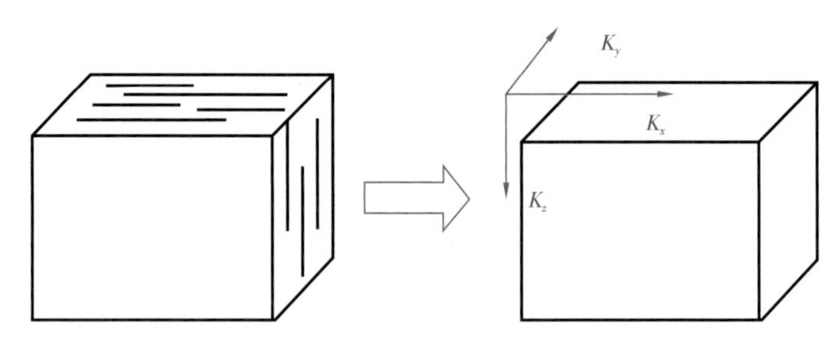

图 2-3-2 天然裂缝等效连续介质模型的示意图

根据图 2-3-2 中的模型，推导得到垂直裂缝方向的等效渗透率为：

$$K_{yg} = \frac{K_{my} K_f}{K_f - \left(K_f - K_{my}\right) D_L b_f} \tag{2-3-1}$$

式中 K_{yg}——垂直裂缝 y 方向的等效渗透率；

K_{my}——基质 y 方向的渗透率；

K_f——裂缝渗透率；

D_L——裂缝的线密度；

b_f——裂缝开度。

储层纵向上的渗透率 K_{zg}：

$$K_{zg}=K_{mz}+(K_f-K_{mz})D_Lb_f \tag{2-3-2}$$

式中 K_{zg}——垂直裂缝 z 方向的等效渗透率；

K_{mz}——基质 z 方向的渗透率。

通过上面的方法实现了由单一缝向复杂裂缝、规则缝向非规则缝的精确表征。图 2-3-3 是某油田现场的裂缝系统表征图。

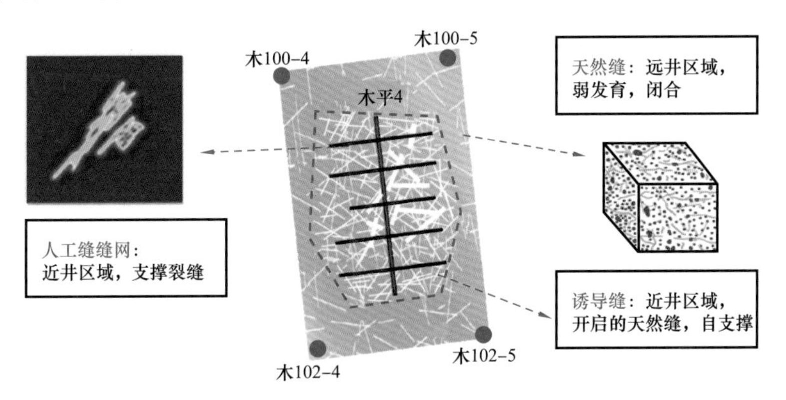

图 2-3-3 某油田现场的裂缝系统表征图

2. 体积压裂缝网系统传质机理及影响因素

缝网传质机理主要为压差传质和渗吸传质。其中压差传质为有效驱替形成后主要的传质形式，如图 2-3-4 所示。渗吸传质为压裂液返排阶段、水吞吐、周期注水、异步注采过程中有效的传质形式，如图 2-3-5 所示。

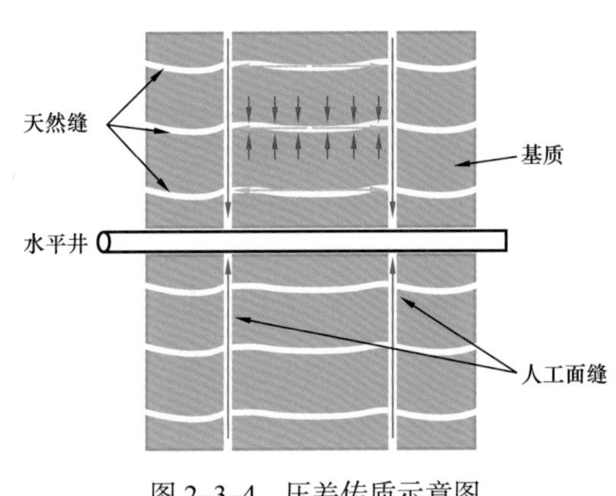

图 2-3-4 压差传质示意图

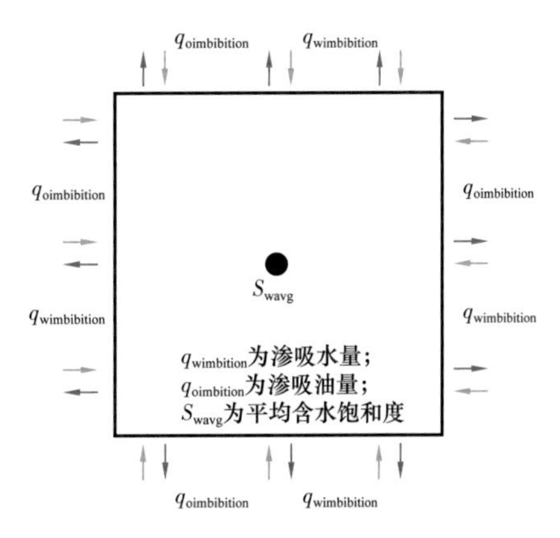

图 2-3-5 渗吸传质示意图

1）非线性渗流规律数学表征

（1）流固耦合作用。

超低渗储层中流体呈非线性流动规律，除了孔喉结构复杂的影响外，还受到流体自身性质及流固相之间作用的影响。中高渗透岩样受流固作用较弱，岩心的气测渗透率与水测渗透率数值相同，而超低渗岩样受到流固作用强，边界层厚度占比大，不可动流体百分数高，使得气测渗透率要大于水测渗透率。结合气测、水测渗透率实验数据，可得到水测渗透率与气测渗透率关系的经验公式：

$$K_{\mathrm{mw}}=K_{\mathrm{g}}\left[1-\mathrm{e}^{-a\left(K_{\mathrm{g}}-K_{\mathrm{nw}}\right)}\right] \tag{2-3-3}$$

式中 K_{mw}——水测最大渗透率，mD；

K_{g}——气测渗透率，mD；

a——水气渗透率关系常数；

K_{nw}——水的盖层渗透率，不允许水通过的储层渗透率临界值，mD。

（2）应力敏感性。

储层的应力敏感性是指油气藏在开采过程中，由于其有效应力的变化，导致岩石孔隙度、渗透率等物性参数变化的现象。对于超低渗储层，应力敏感性对开发的影响不能忽略：一方面由于超低渗储层喉道空间有限，并且存在不可动的边界层，即使随着压力变化储层气测渗透率变化较小，水测渗透率变化也会明显；另一方面大部分超低渗储层存在天然微裂缝发育及人工压裂产生的微裂缝，使得储层整体的应力敏感性增强。

应力敏感程度与渗透率具有较好的负相关关系，随着渗透率的增加，应力敏感程度呈现幂律降低的趋势。对实验数据进行曲线拟合可得压敏影响渗透率经验公式：

$$K_{\mathrm{cw}}=K_{\mathrm{w}}\mathrm{e}^{-d\Delta p} \tag{2-3-4}$$

式中 K_{cw}——压敏影响下水测渗透率，mD；

d——应力敏感常数；

Δp——压差，MPa。

（3）启动压力梯度。

大量实验表明，超低渗岩样中流体流动遵循非线性流动规律，存在启动压力梯度（G_{a}），即真实启动压力梯度。当压力梯度小于 G_{a} 时，流体不流动，压力梯度（G_{a}）是流体在超低渗岩样中流动时需克服的最小阻力梯度；当压力梯度大于 G_{a} 时，非线性特征曲线呈凹形趋势，岩样部分孔隙中流体克服阻力开始流动。当压力梯度大于 G_{b} 时，非线性特征曲线变成直线，这是因为所有孔隙中的流体开始流动。压力梯度（G_{b}）称为拟启动压力梯度，即最大阻力梯度。

结合非线性渗流实验数据进行曲线拟合，可得视渗透率与压力梯度之间的关系公式：

$$K_{\mathrm{w}}=K_{\mathrm{mw}}\left[1-\mathrm{e}^{-b\left(\frac{\Delta p}{L}-\lambda\right)}\right] \tag{2-3-5}$$

式中 K_w——视渗透率，mD；

b——非线性渗流影响因子；

Δp——压差，MPa；

L——驱替距离，m；

λ——启动压力梯度，MPa/m。

通过联立式（2-3-3）至式（2-3-5），得到受压敏影响、非线性、边界层影响的渗透率公式：

$$K_{cw} = K_g \left[1 - e^{-a\left(K_g - K_{nw}\right)}\right]\left[1 - e^{-b\left(\frac{\Delta p}{L} - \lambda\right)}\right] e^{-d\Delta p} \qquad (2\text{-}3\text{-}6)$$

通过式（2-3-6）不仅简化了渗透率的测量，还表征了压敏、非线性、流固相之间相互作用等超低渗储层特征，并且将超低渗油藏影响因素归结于渗透率公式之中，使得产能研究中的方程不至过于复杂。

2）渗吸作用数学表征

由于储层在体积压裂后形成裂缝网络，此区域储层可视为裂缝型储层。并且，渗吸作用是裂缝型油藏的重要生产机理之一。因此，体积压裂区域应考虑渗吸因素，通过渗吸压裂液置换出基质中的原油，从而提高采收率。从渗吸定义来看，渗吸是在毛细管力作用下的多孔介质中非润湿相与润湿相的置换过程。其中，毛细管力的大小与岩石润湿性、岩石孔隙半径、含水饱和度等参数有关。类比于双重介质中的窜流公式，渗吸的宏观表征如下：

$$q_c = \frac{\alpha K_m p_c}{\mu} V_1 \qquad (2\text{-}3\text{-}7)$$

式中 q_c——渗吸的产量，m^3/d；

α——形状因子，m^{-2}；

V_1——渗吸单元体积，m^3；

K_m——基质渗透率，mD；

p_c——毛细管力，MPa；

μ——油的黏度，mPa·s。

3）传质方式影响因素分析

（1）渗吸的影响。

根据总传质量为渗吸传质与压差传质的总和，模拟体积压裂水平井复杂裂缝水吞吐过程，计算结果如图 2-3-6、图 2-3-7 所示。考虑渗吸传质时动用范围更大，且日产油量更高。

（2）非线性渗流的影响。

非线性渗流准确反映出超低渗油藏动用范围和产量受非线性影响的程度。计算结果如图 2-3-8 所示。考虑非线性渗流，动用范围更小，日产油量更低。

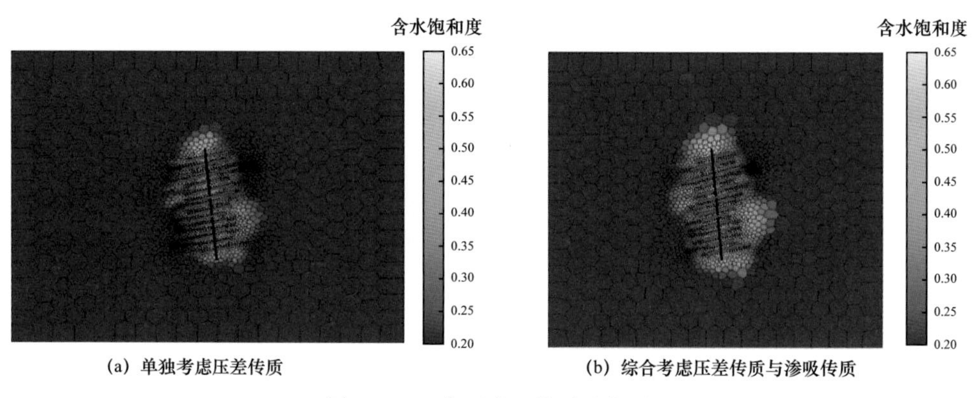

(a) 单独考虑压差传质　　(b) 综合考虑压差传质与渗吸传质

图 2-3-6　有无渗吸传质示意图

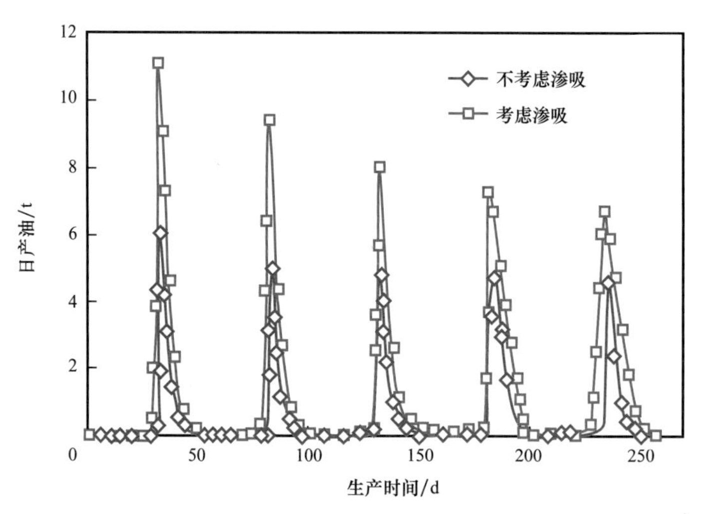

图 2-3-7　日产油对比图

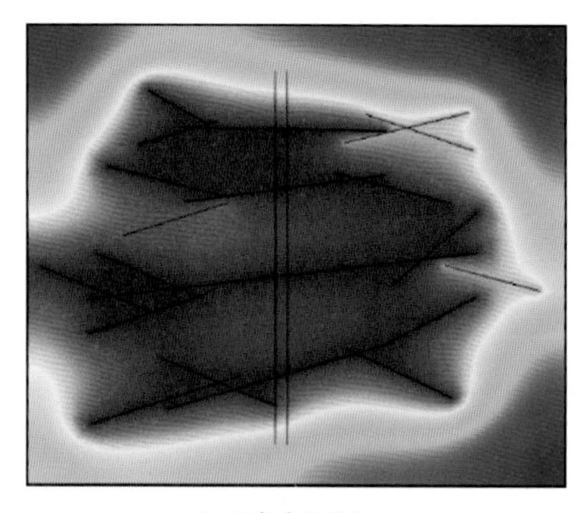

(a) 不考虑非线性

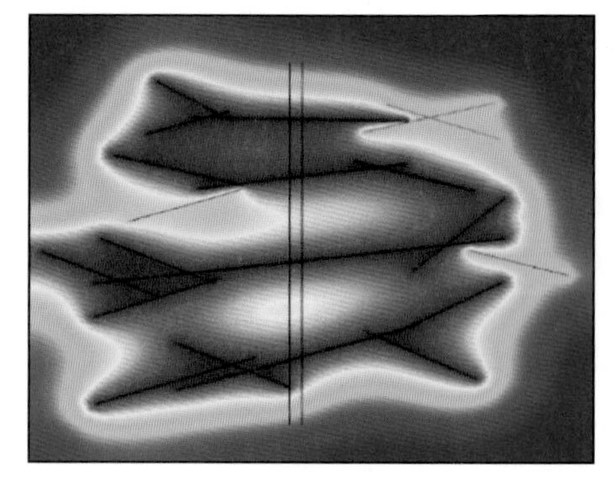

(b) 考虑非线性

图 2-3-8　受非线性影响程度示意图

二、超低渗油藏有效开发理论的应用

攻关探索形成的超低渗油藏有效开发理论包含：超低渗透油藏有效动用油藏数值模

拟方法、超低渗油藏考虑渗吸作用的体积压裂直井和水平井产能计算方法以及考虑非均匀产液和压裂液不完全返排情况下体积压裂水平井试井方法。

1. 超低渗透油藏有效动用油藏数值模拟方法的应用

以同井缝间驱替渗流研究为例来说明超低渗透油藏有效动用油藏数值模拟方法的应用。

同井注采是在同一口井上实现注水与采油一体化的开发技术。它是针对超低渗油藏开采过程中存在的水平井见水快、注水见效不明显、裂缝水窜等问题，提出的水平井同井注采开发技术。水平井同井段间注采方式如图 2-3-9 所示。

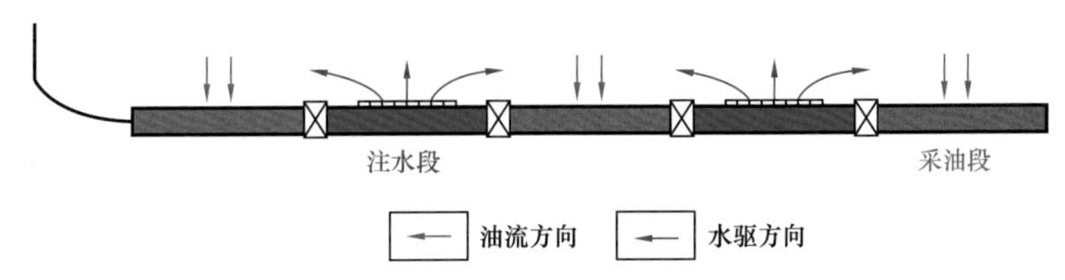

图 2-3-9　水平井同井段间注采方式

以采出程度为开发指标，一典型超低渗油藏分别采用衰竭开采、注水吞吐、五点井网注水、同井同步注采和同井异步注采 5 种方案累计开采 20 年，其开发效果如图 2-3-10、图 2-3-11 所示。

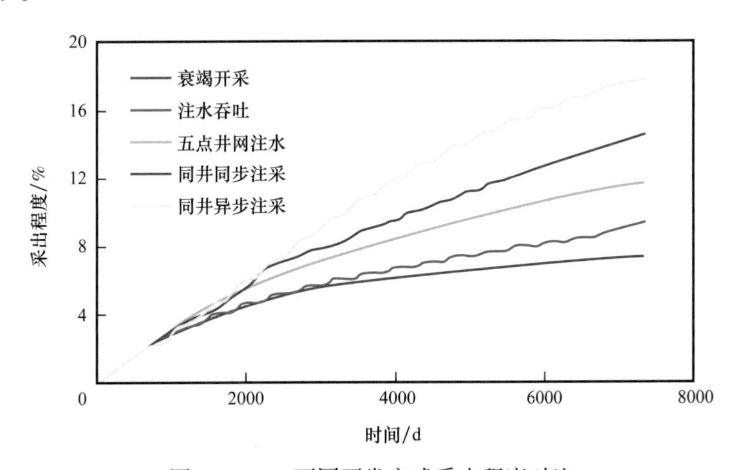

图 2-3-10　不同开发方式采出程度对比

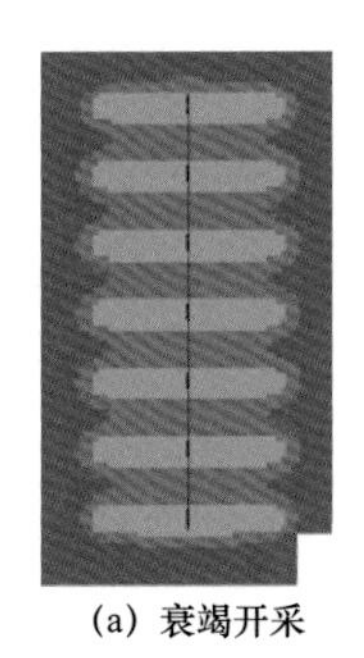
(a) 衰竭开采

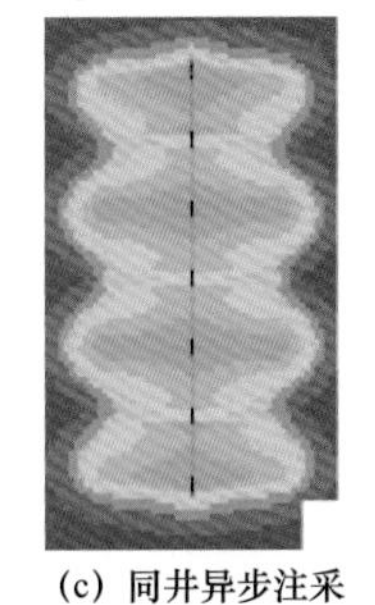
(b) 五点井网注水

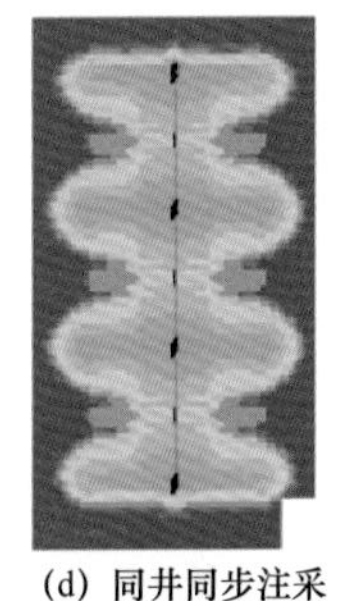
(c) 同井异步注采

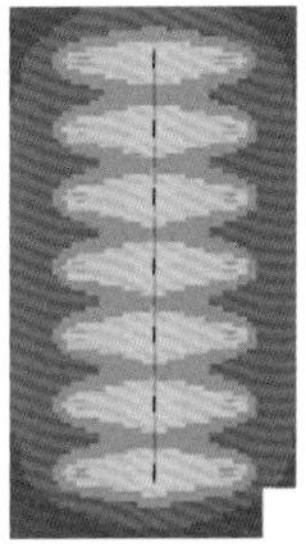
(d) 同井同步注采

(e) 注水吞吐

图 2-3-11　不同开发方式含油饱和度对比

5 种开发方式中衰竭开采效果最差，模拟开采 20 年采出程度为 7.40%；注水吞吐开采时，由于超低渗油藏基质渗透率低，注入水仅波及裂缝附近的区域，导致单井储量动用程度低，模拟开采 20 年采出程度为 9.38%；五点井网注水开采时，20 年采出程度为 11.82%；同井同步注采的模拟开采效果虽然远优于其他三种方案，但由于其注水缝和采油缝同步打开，在强压差的驱动下，注入水沿裂缝系统快速窜进，导致采油缝过早见水，影响了后期开发效果，20 年采出程度为 14.57%；5 种方案中，同井缝间异步注采模拟开采时注入水波及范围最大，储量动用范围最大，20 年采出程度为 17.87%。数值模拟结果显示，与其他 4 种方案对比，同井缝间异步注采的采出程度分别提高了 3.30%、6.05%、8.49% 和 10.47%。

2. 超低渗油藏考虑渗吸作用的体积压裂直井和水平井产能计算方法的应用

在传统的理论模型中，用双翼形的长方形来描述压裂裂缝，并且假设其具有高导流能力。在超低渗油藏储层中，基质渗透率非常低，长距离渗流需要的驱动压差非常大，体积压裂形成的缝网可以有效缩短基质裂缝间的渗流距离。因此，传统的理论模型限制了储层有效动用率，并不适用于超低渗油藏体积压裂。

本节在超低渗油藏体积压裂后的储层特征研究及现场应用的基础上，将渗流区域划分为五部分，建立了超低渗油藏储层改造直井和水平井五区复合线性渗流模型，研发了超低渗油藏体积压裂井产能计算软件。

以体积压裂直井的产能计算为例，来说明该软件的应用。

1）体积压裂直井参数敏感性分析

（1）分形参数。

在体积压裂直井储层改造区域井网分形参数对产能的影响敏感性分析中，d_f 表示缝网的复杂程度，θ 表示流体在储层改造区域缝网的流动路径。

分别选取质量分形维数 d_f=1.8、1.9、2.0，分形指数 θ=0、0.1、0.2。模型计算结果如图 2-3-12、图 2-3-13 所示。当 d_f 减小时，压力曲线迅速下滑，压差增大，产量明显下降。当 θ 减小时，压力曲线迅速上升，压差减小，生产率明显增加。当储层改造区域开始提供产能时，分形参数的影响逐渐开始。

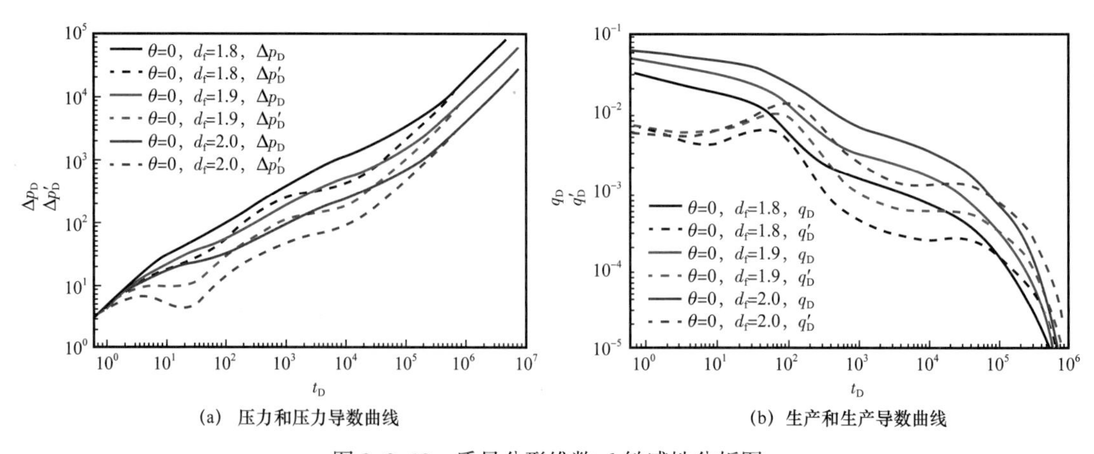

(a) 压力和压力导数曲线　　(b) 生产和生产导数曲线

图 2-3-12　质量分形维数 d_f 敏感性分析图

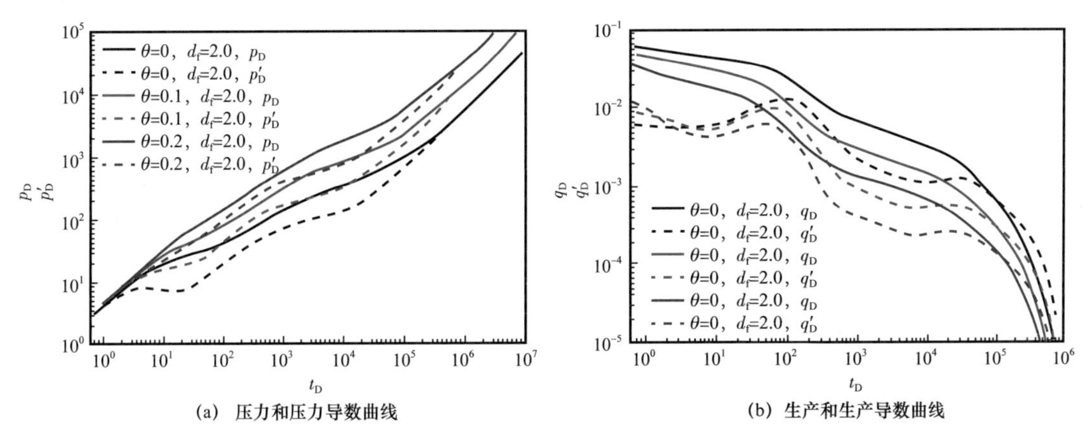

(a) 压力和压力导数曲线　　(b) 生产和生产导数曲线

图 2-3-13　分形指数 θ 敏感性分析图

（2）渗吸参数。

在模型中，渗吸仅由毛细管力（p_c）引起，毛细管力与储层中基质的润湿性有关。基质的水润湿角（β）范围为 0°～180°。根据 Laplace-Young 方程，当 β＜90° 时，p_c＞0，毛细管力将使裂缝中的润湿流体流入储层改造区域的基质中。由于孔隙空间的不变，基质中的油会在渗吸置换作用下而流入裂缝，从而起到增产效果；当 β＞90° 时，p_c＜0，毛细管力不会使油产出，其体积等于基质中油的置换体积。因此，选择基质的水润湿角（β）范围从 0° 到 90° 进行渗吸的敏感性分析。

分别选取水润湿角 β=0°、45°、90°，计算结果与实验结果相一致，接触角越小，渗吸作用的影响越大，如图 2-3-14 所示。渗吸对产能窜流阶段的影响显著。当 β 减小时，压力曲线迅速上升，压差减小，这导致产量在窜流阶段显著增加。另外，渗吸对生产其他阶段影响不大。在图 2-3-14（b）中显示每两条生产曲线有一个交叉点。在交叉点前产量随着渗吸的增加而增加，在交叉点后产量随着渗吸的增加而降低。换句话说，渗吸可以加快储层改造区域中基质流体的产出，而不是储量的增加。

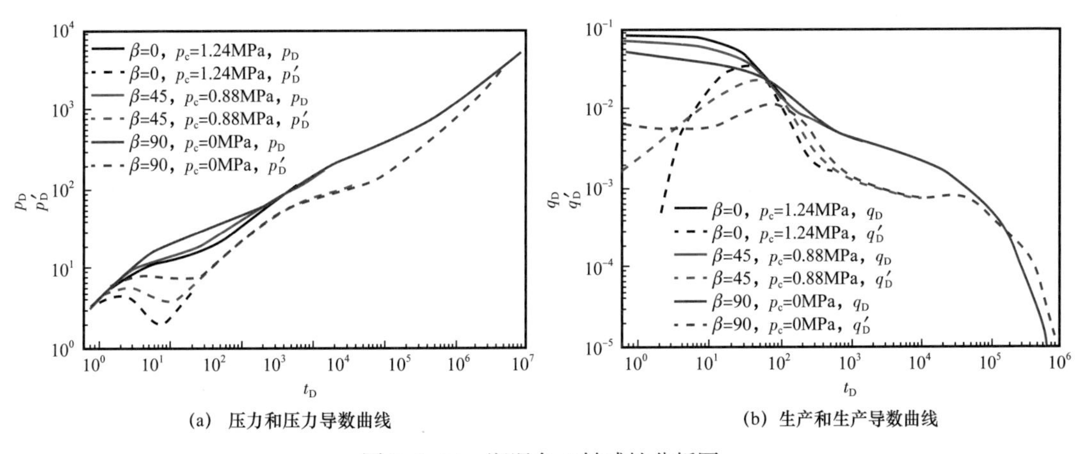

(a) 压力和压力导数曲线　　(b) 生产和生产导数曲线

图 2-3-14　润湿角 β 敏感性分析图

2）体积压裂直井现场应用

选取大庆油田 A 井和 B 井两口井数据进行应用，结果如图 2-3-15、图 2-3-16 所示。

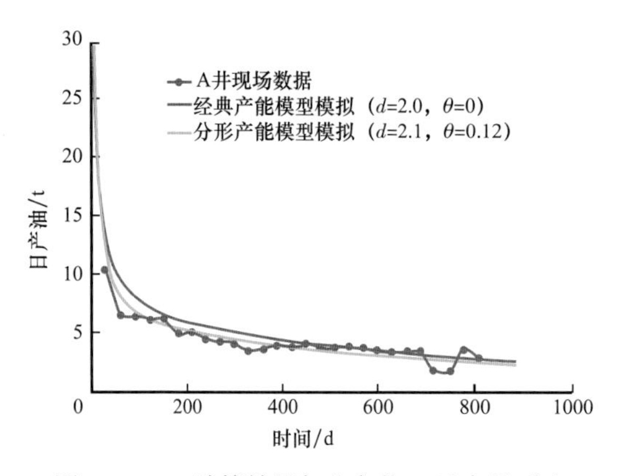

图 2-3-15 计算结果与生产井 A 日产量对比

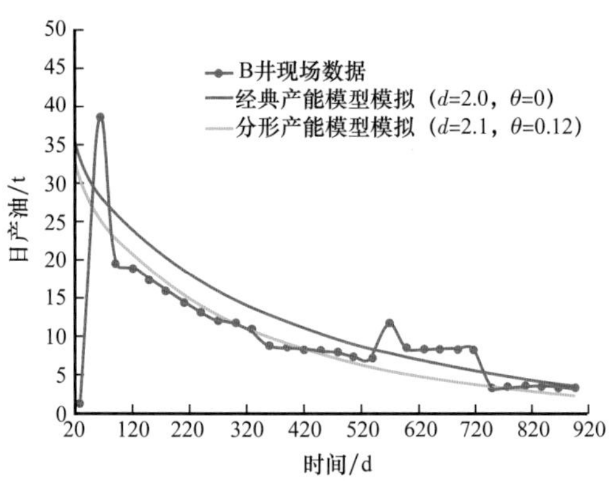

图 2-3-16 计算结果与生产井 B 日产量对比

选取未考虑分形缝网分布的模型，其数值模拟结果在前期高于实际生产数据。而选用超低渗油藏体积压裂直井五区复合线性渗流模型，其模拟结果与实际井生产数据更为吻合。缝网较常规双重介质缝网更复杂，但是缝网中流体流动路径较常规双重介质缝网的直线更曲折，运移路线更长。本模型弥补了储层改造区域缝网分布不同对产能的影响，使得数值模拟结果与现场数据更吻合，更准确地预测产能的未来变化曲线。

3. 考虑非均匀产液和压裂液不完全返排情况下水平井试井方法的应用

目前关于压裂水平井中对裂缝、水平井筒流量非均匀分布及压裂液并不能完全返排至地面的现象描述很少，但大量生产测试和动态资料表明，多段压裂水平井部分压裂缝产油量很小甚至不产油，且压裂液返排不高。因此，非常有必要建立考虑非均匀产液和压裂液不完全返排情况下体积压裂水平井产能计算模型，以指导油田的现场。

自主研发的考虑非均匀产液和压裂液不完全返排情况下体积压裂水平井试井解释软件（MPA），如图 2-3-17 所示。该软件创新了考虑压裂水平井裂缝闭合和导流能力变化、考虑压裂水平井非均匀产液、水平井产液位置识别、水平井来水方向判别以及压裂液不完全返排等试井模型和解释方法。采用有效的优化算法，结合测井及地质资料，实现实测压力的自动拟合，计算压裂裂缝的导流能力、流量以及地层渗透率等参数，达到了识别多段压裂水平井渗流能力、优化裂缝参数、最终提高增产效果的目的。

用 MPA 试井解释软件对长庆油田体积压裂水平井固平 43-54 井的非均匀产液进行了分析。为了降低解释的多解性，将该井的 13 个射孔段组合为 4 个大段进行解释，将不均匀产液试井解释结果与中子伽马测井解释和产液剖面解释结果放在一起，如图 2-3-18 所示。

通过三种解释结果的对比可以发现，虽然试井是将射孔段进了组合，然后进行解释，但解释结果与产液剖面测试结果相接近，并且该井的 ERT 测试结果也验证了解释结果的准确性。

将上述方法又应用于长庆油田化 108 井区的化平 1 井、化平 6 井和化平 11 井，得到了水平井压裂裂缝的导流系数、地层渗透率、产液段位置，指导了油田生产。

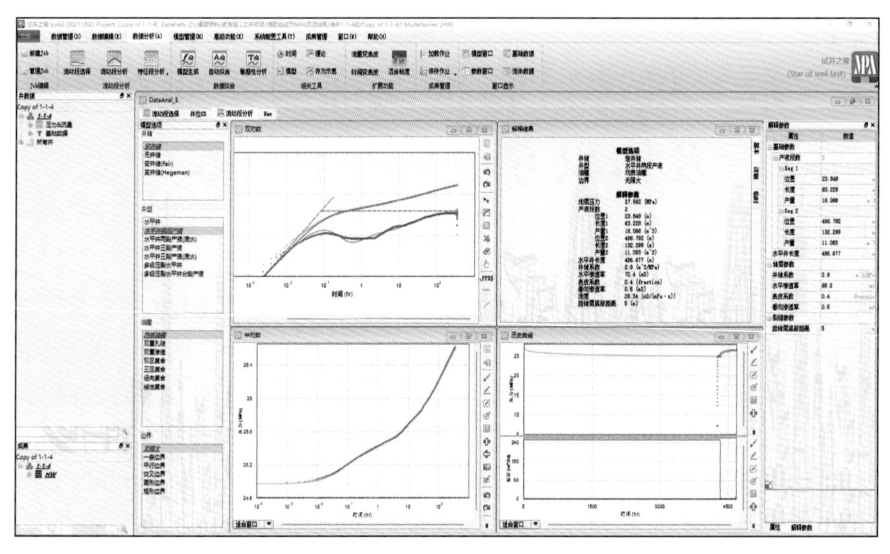

图 2-3-17　MPA 软件界面示意图

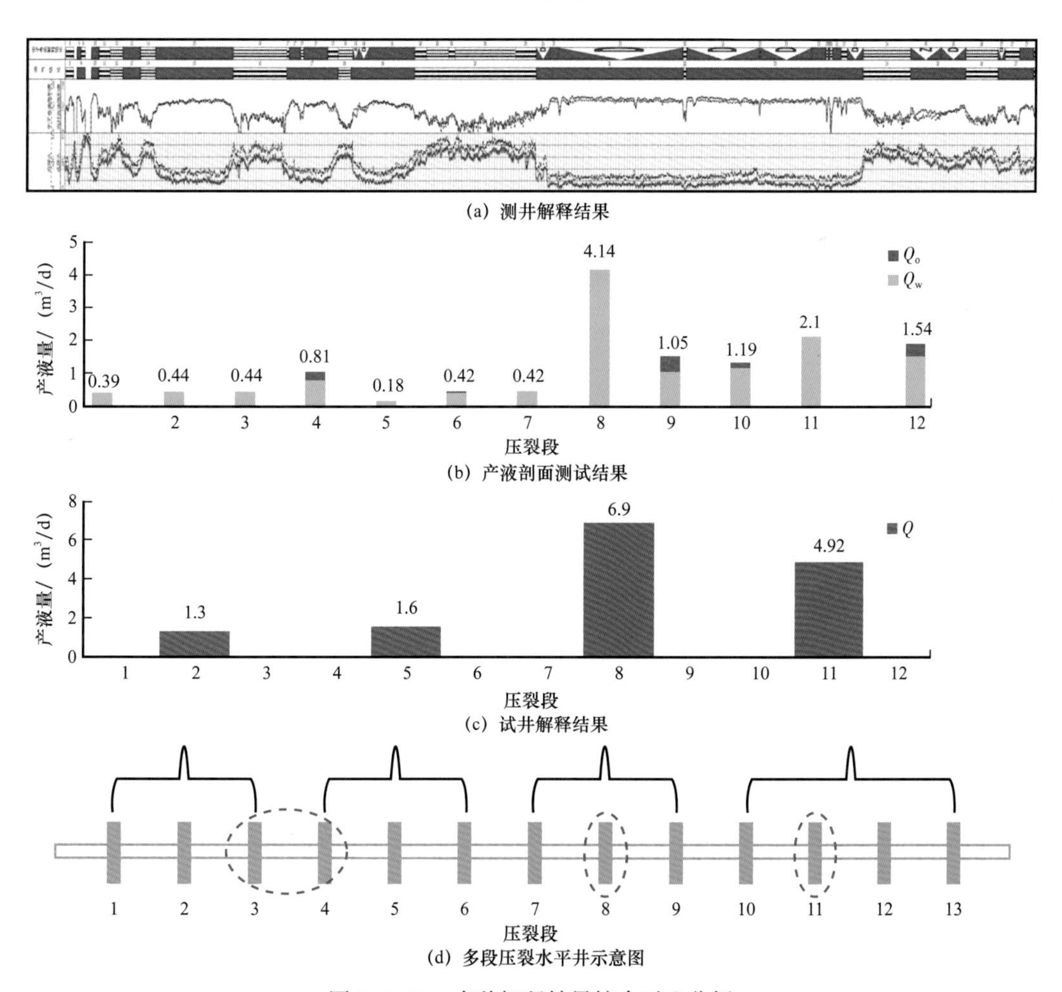

图 2-3-18　多种解释结果综合对比分析

第三章 低渗、特低渗油藏水驱扩大波及体积方法与关键技术

水驱是低渗、特低渗油藏最经济有效的开发方式，截至2020年年底，产量占比95%，但整体进入中高含水阶段，综合递减率10%，采收率平均20.8%，稳产面临极大挑战。平面波及系数仅有66%，纵向动用仅60%，具备大幅度提高的潜力。面临由基础井网向合理井网、常规水驱向精细水驱、建立驱替向持续有效驱替转变。

低渗、特低渗透油藏要提高水驱波及体积需要解决三个关键技术问题：一是，裂缝虽然能改善低渗储层的渗流能力，但同时也加剧了储层非均质性，随着开发的深入，动态裂缝的出现并不断扩大是影响波及体积的最主要因素，地下油水关系及剩余油分布状况较为复杂，需攻关裂缝与基质非均质双重作用下的剩余油定量表征技术，明确水驱扩大波及的方向及潜力；二是，由于注水过程中裂缝的动态变化，再加上基质砂体的叠置关系和连通关系复杂，导致井网适应性变差，面临如何提高注水效率及平面波及范围的问题；三是，不同成因类型砂体叠置、油层纵向差异较大，动态裂缝加剧纵向吸水不均，需突破提高纵向动用程度的关键技术。本章突破了应力场和动态裂缝的有效预测与定量表征，发展了动态离散裂缝数值模拟新方法，定量评价裂缝和基质非均质双重作用下的剩余油分布及水驱潜力，形成了缝网匹配立体井网加密调整和基于缝控开发单元的精细调控技术。

第一节 低渗、特低渗油藏裂缝分布表征与模拟技术

一、裂缝表征与三维离散裂缝建模技术

1. 储层裂缝发育特征及识别新方法

1）储层裂缝发育特征

天然裂缝的形成受到各种因素的影响，根据岩心和地表露头上裂缝与控制其发育的主要地质因素的关系，从地质成因上可以将低渗透砂岩储层裂缝分为构造裂缝和成岩裂缝，其中成岩裂缝包括层理缝和收缩裂缝。

根据岩心裂缝观察和统计，研究区以构造裂缝为主，其中主要为高角度剪切裂缝（图3-1-1），其次还有少量低角度剪切裂缝（图3-1-2）。构造裂缝分布广泛、延伸长、产状比较稳定，它们发育在所有的岩性中。

成岩裂缝主要为近水平层理缝，收缩裂缝不太发育。层理缝包括压溶型和收缩型两种类型，其中压溶型层理缝顺层面延伸长，横向连续性好，裂缝张开度小；收缩型层理

缝顺层面延伸短，横向连续性差，张开度中等。岩心观察层理缝主要表现为顺微层面具有弯曲、断续、分叉、尖灭、合并等特征，石油顺着层理缝泄出（图 3-1-3）。

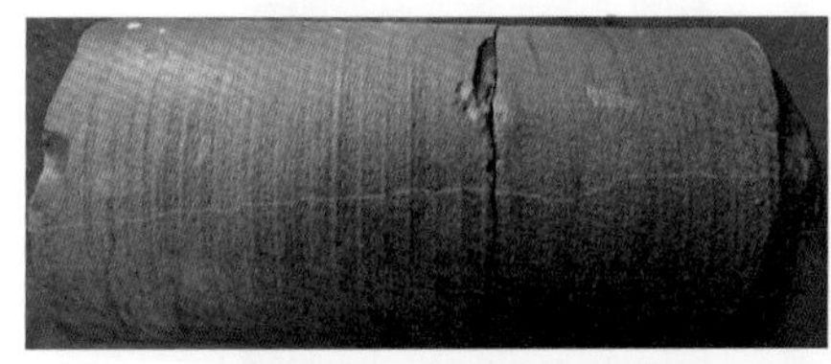
(a) 西162井，2103.33~2013.54m，方解石充填

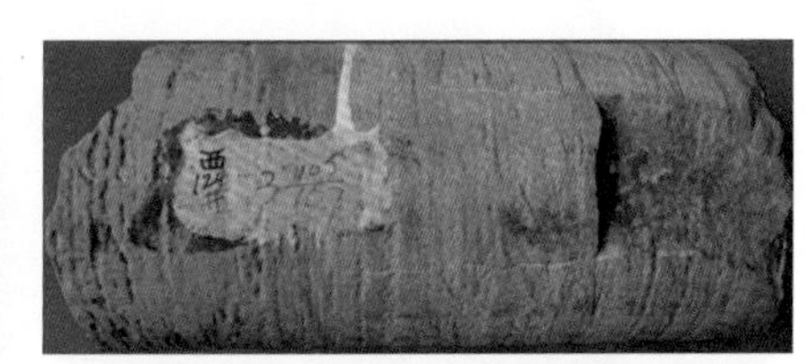
(b) 西124井，2072.61~2072.83m，方解石充填

(c) 西124井，2071.14~2071.34m，缝面含油

(d) 西124井，2083.93~2084.18m

图 3-1-1　研究区高角度构造裂缝照片

(a) 西162井，2104.55~2104.58m

(b) 西124井，2078.17~2078.22m

(c) 西124井，2084.95~2084.97m

(d) 西124井，2078.65~2078.68m

图 3-1-2　研究区滑脱裂缝（低角度剪切裂缝）照片

2）缝参数特征

（1）裂缝倾角：统计研究区岩心裂缝，结果表明研究区构造裂缝的倾角主要在 80°～90°，即主要发育高角度剪切缝（图 3-1-4），以及少量的低角度剪切裂缝。

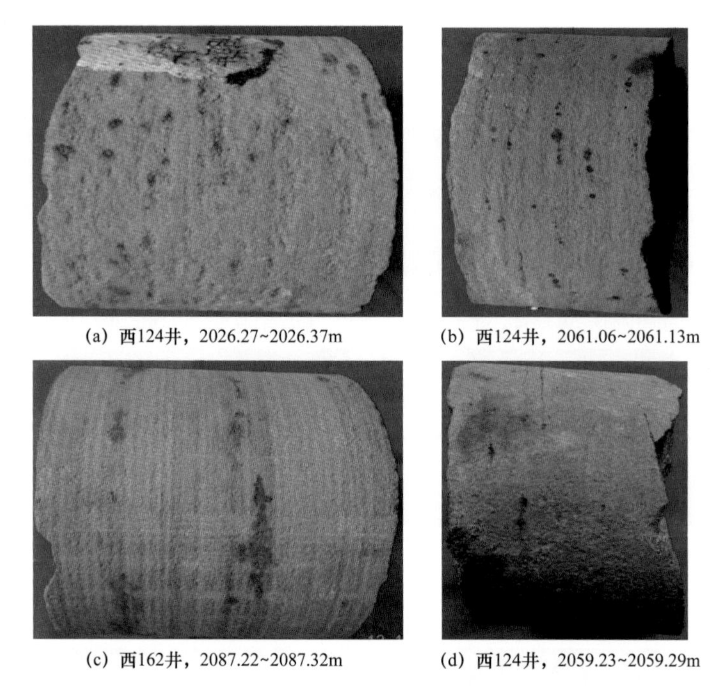

图 3-1-3　研究区层理缝照片

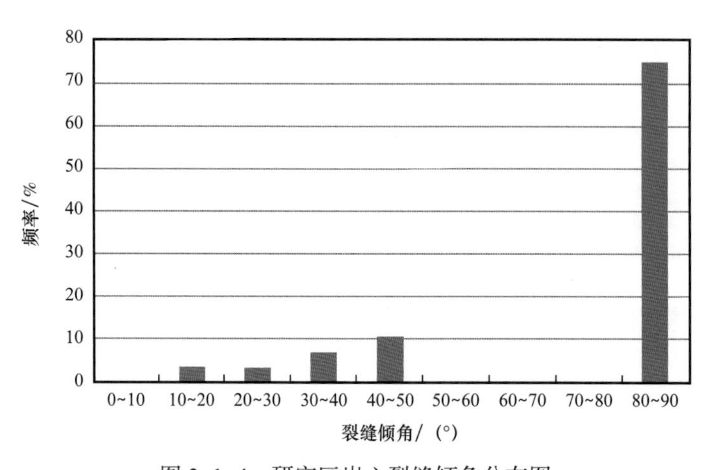

图 3-1-4　研究区岩心裂缝倾角分布图

（2）裂缝高度：裂缝的高度是反映裂缝分布规模的重要参数，由于裂缝的形成受到岩石力学层的控制，因而裂缝的高度通常在划分岩石力学层后进行统计。根据岩心裂缝统计结果，得到研究区构造裂缝的高度主要在 20cm 以内，有少量构造裂缝的高度在 20～30cm 和 70～80cm（图 3-1-5），反映该区裂缝主要在层内发育。

（3）裂缝有效性：裂缝的充填情况可以反映裂缝的有效性，其中，可以将裂缝充填情况分为无充填、局部充填、半充填、全充填，将无充填、局部充填、半充填裂缝称为有效裂缝。根据研究区岩心裂缝观察结果可得，研究区有效裂缝占 82%，无效裂缝即全充填的裂缝占 18%（图 3-1-6）。反映研究区裂缝的有效性较好，能作为良好的储集空间和渗流通道。

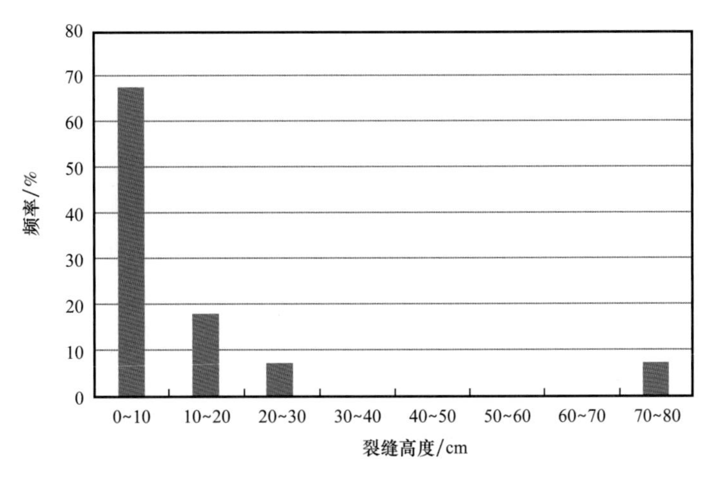

图 3-1-5　研究区岩心裂缝高度分布图

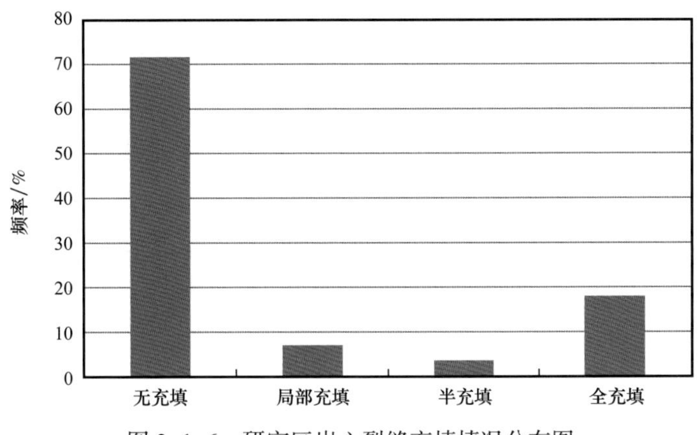

图 3-1-6　研究区岩心裂缝充填情况分布图

（4）裂缝密度：裂缝密度反映了裂缝的发育程度，根据校正后的岩心裂缝线密度统计，西 180 井的裂缝密度最大，可达到 1.6 条 /m，西 124 井的密度为 1.4 条 /m，西 126 井的密度为 0.75 条 /m（图 3-1-7）。

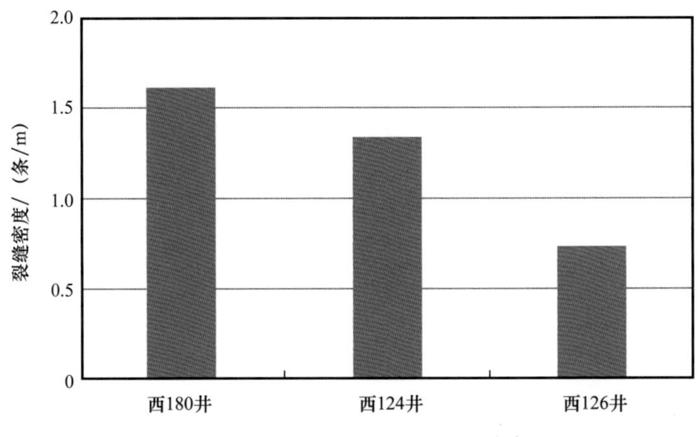

图 3-1-7　研究区岩心裂缝密度统计直方图

3）基于机器学习的常规测井裂缝识别新方法

核 Fisher 判别分析最早由 Mika 等人（1999）利用核技巧对降维方法线性判别分析（LDA）进行了改进，实现了针对两类问题的核 Fisher 判别分析（Kernel Fisher Discriminant，KFD），弥补了 Fisher 判别分析不能提取非线性特征的不足。之后，Baudat 等人（2000）对其进一步改进，使其也可处理多类别分类的问题，改进后的算法称为广义判别分析（general discriminant analysis，GDA）。也有学者将 GDA 称作核 Fisher 判别分析（kernel Fisher discriminant analysis，KFDA），目前很多文章中广义判别分析与核 Fisher 判别分析均指的是同一种多类别分类的算法，为统一名称，本文将使用核 Fisher 判别分析（KFD）作为这类算法的统一名称。

KFD 是在 LDA 方法的基础上，运用核函数替换技巧对数据进行分类的方法。其实现过程如图 3-1-8 所示，最终目的是提取非线性分类特征。其利用非线性映射，将原本在低维空间中线性不可分的数据映射到高维特征空间，从而实现数据的线性可分。

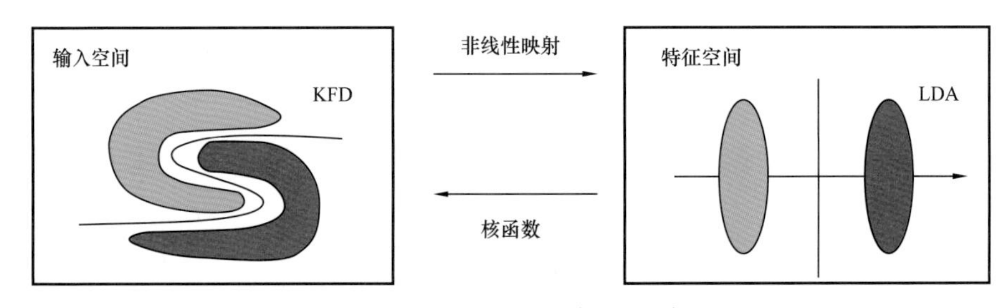

图 3-1-8 核 Fisher 判别分析示意图

KFD 是一种有监督的分类方法，监督为岩心裂缝解释结果。其预测裂缝的过程分为建模和预测两步。预测模型建立环节测井曲线作为自变量，岩心裂缝观察结果作为因变量。其步骤可以分为以下三步。

（1）常规测井曲线极差正规化，其公式为：

$$y_{jk}=(x_{jk}-m_{j,\ min})/(m_{j,\ max}-m_{j,\ min}) \tag{3-1-1}$$

式中 y_{jk}——归一化后的测井曲线；

x_{jk}——第 k 个样本的第 j 条测井曲线；

$m_{j,\ min}$——第 j 条测井曲线的最小值；

$m_{j,\ max}$——第 j 条测井曲线的最大值。

（2）选择核函数。最常用的核函数为高斯核函数，其公式为：

$$K(x,y)=\mathrm{e}^{-\frac{\|x-y\|}{2\sigma^2}} \tag{3-1-2}$$

式中 σ——为核函数中的参数，该参数控制着两个样本的相似程度。

（3）核函数参数优选。以高斯核函数为例，σ 过小时易出现过度拟合，σ 过大时又会使拟合精度下降，因此合理选择 σ 对算法的精度提高十分重要。

选定核函数后，对其参数进行不同取值，根据 KFD 原理，对训练样本进行预测，可得到图 3-1-9 中的趋势图，根据趋势图确定最优核函数参数 σ=0.53。

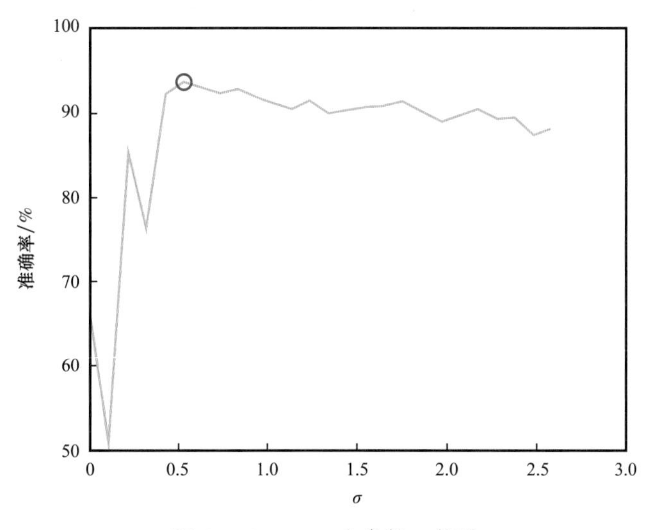

图 3-1-9　KFD 中参数 σ 优选

运用核 Fisher 判别分析方法，对研究区内取心井进行裂缝测井识别。利用岩心裂缝观察资料、成像测井识别的裂缝信息，可以对研究区裂缝测井识别结果进行检验（图 3-1-10，红色斜线表示 KFD 识别的裂缝发育深度段）。

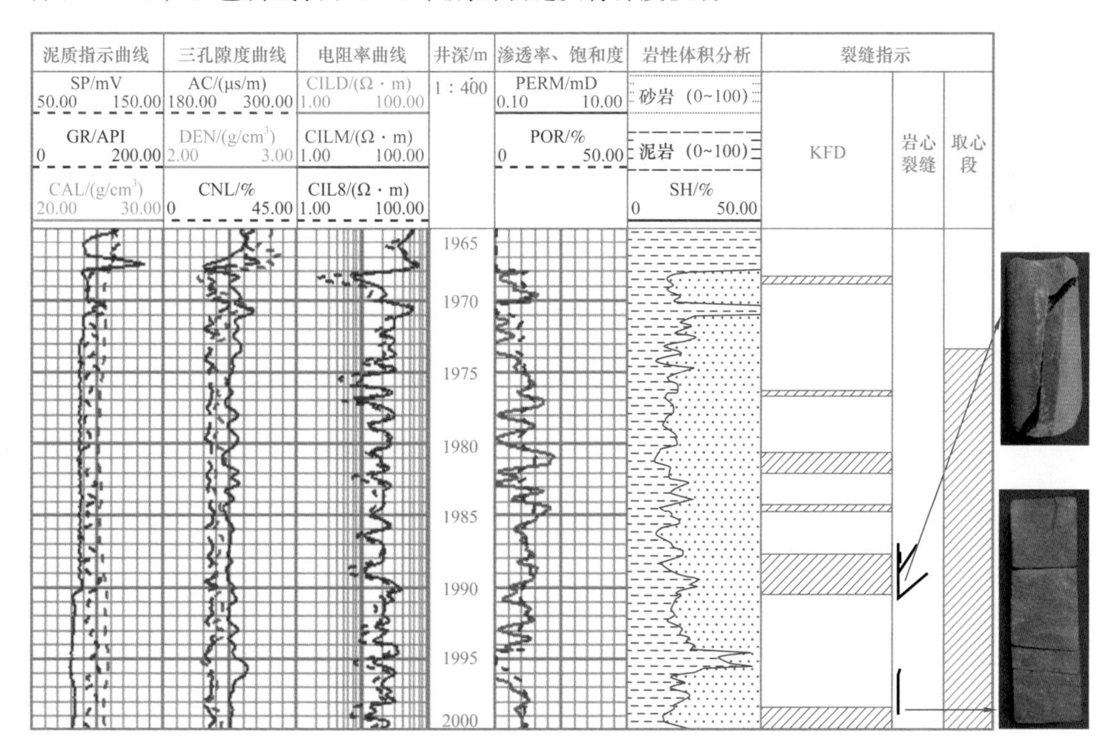

图 3-1-10　Y1 井常规测井裂缝解释与岩心对照图

2. 裂缝预测与三维离散裂缝建模方法

裂缝建模具有诸多方法，按大类包可分为确定性建模及随机建模。其中随机建模方法较为常用，包括空间剖分裂缝建模、离散裂缝网络建模、基于变差函数的裂缝建模等。随机建模方法中离散裂缝网络（Discrete Fracture Networks，DFN）建模是目前最主流的随机裂缝建模方法（Karimi-Fard et al.，2004）。本次研究探索了无三维地震覆盖区三维裂缝网络建模方法。在裂缝评价与预测成果的基础上，在无三维地震资料区采用以测井裂缝识别与评价结果作为单井控制条件、以井间裂缝预测结果作为约束条件的多尺度裂缝三维地质建模方法，建立了储层裂缝三维离散网络模型。

裂缝三维地质建模中的上述裂缝属性按照统计的分布规律赋予到裂缝模型中。裂缝三维建模所用裂缝参数主要包括裂缝走向、倾角、长度和高度，在选取合适的裂缝参数分布模型后，根据裂缝参数数据进行拟合求取裂缝参数分布模型。其中，裂缝走向和倾角分布模式采用 Fisher 分布模型，该模型公式如下：

$$f\left(\theta,\varphi\,|\,\theta_0,\varphi_0,K\right)=\frac{K}{4\pi\sin\theta K}\sin\theta\,\mathrm{e}^{K\left[\cos\theta_0\cos\theta_0+\sin\theta_0\cos\left(\varphi-\varphi_0\right)\right]} \tag{3-1-3}$$

式中 θ——倾角，(°)；

φ——走向，(°)；

θ_0——某组裂缝的倾角，(°)；

φ_0——某组裂缝的走向，(°)；

K——集中程度参数，K 值越大代表裂缝的走向和倾角分布越集中。

裂缝长度和高度分布模式采用指数分布模型，该模型公式如下：

$$f\left(x|\lambda\right)=\lambda\mathrm{e}^{-\lambda x} \tag{3-1-4}$$

式中 x——裂缝长度或高度参数；

λ——其相应的指数分布参数。

三维裂缝强度约束体的构建是在裂缝单井评价和裂缝预测的基础上建立的。首先将测井解释结果粗化到生成的地质网格中（图 3-1-11），0 表示无裂缝，1 表示有裂缝。测井解释的裂缝线密度 P_{10} 与裂缝单井解释的网格粗化结果成正比，比例系数为测井曲线采样间隔 h，此处可以近似作为地质网格裂缝发育强度。

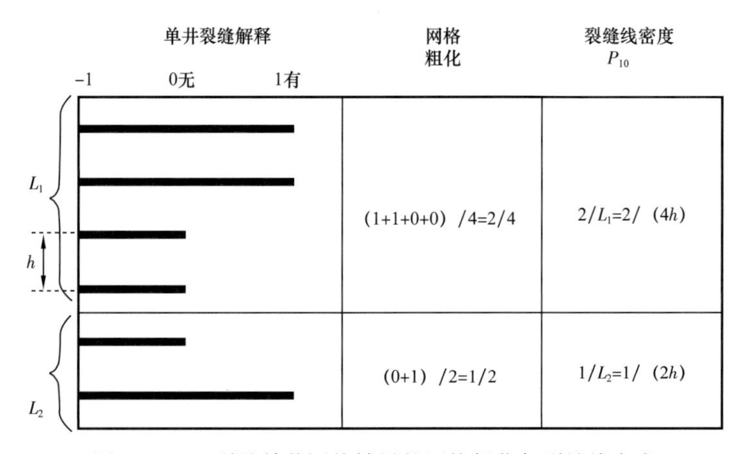

图 3-1-11 裂缝单井评价结果的网格粗化与裂缝线密度

随后以此为硬数据，使用协同序贯高斯数值模拟生成储层裂缝强度约束体。裂缝发育强度的约束趋势，按照协同克里金（Cokriging，CK）插值算法。通过测井计算单井动态岩石物理参数，即动态杨氏模量 E_d、动态泊松比 μ_d，再通过校正公式将其转换为静态杨氏模量 E 和泊松比 μ。再通过序贯高斯数值模拟将单井岩石物理参数扩展为三维岩石物理参数模型。

将所建立三维岩石物理参数模型及对应的地质网格导入有限元模拟软件，并在软件中设置边界条件，包括固定的边和在不同边界施加的应力，计算最大主应力展布和岩石破裂指数分布作为单井裂缝解释三维地质建模的趋势体建立三维裂缝强度模型。随后使用协同序贯高斯数值模拟方法，在平面软控制协同下将硬控制（即井裂缝解释）扩展为三维离散裂缝网络约束体。

根据已有裂缝建模参数及裂缝三维密度约束体，构建离散裂缝网络模型，效果如图 3–1–12 所示。由图 3–1–12 可知该区裂缝主要分为北东东—南西西向、近东西向和近南北向三组裂缝，其中北东东—南西西向裂缝最为发育，其次为近东西向裂缝，近南北向裂缝发育较少。

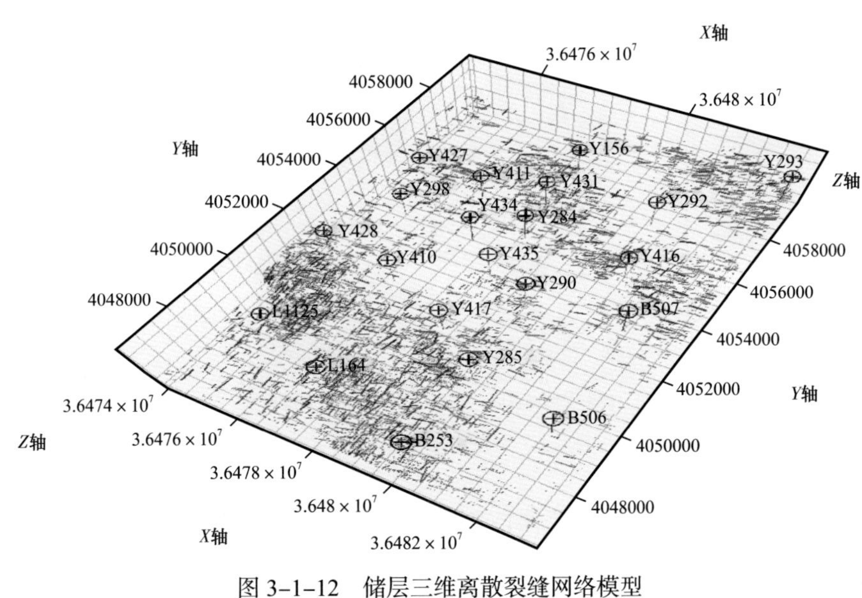

图 3–1–12　储层三维离散裂缝网络模型

二 . 动态离散裂缝模拟技术

1. 不同尺度裂缝模拟方法

不同尺度的裂缝对储层流体流动的影响与作用不同，在进行建模和数值模拟的时候需要加以区分与处理。通常，按照裂缝尺寸、发育规模以及连通性将裂缝分为小、中和大 3 个类别。一般而言，中小尺度裂缝更适合用等效介质模型（如等效基质模型或双孔模型）进行模拟，而大尺度裂缝则更适合用离散裂缝模型进行模拟（图 3–1–13）。建立多尺度裂缝自动分级技术实施流程如图 3–1–14 所示。

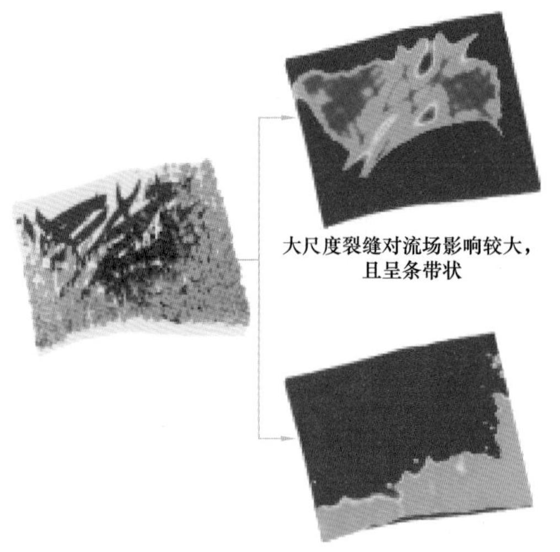

图 3-1-13　不同尺度的裂缝对流场的影响

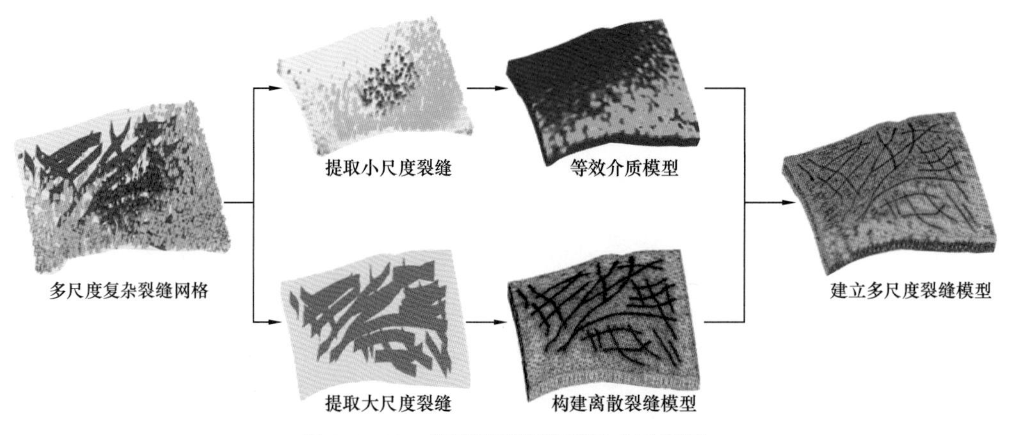

图 3-1-14　多尺度裂缝数模技术示意图

2. 应力场与渗流场耦合的动态离散裂缝模拟技术

建立了基质孔隙渗流与岩石应力耦合的孔隙弹性模型、水力压裂裂缝与裂缝内流体流动的耦合模型、裂缝变形模拟，并进一步完善了模型的求解过程，为动态离散裂缝建模与模拟提供了基础。

1）基质孔隙渗流与岩石应力耦合的孔隙弹性模型

岩石中各应力分量应当满足静力平衡条件：

$$\frac{\partial\left(\sigma_{ij}+\delta_{ij}\alpha p\right)}{\partial x_{ij}}+f_i=0 \qquad \left(i,j=1,2,3\right) \tag{3-1-5}$$

式中　σ_{ij}——有效应力张量；

p——孔隙水压，MPa；

α——Biot 常数，通常取为 1；

δ_{ij}——Kroneker 符号；

f_i——体积力，N/m^3。

对于渗流模型，流体流动的控制方程为：

$$\frac{\partial(\rho\phi)}{\partial t}+\nabla\cdot(\rho v)=0 \tag{3-1-6}$$

式中　ρ——流体密度，kg/m³；

ϕ——孔隙度，%；

v——流体流度，m/s。

2）水力压裂裂缝与裂缝内流体流动的耦合模型

模型考虑了流体在井筒中的流动、沿井筒的起裂以及流体在裂缝中的流动。岩石变形与流体流动完全耦合，裂缝扩展遵守线弹性断裂力学理论。

若井筒压强超过一定值，井周周向应力（以压为正）变为张力，且绝对值大于抗拉强度时，岩石拉伸破坏，此时认为裂缝开始沿壁面起裂（图 3-1-15），式（3-1-7）为考虑孔隙压力后的井壁起裂判据：

$$p_{\mathrm{b}}=\frac{3\sigma_{\min}-\sigma_{\max}+\sigma_{\mathrm{tens}}-\alpha p_{\min}\dfrac{1-2\nu}{1-\nu}}{1+\phi-\alpha\dfrac{1-2\nu}{1-\nu}} \tag{3-1-7}$$

式中　$\sigma_{\min}$——最小水平主应力，MPa；

$\sigma_{\max}$——最大水平主应力，MPa；

σ_{tens}——储层岩石抗拉强度，MPa；

ϕ——孔隙度，%；

ν——岩石泊松比；

α——Biot 常数，通常取为 1。

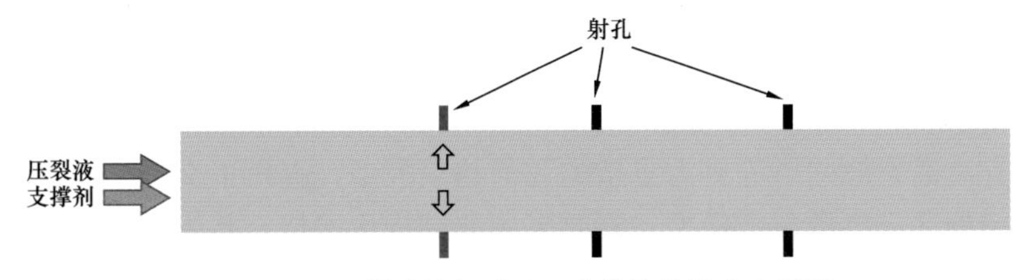

图 3-1-15　射孔处起裂后，流体从井筒流入裂缝

井筒与裂缝的流动由裂缝开度控制：

$$K_{\mathrm{w,f}}=\frac{w^2}{12} \tag{3-1-8}$$

式中　$K_{\mathrm{w,f}}$——裂缝渗透率，mD；

w——裂缝开度，m。

3）裂缝变形模拟

裂缝中压强的改变会引起全场应力变化，不同裂缝间也存在应力的相互影响。为了求解地层由于注入流体产生的应力应变以及该应力变化对裂缝变形的影响，需要能够刻画存在不连续断面（裂缝）时的力学模型。采用位移不连续方法，可以根据裂缝中压强分布计算出储层任意位置的应力应变、位移大小，若所有裂缝变形诱发的应力应变满足储层真实的力学边界条件，即可计算出裂缝真实变形，从而获得全场受力状态。

在此基础上，进一步完善了模型的求解过程，如图 3–1–16 所示。

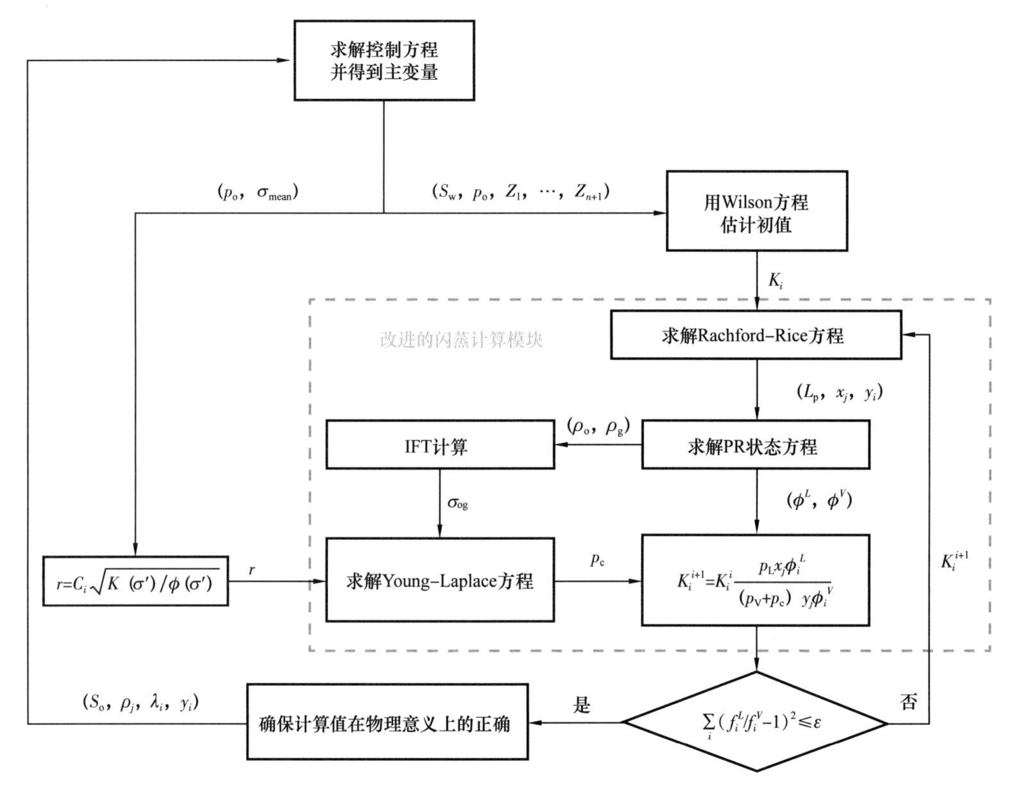

图 3–1–16　模型求解流程图

3. 动态非结构网格技术

对于带有离散裂缝网络等更为复杂的几何约束模型，直角正交网格及角点网格均不适用，为了精确适应离散裂缝模型，需要采用非结构化网格。其中，作为常见的非结构化网格之一，PEBI 网格一般只能用于二维或者拟三维模型中，对于更为复杂的三维裂缝系统（如交错复杂或存在较大倾角的裂缝系统）剖分存在困难。而另一种常见的非结构化网格——四面体网格则存在油藏层向和纵向尺度的不一致与四面体网格无方向性的矛盾，因此在含有多尺度裂缝的超低渗油藏应用过程中也存在一定的局限性。基于此，本节提出了一种针对离散裂缝薄层模型的新的非结构化网格剖分技术——分层三棱柱网格生成技术。新的网格模型基于平面三角形网格剖分与类似于角点网格生成的层间拓扑关系构建技术，同时具有离散裂缝模型与角点网格模型的优点。

（1）相比于四面体网格，新模型网格生成过程快速稳定，可完全自动化实现，同时具备分层描述的能力，如图 3-1-17 所示。

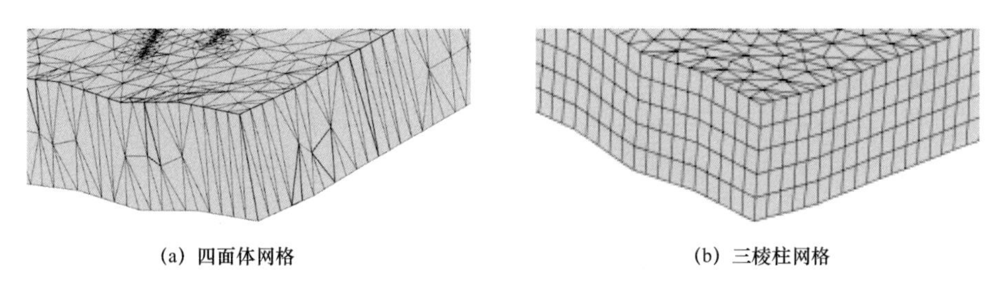

图 3-1-17　非结构化网格纵向描述示意图（纵向放大 5 倍）

（2）相比于传统结构化网格或 PEBI 网格，新模型更加灵活，可以适应更为复杂的离散裂缝系统，可灵活、自由地根据裂缝走向剖分网格，避免了局部网格加密等手段对裂缝的近似（图 3-1-18、图 3-1-19）。

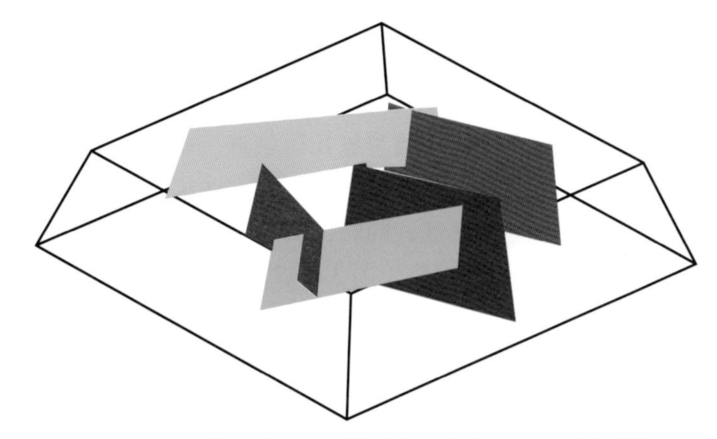

图 3-1-18　模型边界与离散裂缝（纵向放大 20 倍视图）

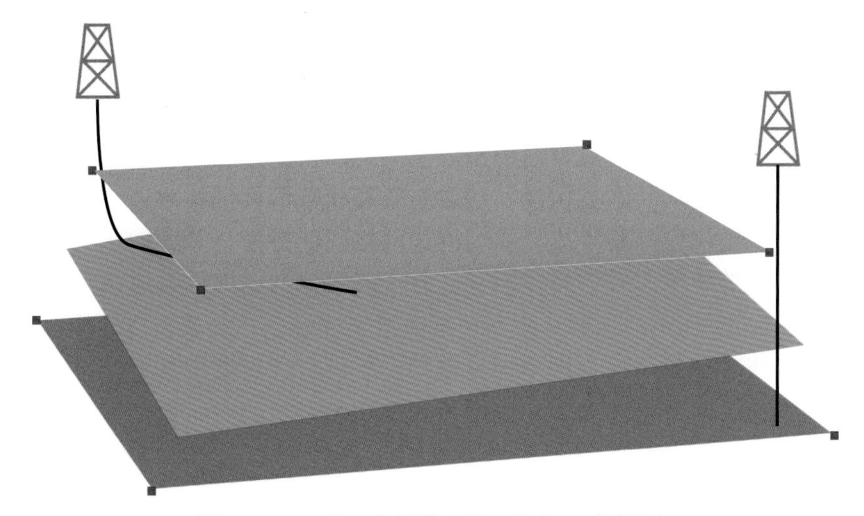

图 3-1-19　模型分层性（纵向放大 20 倍视图）

在此基础上，进一步形成了非结构化网格传导率处理与连通表征技术。网格剖分完毕之后，最重要的问题就是解决裂缝基质网格之间的传导率。离散裂缝模型的传导率计算可分为基质—基质（M–M）传导率、基质—裂缝（M–F）传导率和裂缝—裂缝（F–F）传导率，如图 3–1–20 所示。

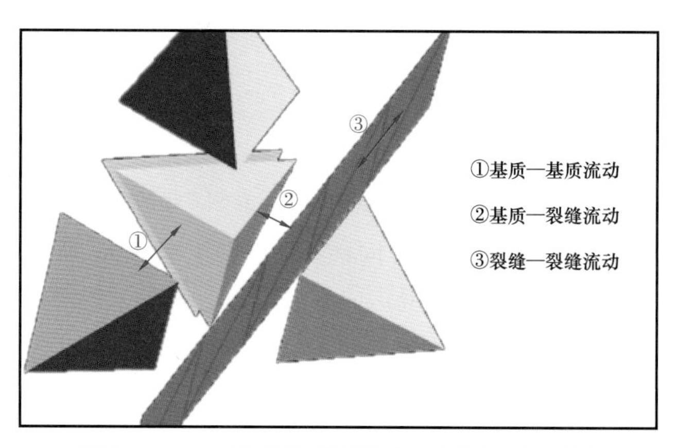

图 3–1–20　三维离散裂缝模型三种传导率示意图

动态非结构化网格自动剖分包括离散裂缝几何信息、确定模型边界、非结构化网格剖分、动态裂缝更新及网格重绘等关键步骤，其中本方法提高了网格剖分的灵活度，实现了点线面体混合几何体的快速准处理；同时，实现了根据动态裂缝的扩展与演化，更新离散裂缝网络信息，自动重新剖分网格（图 3–1–21）。

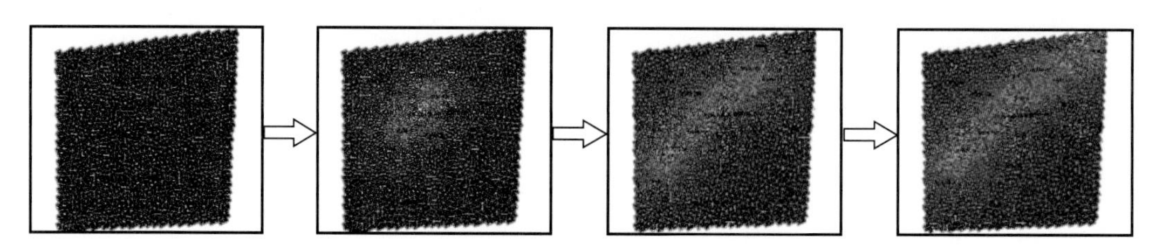

图 3–1–21　动态裂缝扩展过程与动态网格自动剖分

传统数值模拟过程通常采用先建模、后模拟的单纯步骤，但是对于动态离散裂缝数值模拟而言，需要不断进行离散裂缝模型的实时更新，即离散裂缝建模与数值模拟应一体化考虑。针对上述需求，本节构建了动态离散裂缝数值模拟技术，该方法包括了离散裂缝动态更新、非结构化网格生成、非结构化网格属性建模、非结构化网格传导率计算以及流动数值模拟等关键步骤，具体而言，基于所构建初始离散裂缝模型，进行数值模拟，按照间隔时间 dT 利用动态裂缝模型更新离散裂缝模型，如果裂缝发生更新，则基于新的离散裂缝系统进行非结构化网格剖分流程，生成新的离散裂缝模型，继续进行下一时间步的数值模拟。基于上述步骤，实现了对于动态裂缝的实时更新和改进，提升了模型的准确性。

4. 实例应用

动态裂缝模拟方法在长庆油田低渗油藏典型区块进行了应用，建立了应力场与岩石力学场模型，进而形成多尺度离散裂缝模型，并结合动态离散裂缝模拟方法，定量评价渗流场、压力场，如图 3–1–22 所示。

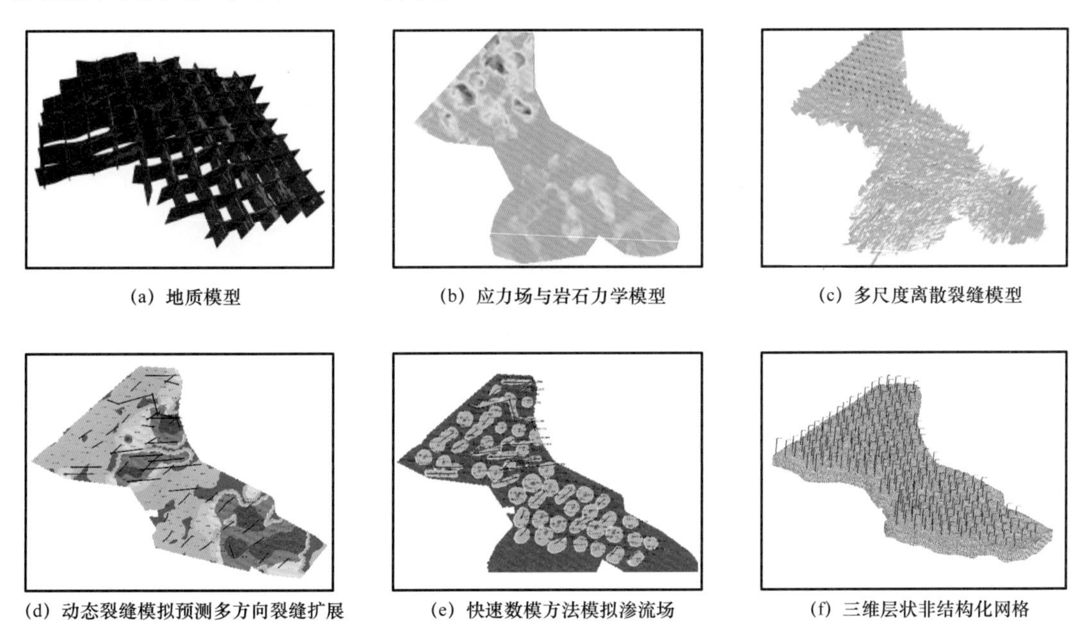

(a) 地质模型　(b) 应力场与岩石力学模型　(c) 多尺度离散裂缝模型

(d) 动态裂缝模拟预测多方向裂缝扩展　(e) 快速数模方法模拟渗流场　(f) 三维层状非结构化网格

图 3–1–22　动态裂缝下多物理场建模数模一体化过程

利用上述方法，实现了对于裂缝动态逼真细致描述，并直观且精细地确定了注水过程中裂缝三维动态扩展规律，如图 3–1–23 所示。

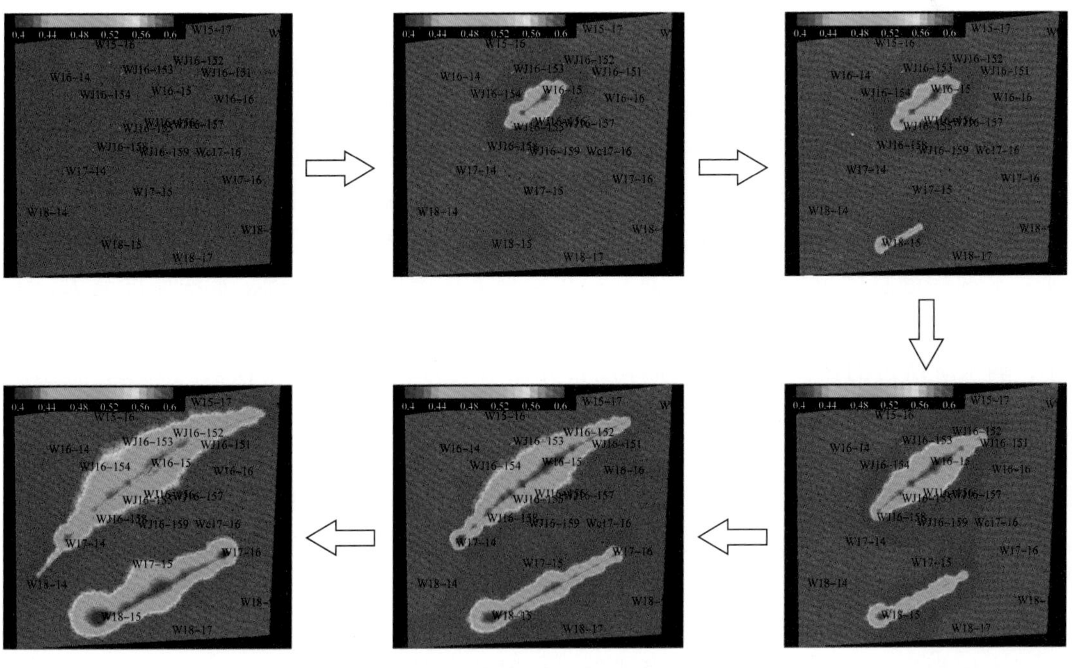

图 3–1–23　动态离散裂缝模型及动态裂缝扩展特征

采用动态离散裂缝模拟，饱和度场与实际密闭取心井水淹层解释结果符合率高，证明了本方法的可靠性，如图3-1-24所示。

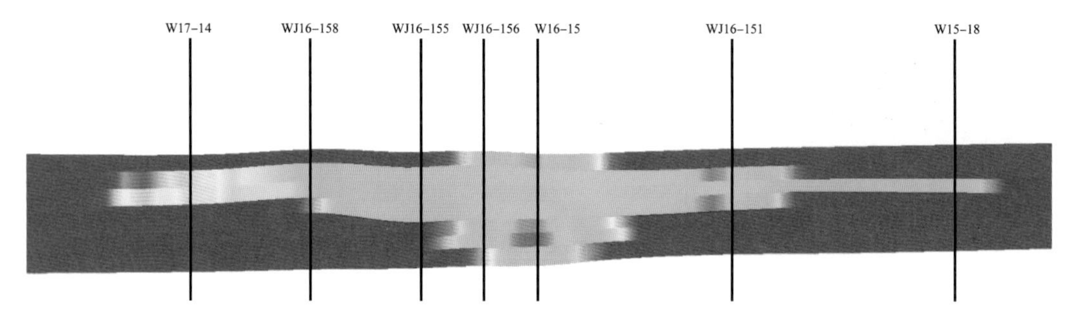

图3-1-24 密闭取心井水淹层解释与数值模拟饱和度剖面对比图

第二节 低渗、特低渗油藏剩余油评价技术

一、储层非均质对剩余油分布的控制作用

1. 动态裂缝对剩余油的控制作用

低渗透油藏普遍天然裂缝发育，在原始油藏条件下多呈充填、半充填的闭合状态。由于特低渗透油藏压力传导慢，长期水驱开发过程中注水井附近憋压，地层压力达到或超过裂缝开启压力，天然裂缝由无效缝变为有效缝，成为油气渗流通道。油井高含水的原因主要是长期水驱过程中形成沿最大主应力方向的储层动态裂缝造成油井方向性水淹。从安塞王窑老区的油井含水分布可以看到，随着开发程度的不断深入，整体上表现出沿主裂缝方向性水窜水淹特征，剩余油主要分布在裂缝两侧，呈连续或不连续条带分布（图3-2-1）。

通过对安塞王窑试验区8口密闭取心井组（图3-2-2）水淹层测井解释综合分析，对平面及纵向水淹程度进行了定量化评价。综合分析认为受裂缝的影响，裂缝主向油井水洗程度总体上远大于侧向油井；在裂缝方向上距水井越近，水洗厚度越大，强水洗的比例也越大；侧向油井与最大主应力方向水井排的距离越大，油层水洗厚度越小，弱水洗所占的比例越大。水洗厚度百分比平均为50.7%，其中强水洗13%，中水洗24%，弱水洗63%。当排距超过100m后，注入水很难波及，中水洗、强水洗比例为0%（表3-2-1）。

由此可见低渗透油藏油井见水和水淹具有十分明显的方向性。注水波及范围呈条带状，平均沿水线两侧的水驱宽度约100m，平均平面波及系数约为66%。为进一步明确裂缝对纵向剩余油分布及水驱动用程度的影响，对安塞78口235井次吸水剖面测试资料进行了详细分析。首先区别出孔隙型吸水和裂缝型吸水特征，孔隙型吸水井整个油层段吸水较为均匀，裂缝型吸水井表现为部分射孔层段尖峰状吸水（图3-2-3）。根据吸水程度的强弱，将吸水剖面划分成未吸水、弱吸水、中吸水、强吸水四个级别。其量化

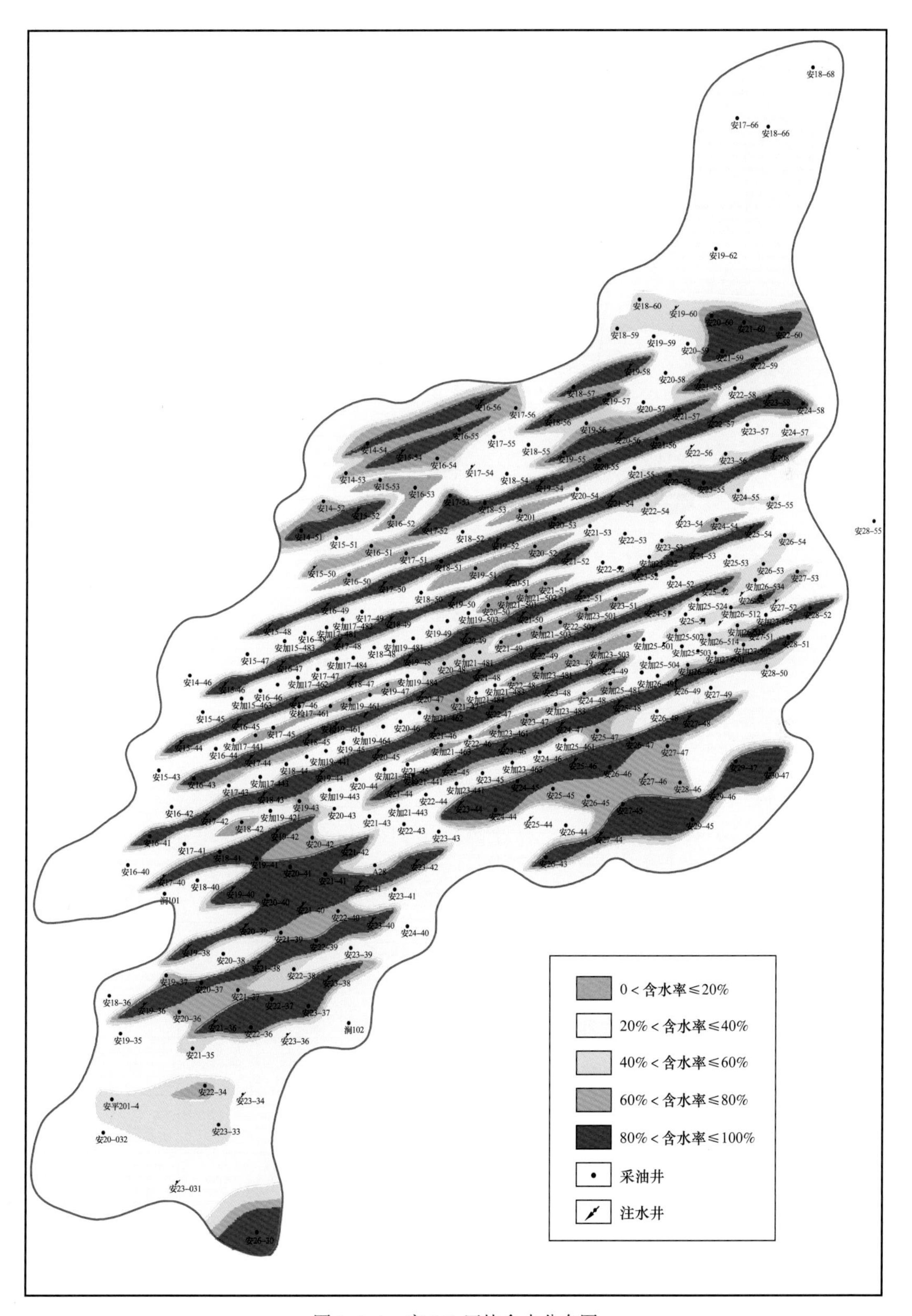

图 3-2-1　安 201 区块含水分布图

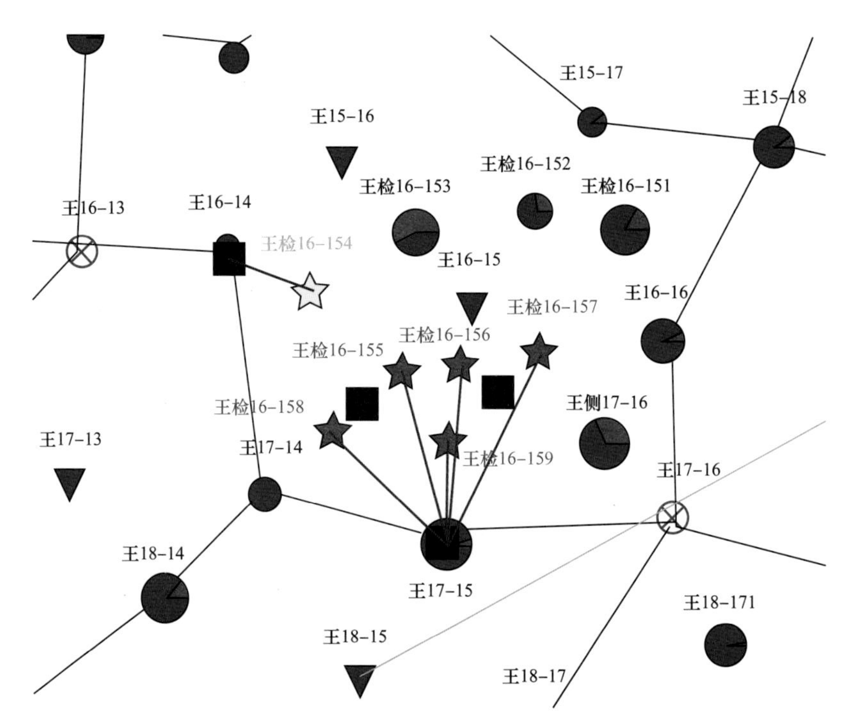

图 3–2–2 王窑老区密闭取心井井位图

表 3–2–1 王窑密闭取心井组水洗状况统计表

井号	距裂缝方向排距 / m	距水井距离 / m	综合含水率 / %	油层厚度 / m	水洗厚度 / m	水洗厚度百分比 / %	弱水洗比例 / %	中水洗比例 / %	强水洗比例 / %
王检 16–155	0	117		24.14	23.08	96.0	48	27	26
王检 16–151	0	187	80	22.06	10.65	48.0	43	34	23
王检 16–158	0	213		26.10	16.44	63.0	56	29	15
王检 16–156	42	74		24.55	16.00	65.0	86	11	2
王检 16–152	68	131	75	20.08	8.87	44.0	57	26	16
王检 16–159	101	156		27.34	11.05	40.0	71	30	
王检 16–153	118	113	40	13.08	3.96	30.0	100		
王检 16–154	138	200		23.72	4.47	19.0	100		
平均				23.32	11.82	50.7	63	24	13

标准为：（1）弱吸水，同位素 API 或吸水强度小于均值的 1/3，吸水比例小于总量 10%；（2）中吸水，同位素 API 或吸水强度为均值的 1/3～2/3，吸水比例为总量的 10%～70%；（3）强吸水，同位素 API 或吸水强度大于均值 2/3、吸水比例大于总量 70%。按照以上吸水级别的量化标准，分别统计出孔隙型吸水井和裂缝型吸水井中各个吸水级别所占的比例。统计结果显示：孔隙型吸水相对较均匀，以中等吸水为主，中吸水、强吸水层厚度比例达到 72%；当有动态裂缝存在时，未吸水、弱吸水所占比例大，中吸水、强吸水层厚度比例不到 50%；由于动态裂缝的存在，加剧了纵向非均质性，促使吸水状况两极分化，导致整个油藏纵向吸水程度仅 60%。

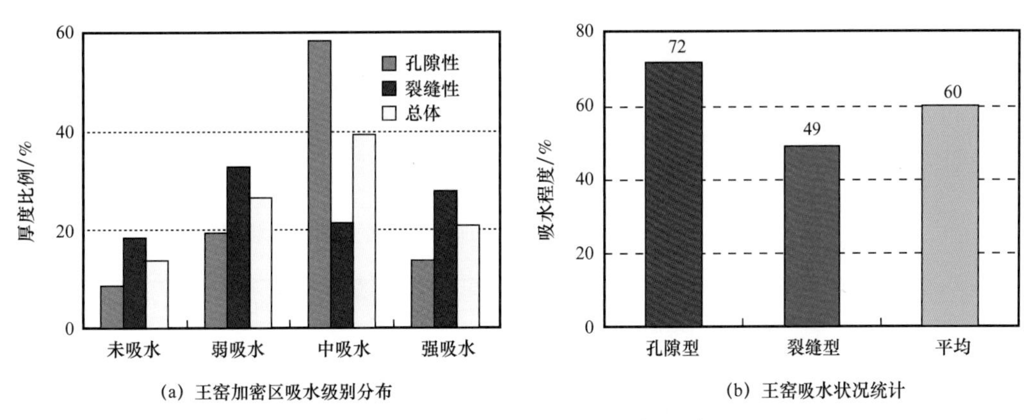

图 3-2-3　王窑老区不同类型水井吸水级别对比图

2. 砂体展布对剩余油分布的影响

对于陆相沉积，储层平面渗透率在任何一点的各个方向渗透率不同，但有一个最大方向，即主渗透率方向，主渗透率方向决定了水驱过程中水流动方向，正常压力系统下，水驱过程中水沿主渗透率方向率先突破。由于不同储集砂体具有不同沉积地质特征，在注水开发中，具有各自差异的注水波及规模和范围，以及相应的注水水线推进趋势，从而形成不同程度的水淹模式及其水驱分布状态。

（1）河道延伸方向存在水驱优势通道，水驱程度较高，水淹程度较高；主河道侧翼，物性变差，受效程度低，剩余油相对富集。以典型油藏耿 60 区长 4+5 油藏为例，耿 60 区长 4+5 油藏砂体展布方向呈北东—南西向，油井见效与砂体走向一致，注采对应方向与河道方向基本一致的油井见效比例高，含水率上升快。边井平面见效统计显示，沿砂体展布方向（北东—南西向）油井见水较早，稳产期相对较短，见效后含水率上升较快。局部示踪剂监测结果显示，顺着砂体展布方向（北东—南西向）导流能力强（图 3-2-4）。

（2）受单一河道宽度限制，垂直河道方向注采连通性差，受效不明显，剩余油富集。安塞坪桥区单砂体研究显示，单砂体发育范围沿河道方向 1～2km，切河道方向 200～400m。顺河道方向的两口检查井坪检 34-103 井和坪检 34-104 井投产即水淹。垂直河道方向跨相带注水受限，沉积界面引起的物性遮挡形成的弱连通，导致注水受限。砂体边缘及连通砂体侧向拼贴部位，孔渗性变化快，阻碍了流体的均匀渗流，水淹程度相对较弱（图 3-2-5）。

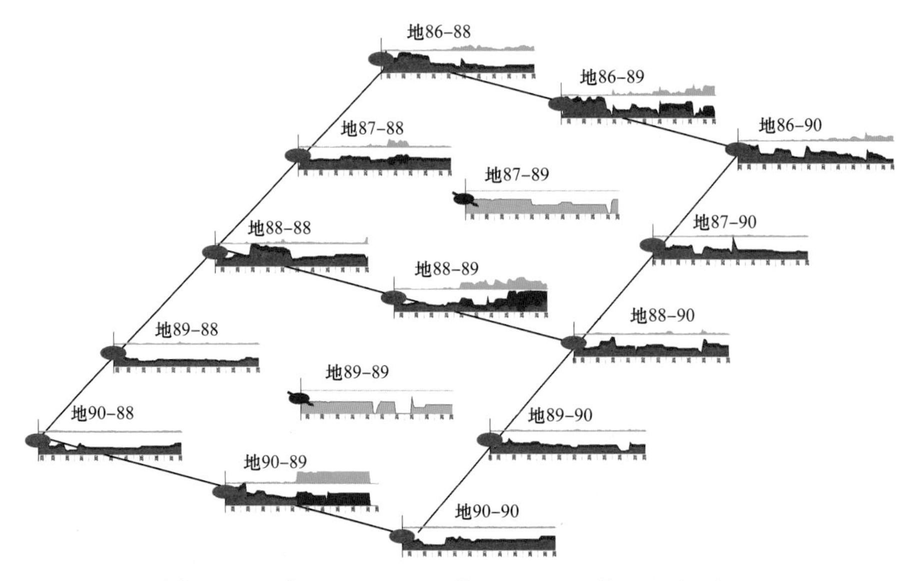

图 3-2-4 耿 60 区地 89-89 井、地 87-89 井组注采现状图

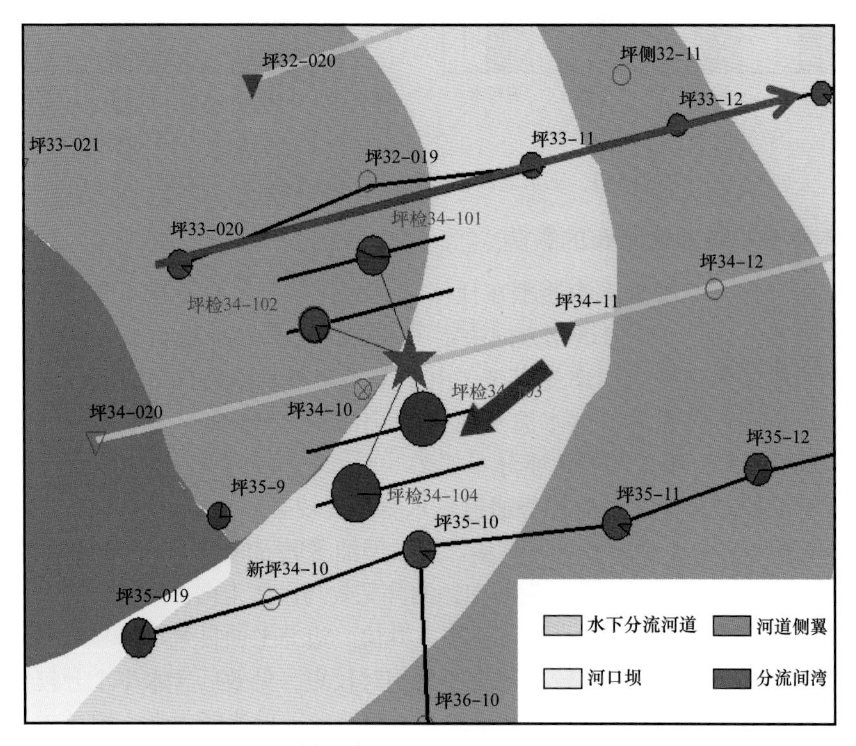

图 3-2-5 坪桥区检查井沉积微相及油井含水分布图

3. 物性对剩余油分布的影响

研究表明低渗透油藏水驱开发同时受裂缝与基质的双重影响。通过对安塞王窑 8 口密闭取心井岩性、物性和微观孔喉特征对比分析，将油层按物性和孔喉特征分为三类（表 3-2-2）。其中物性最好的 I 类油层渗透率大于 1mD，岩性主要为块状细砂岩，

表 3-2-2　不同类型储层物性和孔喉特征

储层类型	岩性特征	物性特征		孔喉特征						薄片
		孔隙度 ϕ/%	渗透率 K/mD	孔喉类型	排驱压力 p_D/MPa	平均孔喉半径 r_D/μm	饱和度中值压力 p_{50}/MPa	孔喉半径中值 R_{50}/μm	压汞曲线	
Ⅰ	块状细砂岩	12～14.5	1～5.3	小孔细喉型	0.20	3.75	1.56	0.48	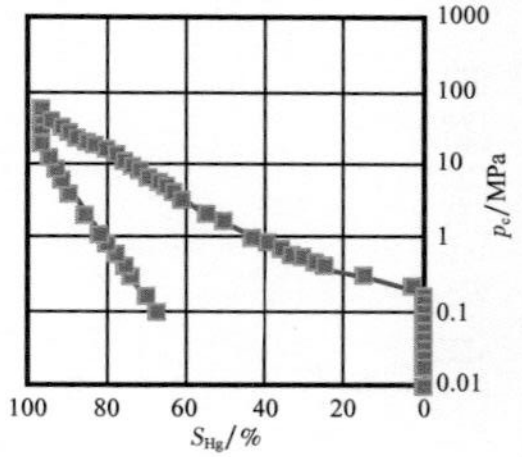 横轴：100 80 60 40 20 0，S_{Hg}/%；纵轴：1000 100 10 1 0.1 0.01，p_c/MPa	
Ⅱ	灰黑色砂岩、黑麻斑砂岩、粉砂岩、含泥质细砂岩	8～13	0.3～1	小孔微细喉型	0.54	1.39	2.45	0.31	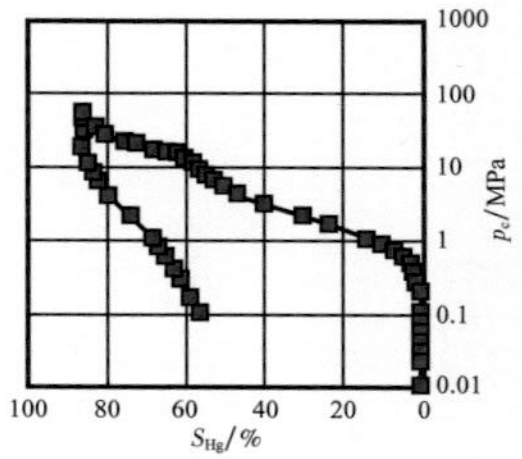 横轴：100 80 60 40 20 0，S_{Hg}/%；纵轴：1000 100 10 1 0.1 0.01，p_c/MPa	
Ⅲ	致密砂岩	8～12	<0.3	小孔微喉型	1.00	0.75	5.70	0.13	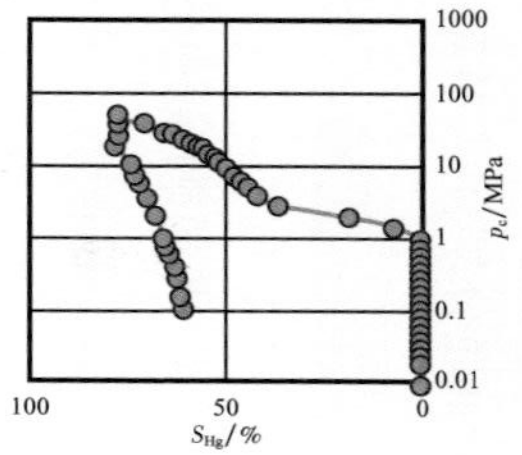 横轴：100 50 0，S_{Hg}/%；纵轴：1000 100 10 1 0.1 0.01，p_c/MPa	

含油较均匀、饱满；Ⅱ类油层渗透率一般在 0.3～1mD 之间，岩性主要为含泥质的细砂岩、黑麻斑砂岩，含油性比Ⅰ类油层略差；Ⅲ类油层为渗透率小于 0.3mD 的致密砂岩，钙质胶结较强。从密闭取心井组分析来看，Ⅰ类、Ⅱ类、Ⅲ类油层的厚度分别占总油层厚度的 34%、48%、18%。

取心井不同类型储层的水淹解释结果表明，Ⅰ类储层（K>1mD）物性最好，水淹比例最大，为 83%；Ⅱ类储层（K=0.3～1mD）水淹厚度比例为 46%；Ⅲ类储层物性最差（K<0.3mD），基本处于为水淹、弱水淹状况，水淹厚度比例为 12%，未能实现有效动用。由此可见，受物性影响，剩余油主要分布在物性较差储层，针对纵向动用不均匀的问题，应加强分层注水政策研究，通过分层注水提高差储层有效动用程度，改善油藏开发效果。

二、低渗、特低渗油藏剩余油分布模式

1. 平面剩余油分布及主控因素

经过密闭取心井组精细解剖深化了剩余油分布的认识，单方向裂缝水淹型油藏，剩余油在裂缝侧向呈条带状分布，裂缝带导流能力强，水洗宽度小于 50m，裂缝两侧呈连续条带富集，水驱波及范围呈不规则椭圆状，主流优势方向水洗厚度、水驱油效率较高，随着与主流方向的夹角增大水洗厚度略有减小，水洗程度由强变弱，如图 3-2-6、图 3-2-7 所示。

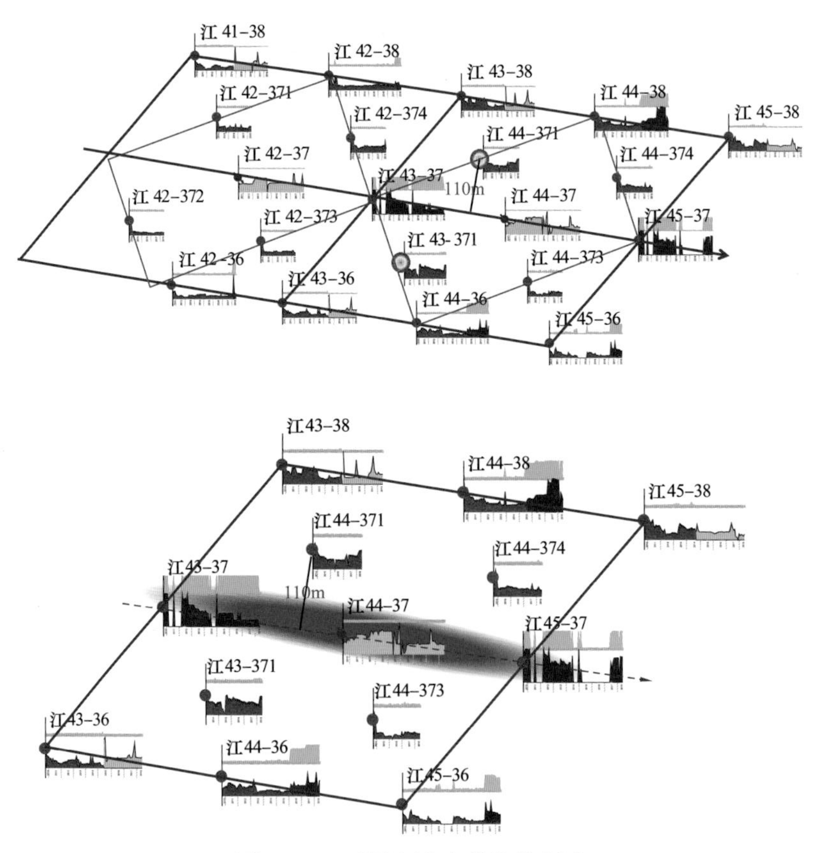

图 3-2-6　裂缝侧向条带状分布图

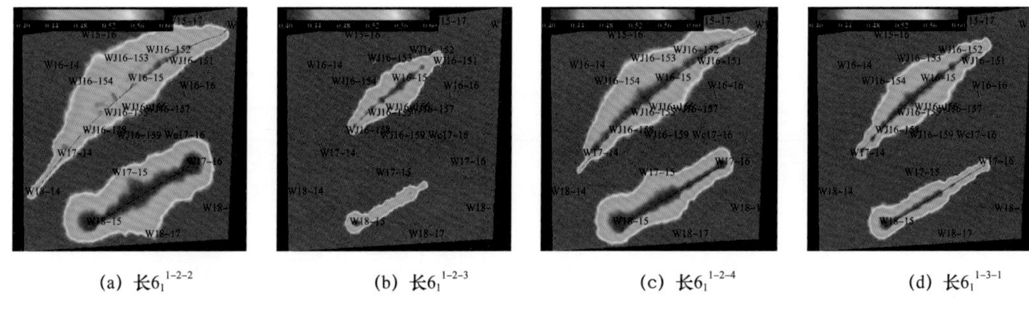

(a) 长6_1^{1-2-2}　(b) 长6_1^{1-2-3}　(c) 长6_1^{1-2-4}　(d) 长6_1^{1-3-1}

图 3–2–7　王 16–15 检查井区域长 6_1^{1-2} 各小层水驱前缘平面叠置图

对于多方向裂缝水淹型油藏，一是，当动态裂缝和主流河道方向不一致时，剩余油在裂缝方向与河道延伸方向的夹角处近似呈菱形团块状分布，二是，当最大主应力方向与天然裂缝方向不一致时，受局部构造应力和岩体力学性质影响，天然裂缝优势方向与地应力优势方向不同层系有一定差异，人工裂缝与地应力优势方向一致，剩余油受裂缝切割，如图 3–2–8 所示。

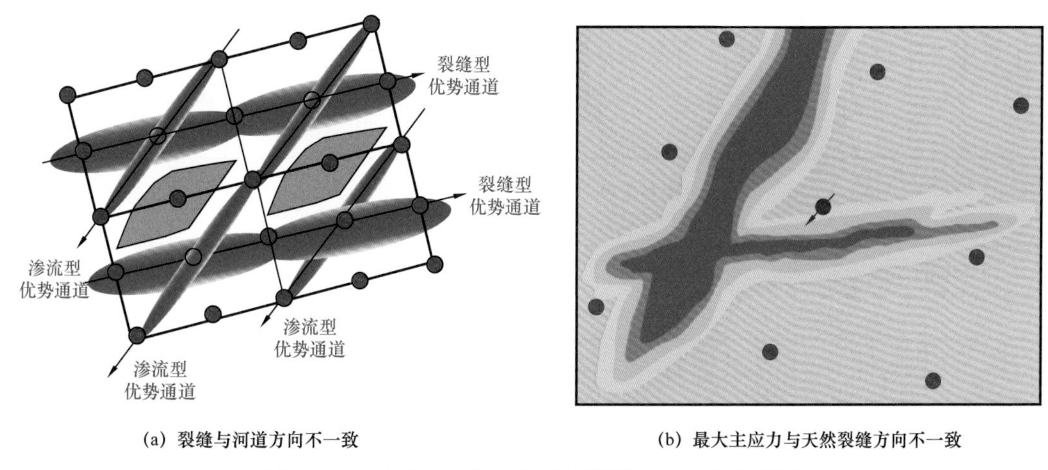

(a) 裂缝与河道方向不一致　(b) 最大主应力与天然裂缝方向不一致

图 3–2–8　多方向裂缝水淹型油藏剩余油分布示意图

2. 纵向剩余油分布及主控因素

低渗、特低渗油藏纵向强水洗比例不到 30%，单砂体层内薄泥质、钙质夹层发育，阻挡裂缝纵向延伸。以裂缝驱为主导的油藏，主力层段剖面动用程度仅有 9%，如 WJ15–151 井（图 3–2–9）；以基质—裂缝驱为主导的油藏，剖面动用程度为 48%，其中弱水洗比例占 43%，中水洗比例占 34%，强水洗比例占 23%，如王窑 WJ16–152 井（图 3–2–10）。

3. 动态裂缝与基质非均质双重作用下剩余油分布模式

以物理模拟、数值模拟、油藏工程方法为主，利用现场监测及检查井、加密井等资料修正，构建了 4 种剩余油分布模式，指导井网调整和剩余油挖潜，见表 3–2–3。

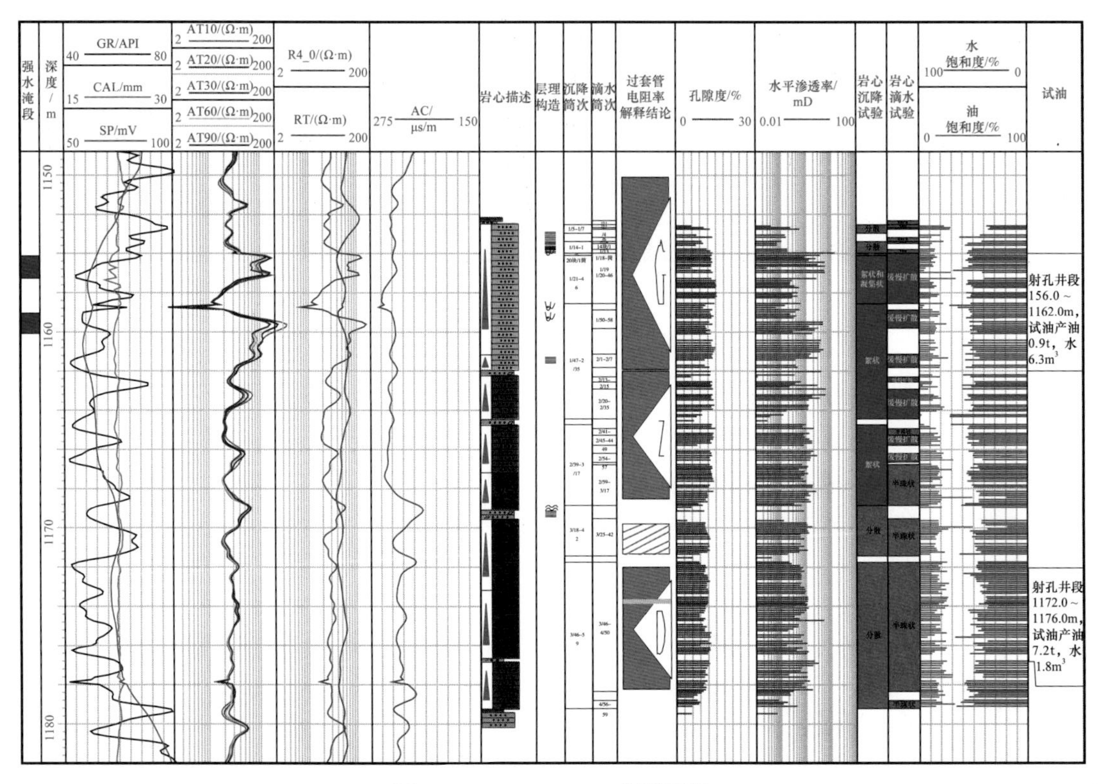

图 3-2-9 WJ16-151 井裂缝驱

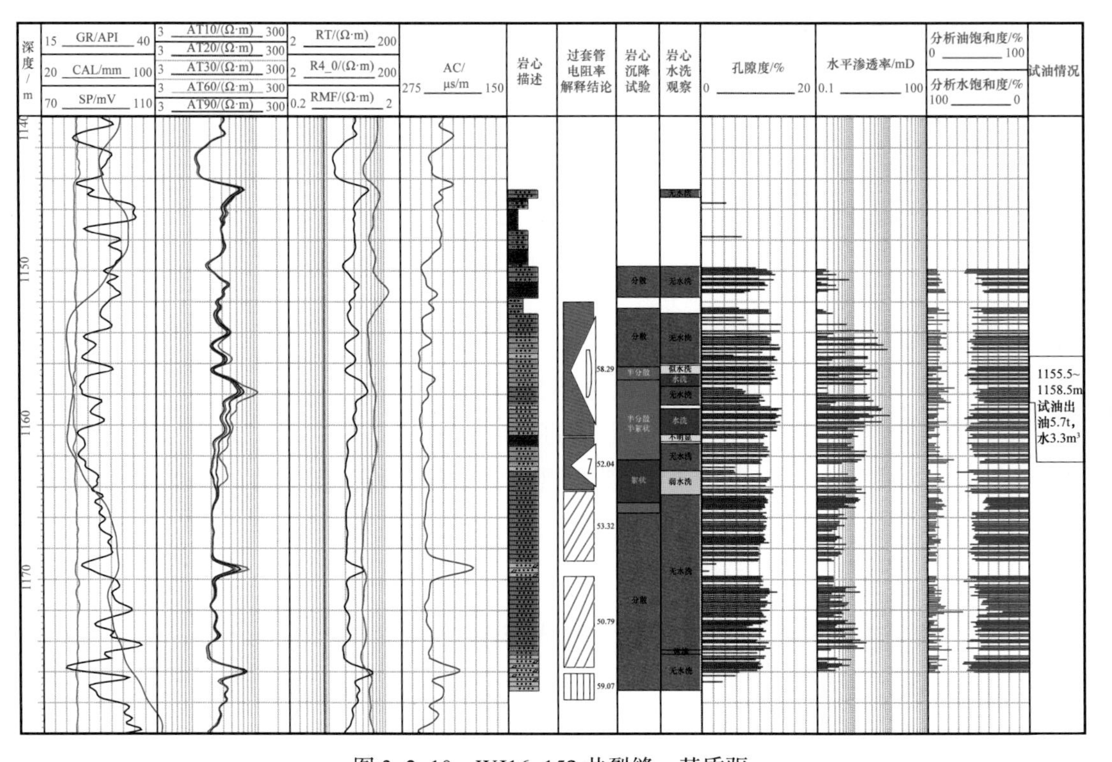

图 3-2-10 WJ16-152 井裂缝—基质驱

表 3-2-3　剩余油分布模式分类总结表

渗流主导因素	见水特征	取心井水淹剖面图	剩余油分布	示意图	井组开发特征	典型区块
裂缝渗流型	方向明确 单向见水	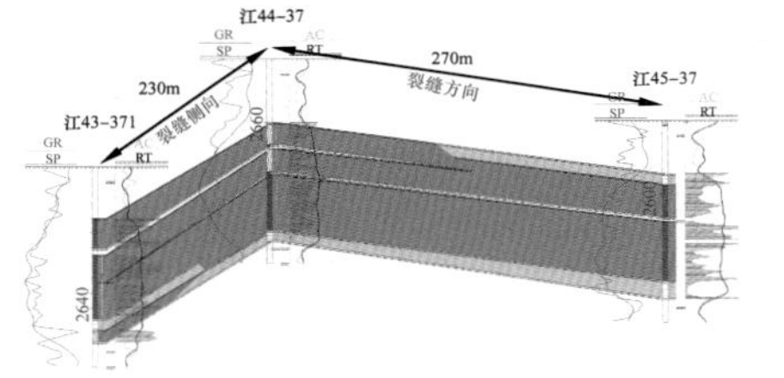	水线两侧剩余油富集，呈条带状	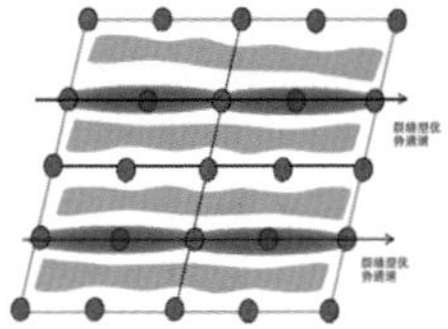	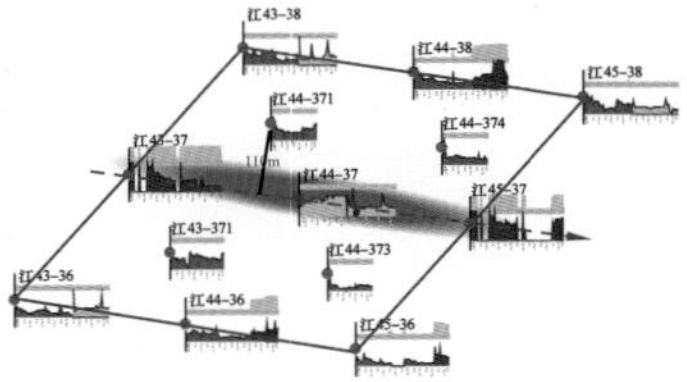	安 201 区 长 6 耿 271 区 长 8
裂缝 + 孔隙渗流型	方向明确 多向见水	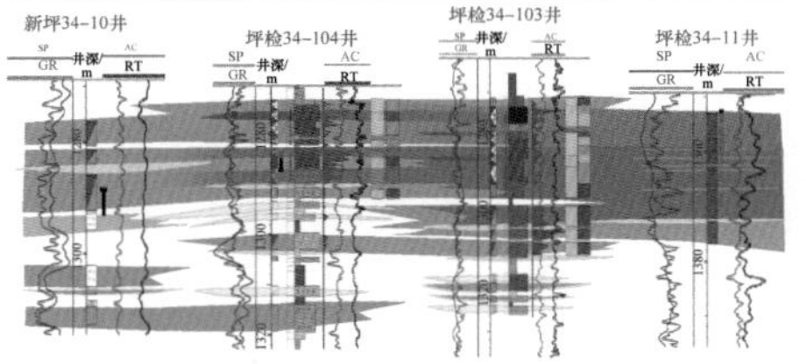	裂缝型水驱优势通道与渗流型水驱优势通道夹角处剩余油富集，近似成菱形团块装	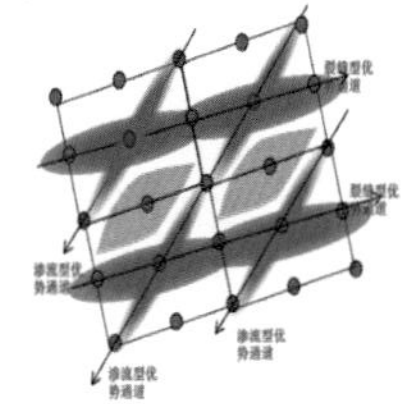	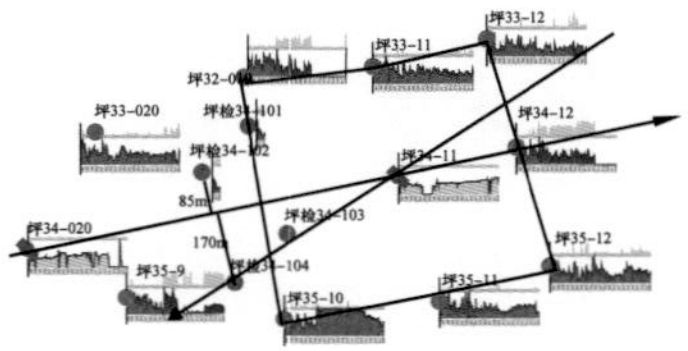	坪桥区 长 6
孔隙渗流型	优势方向明确 单向见水	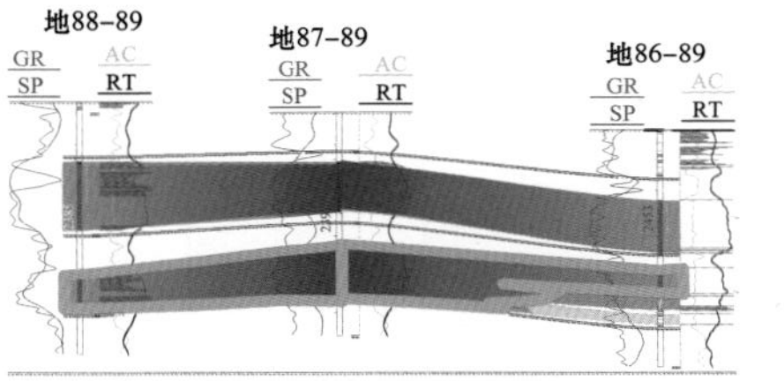	沿主河道呈哑铃状分布	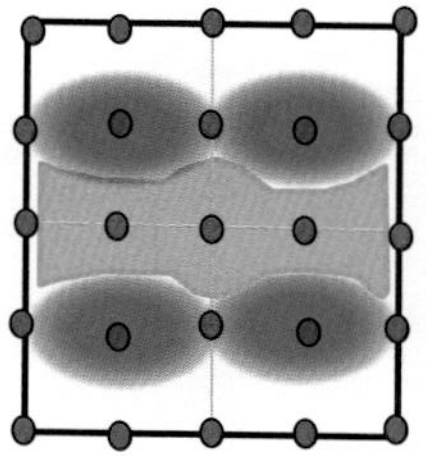	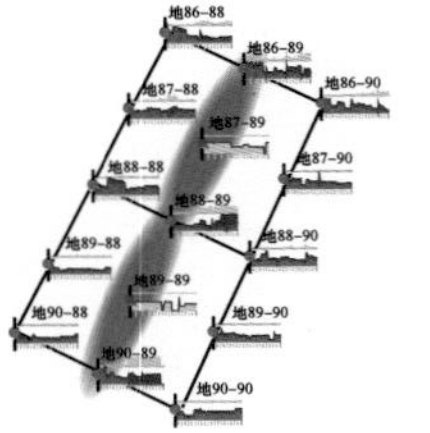	耿 60 区 长 4+5
	优势方向不明确 多向见水	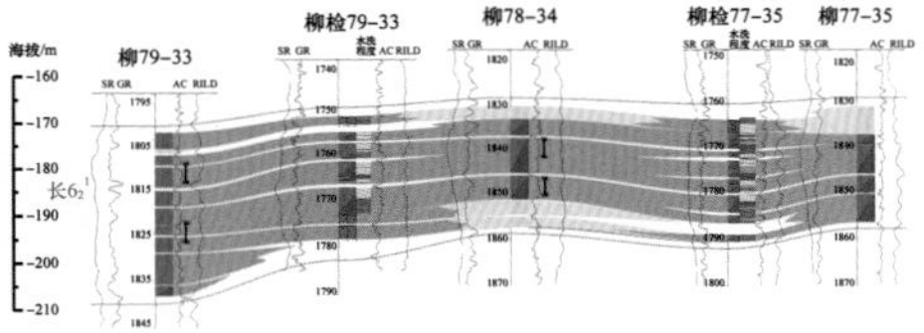	角井周围呈星形分布	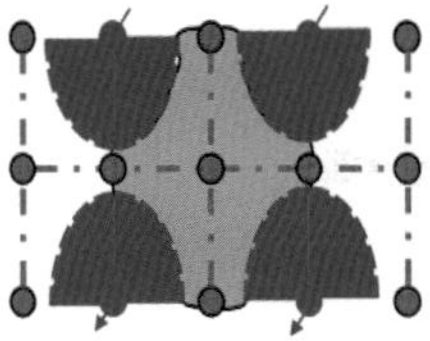	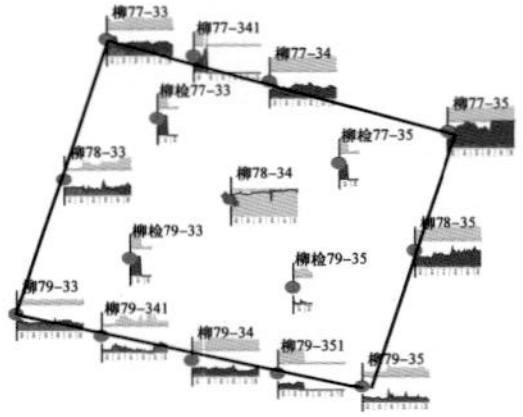	五里湾区 长 6

第三节　缝网匹配的立体井网加密调整技术

井网调整的核心是实现井网与动态裂缝的合理匹配并提高井网对主河道砂体的控制程度，从而提高波及体积，本节中缝网匹配的立体井网加密调整与加密井位智能优化技术，实现了井网与砂体、裂缝、流场合理匹配，推动了由基础井网向合理井网转变，由平面调整向立体动用转变。

一、缝网匹配的直井井网立体加密调整技术

1. 直井井网加密模式

针对油藏渗流特征和剩余油分布规律，发展了近似正方形反九点、排状及不规则井网三种直井井网加密模式，见表3-3-1。

表3-3-1　不同井网剩余油分布特征及加密模式分类表

项目	正方形反九点井网—孔隙渗流	菱形反九点井网—单方向裂缝渗流	菱形反九点井网—多方向裂缝渗流
分布特征	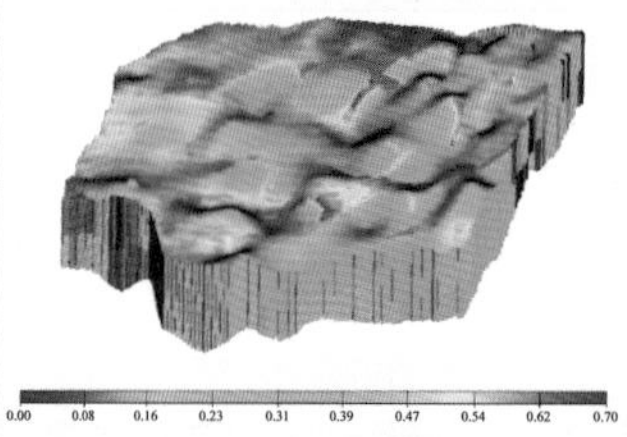	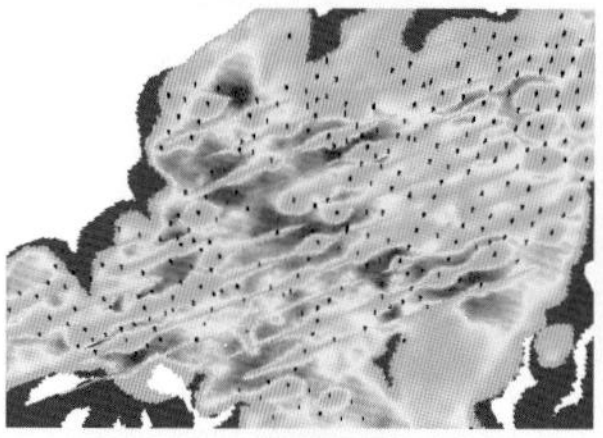	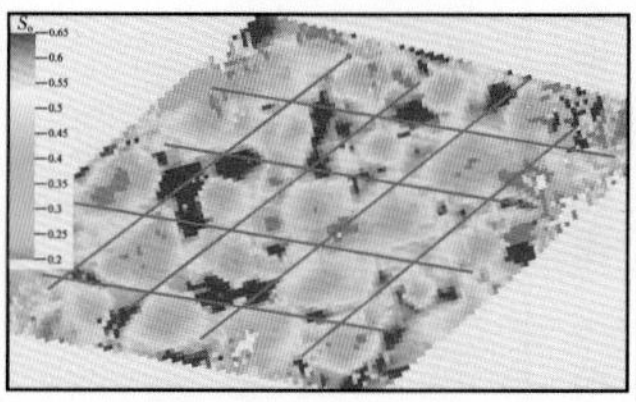
加密模式	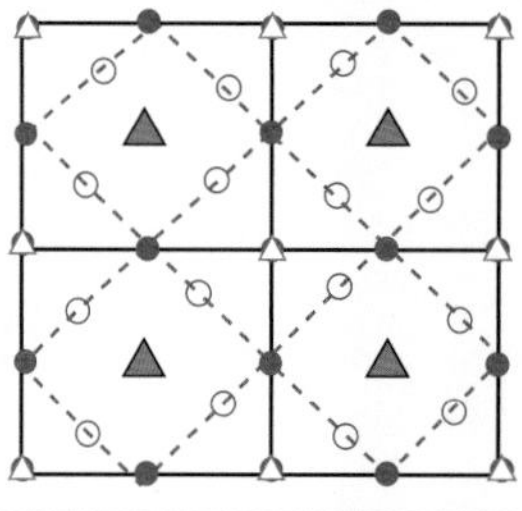	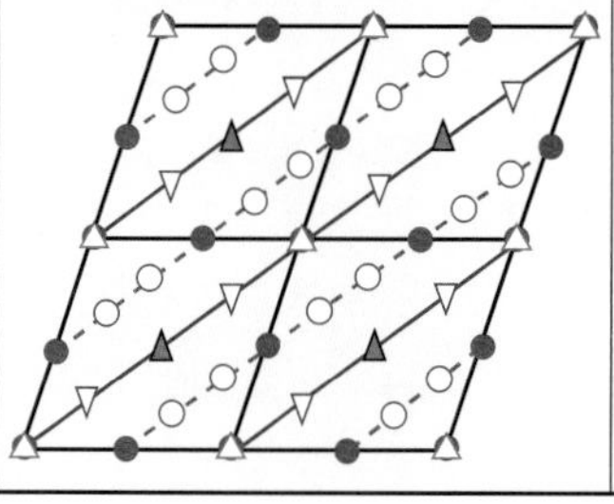	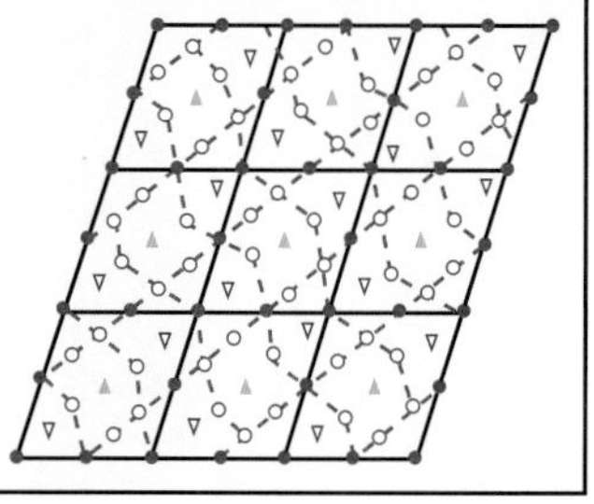

针对裂缝与河道方向不一致，在逆沉积方向（裂缝北侧）采取缩小排距加密和油井间加密的方式，形成不等排距的排状注水井网（图3-3-1）。针对多方向裂缝水淹型油藏，强化主应力方向，转化成不规则线性驱。

2. 立体加密调整模式

通过表3-3-2可以看出，五里湾一区非主力层及油水同层还有较大潜力，这部分储层厚度接近50%，以水下分流河道、河道侧翼和河间砂为主，水下分流河道主体发育规模相对较小，岩性以泥质细砂岩、粉砂岩和黑麻斑砂岩为主，渗透率平均为1.69mD，孔

隙度平均为 12.63%，油层厚度 9.5mm，含油饱和度 48%，这部分非主力油层作为接替对象，具有独立井网开发的基础，五里湾一区砂体分布和取心岩样如图 3-3-2、图 3-3-3 所示。

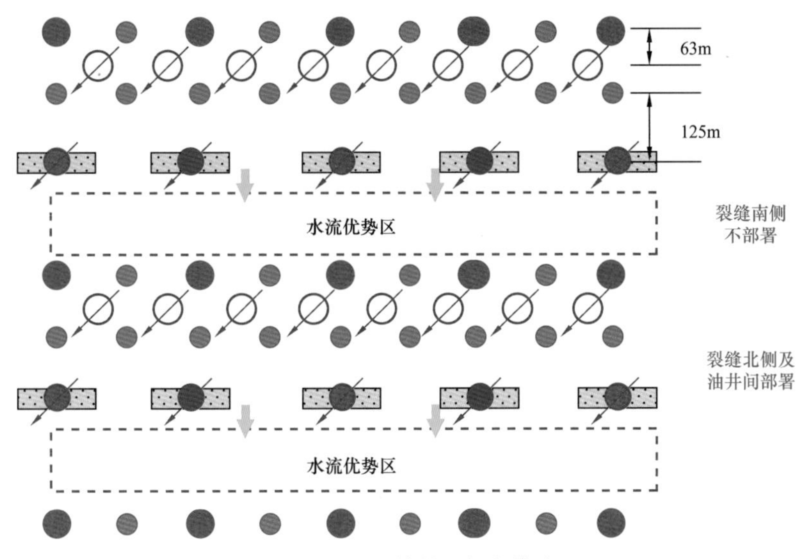

图 3-3-1　不等排距加密模式

表 3-3-2　五里湾一区主力层与非主力层特征对比表

类型	孔隙度 ϕ/%	渗透率 K/mD	含油饱和度/%	油层厚度/m	成因砂体类型
主力层	13.26	3.23	59	15.0	主要为水下分流河道和河口坝拼接的连片、块状细砂岩
非主力层	12.63	1.69	48	9.5	主要是水下分流河道、河道侧翼和河间砂为主的泥质细砂岩、粉砂岩和黑麻斑砂岩

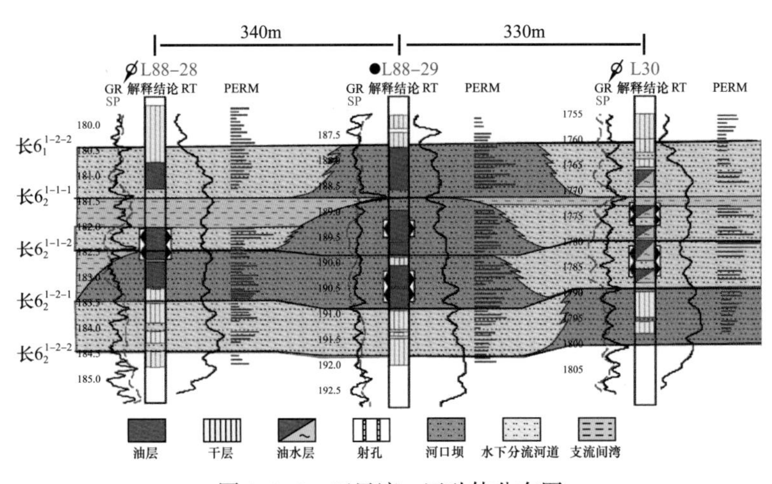

图 3-3-2　五里湾一区砂体分布图

图 3-3-3　五里湾一区含泥质细砂岩与黑麻斑砂岩

通过对比论证，针对非主力层油层厚度大于 8m、丰度 40×10^4t/km^2，采用水平井井网结合层系内分注的开发方式，预测可提高采收率 6 个百分点（图 3-3-4 至图 3-3-6）。

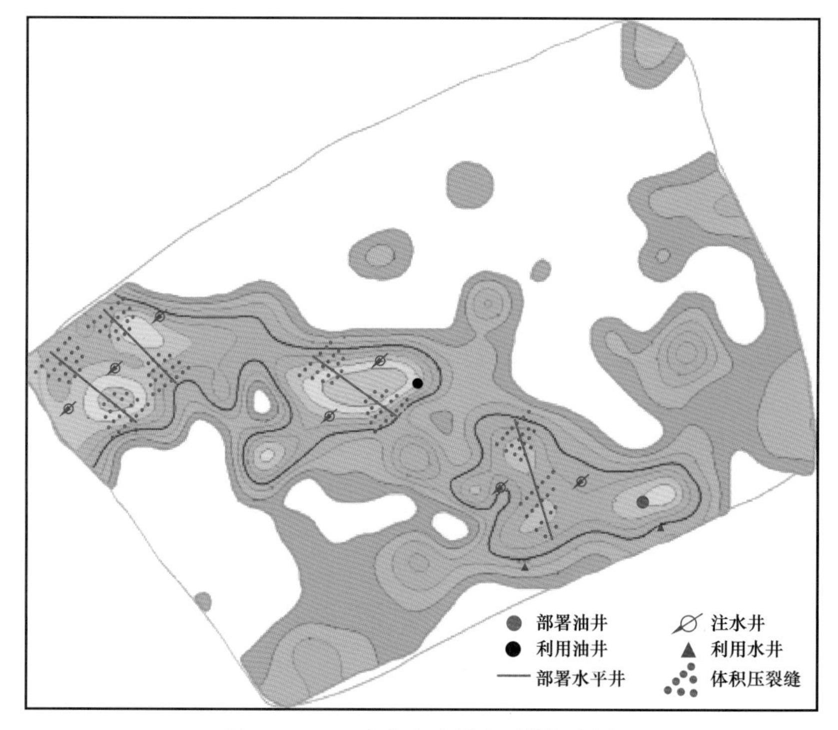

图 3-3-4　王窑非主力层水平井加密图

3. 基于剩余油分布的加密井位智能优化技术

油田开发方案旨在大幅降低油田生产投入，增加油气稳产期限以及最大限度地提高采收率，油田注采井的布局是油藏优化开发的关键。油藏井网优化控制变量主要包括：优化策略的多样性（井距优化、注采量优化），相关参数的多样性［（1）地质参数：油藏地质结构、油藏渗透率场分布、油藏饱和度场分布、油藏流体接触面等。（2）生产参数：井位、井数、井型、采油速度等。（3）经济参数：产液成本、钻井成本等］。

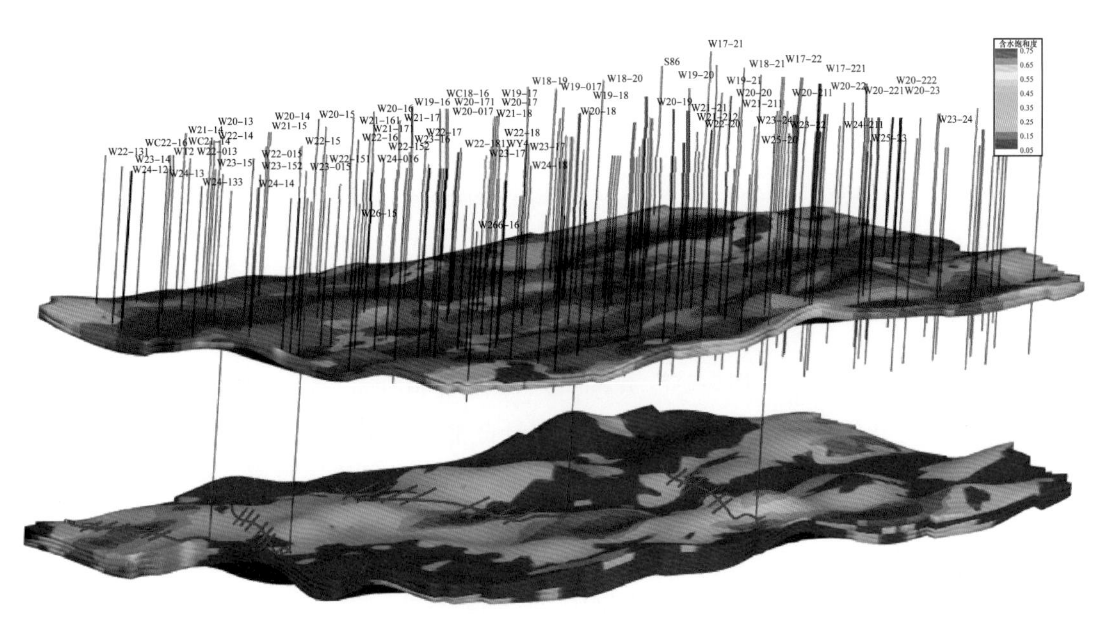

图 3-3-5　王窑动用非主力层的水平井立体井网加密图

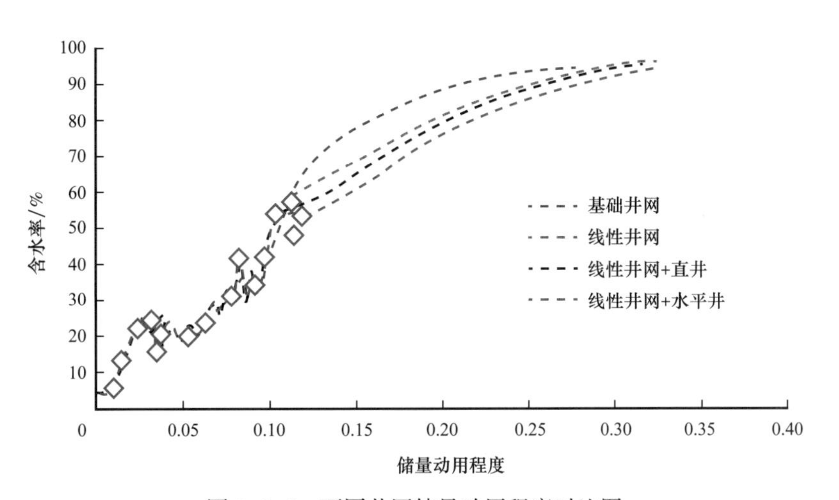

图 3-3-6　不同井网储量动用程度对比图

对于裂缝性油藏井网部署智能优化问题，需要克服两个方面的技术难点，一方面是优化问题的多目标、多参数性，裂缝性油藏优化问题通常包含多个互斥目标之间的权衡，导致交互优化数学模型呈现出多目标、多参数特征；另一方面是优化函数是强非线性问题，裂缝性油藏优化将多个非线性复杂问题整合在一起求解，导致优化呈现更强的非线性特征。

从数学角度出发，最优化模型是指在一定的可行域内寻找使目标函数取最大（最小）值的最优解，其数学表达式如图 3-3-7 所示。

其中，$f(x)$ 为目标函数，s.t. 为约束条件，满足约束条件的解被称为可行解，使目标函数取极值的可行解称为最优解。解最优化模型的过程就是寻找最优解的过程。

多参数优化数学模型

$$
\begin{cases}
\min \quad y=F(x)=[f_1(x), f_2(x), \cdots, f_m(x)]^{\mathrm{T}} \\
\text{s.t.} \quad g_i(x) \leqslant 0, \ i \leqslant 1, 2, \cdots, q \\
\qquad h_j(x)=0, \ j=1, 2, \cdots, p
\end{cases}
$$

其中：$f_1(x)$、$f_2(x)$、…、$f_m(x)$ 均为具体目标函数，如累计产油、净现值等目标函数。以累计产油为例：

非线性

$$
f(x)=\int q_{\mathrm{o}}(x)\,\mathrm{d}t=\int\left[\frac{\partial}{\partial t}(V\phi S_{\mathrm{o}}\rho_{\mathrm{o}})-V\cdot v_{\mathrm{o}}-\tau_{\mathrm{p}}\right]\mathrm{d}t
$$

图 3-3-7 智能优化算法数学极值问题

对于布井优化问题而言，经济净现值、累计产油气当量、最终采收率、采出程度等均可作为最优化模型的目标函数。使用累计产油气当量、最终采收率、采出程度等作为目标函数比较好处理，直接根据数值模拟结果进行简单的加和、操作即可。约束条件主要包括油藏边界约束及可行性约束（如水驱控制储量程度、采出程度、注采井数比、注采井距、采油速度、注水见效时间、井网密度、油藏总井数等），约束条件可以只满足其中的一部分，也可以在上述约束条件的基础上增加其他合理的约束条件（图 3-3-8）。

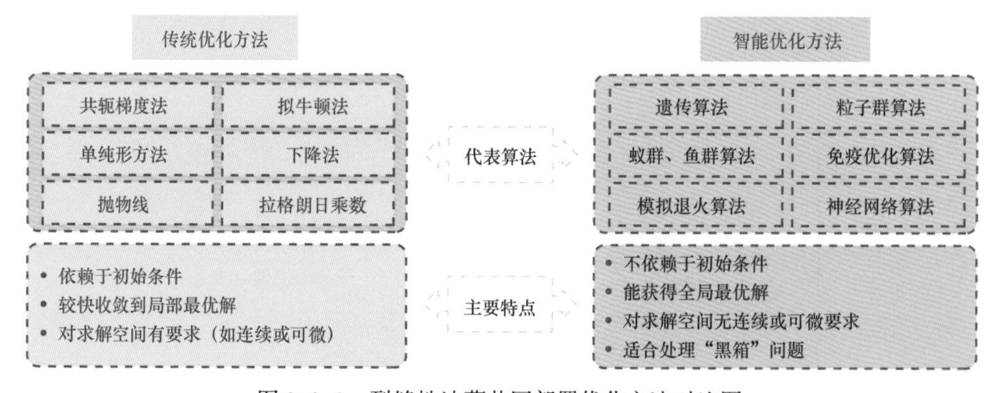

图 3-3-8 裂缝性油藏井网部署优化方法对比图

本模块以粒子群算法为基础，研发、编写了个性化井网优化模块，同样将数值模拟部分当作一个黑箱，灵活性、稳定性均较高。加密井智能优化技术优化、数值模拟模块相对独立，以最大化水驱波及体积为目标函数，是一种使用遗传算法基于流动的井位优化方法，可靠性高。该算法的特点是在剩余油区内利用智能优化算法对加密井井位、注入量等进行优化，优化过程中累计产油持续升高，井位逐渐趋于最佳井位，不同优化算法的优点如图 3-3-9 所示。

在剩余油区内利用智能优化算法对加密井井位、注入量等进行优化，优化过程中累计产油持续升高，井位逐渐趋于最佳井位。裂缝型油藏加密井位智能优化流程如图 3-3-10 所示。

二、缝网匹配的短水平井加密调整技术

针对水淹方向单一的油藏，短水平井结合细分切割密集短缝加密模式与常规定向井加密相比能增大改造规模，提高单井产量，改善开发效果。通过动态分析和数值模拟优

化，确定合理裂缝长度为150～200m，合理裂缝间距为30m，最优水平段与裂缝夹角为35°（图3-3-11）。

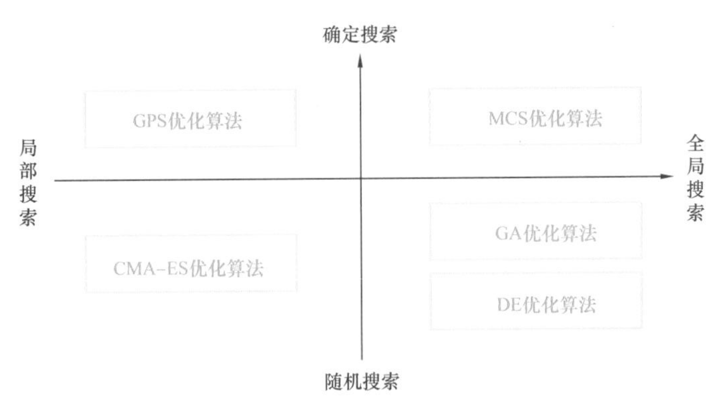

图3-3-9　不同优化算法的特点

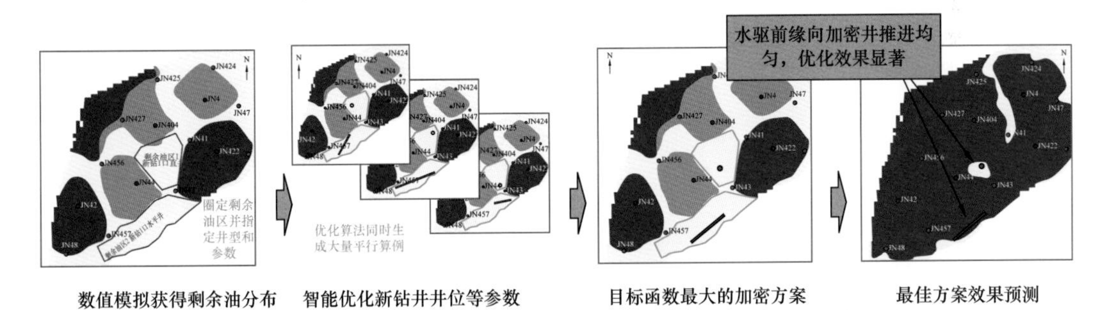

图3-3-10　裂缝型油藏加密井位智能优化流程

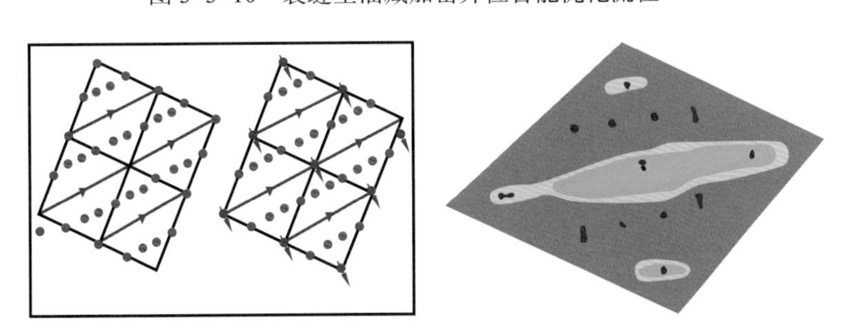

(a) 方案1：定向井加密井网图及加密5年剩余油分布

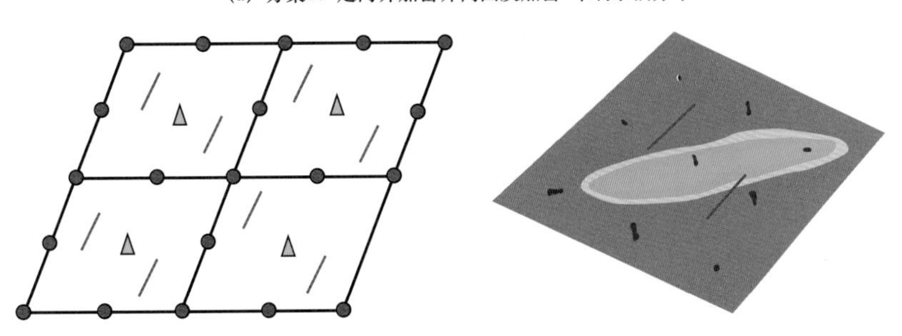

(b) 方案2：水平井加密井网图及加密5年剩余油分布

图3-3-11　定向井加密与水平井加密剩余油分布图

通过实施对比表明效果明显（图 3-3-12），某油藏油层厚度 16.3m，2010 年采用 480m×180m 矩形井网注水开发，受裂缝及高渗带影响，见水以北东向为主。2016 年开展 180m 排距定向井加密，加密初期单井产能 1.5t/d，投产 6 个月单井产能降为 1.1t/d。2018 年超短水平井加密 6 口，平均水平段长度 189m，改造 5 段，投产初期单井产油 4.0t/d，含水率 45.5%，周围老井目前单井产能 1.1t/d，含水率 55.3%。

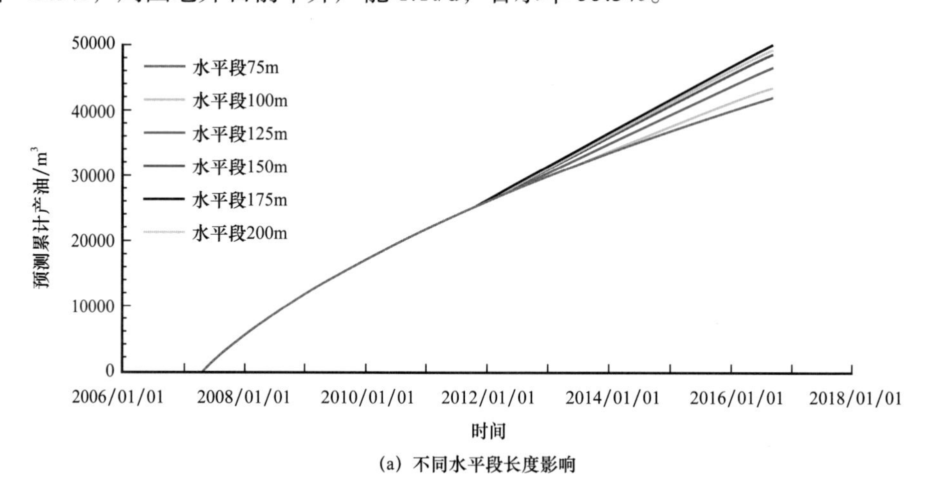

(a) 不同水平段长度影响

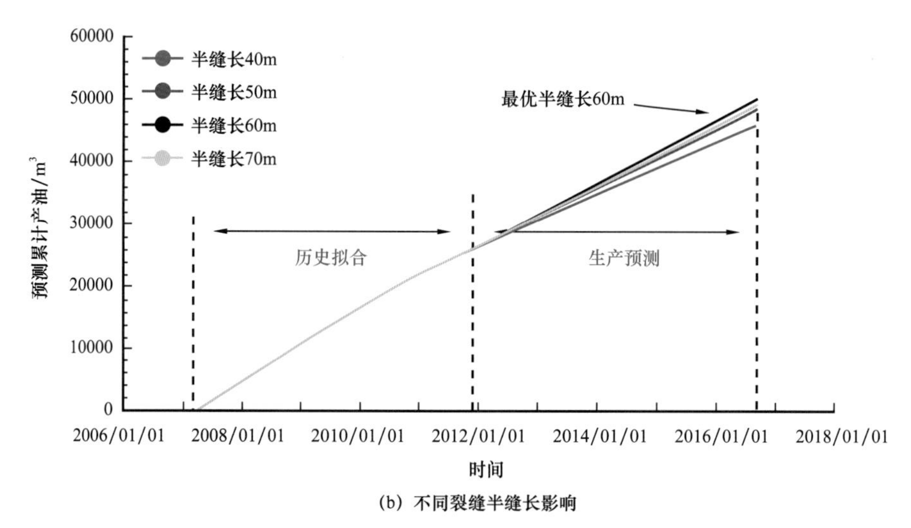

(b) 不同裂缝半缝长影响

图 3-3-12 水平段长度及裂缝参数优化

第四节 基于缝控开发单元的精细注采调控技术

一、裂缝水窜的高精度快速诊断方法

一是改进了 Hall 斜率曲线方法。Hall 斜率曲线表示累计注水压力与时间的乘积与累计注水量 W_i 的关系曲线，曲线斜率降低表明注水能力得到改善，相反斜率增加表明地层

受到伤害。如图 3-4-1 所示，Hall 曲线斜率持续下降时为裂缝注水，代表注相同体积水时所需要的能量越来越少。改进的 Hall 曲线法是二阶导数有限差分方法，能更加灵敏地诊断裂缝注水机制。

Hall 斜率曲线：

$$\frac{\int_0^t \Delta p \times t}{W_i} = M_{hall} \tag{3-4-1}$$

改进的 Hall 斜率曲线：

$$\frac{\mathrm{d}\left(\frac{\sum \Delta p \times t}{W_i}\right)}{\mathrm{d}t} = \frac{\mathrm{d}\left(M_{hall}\right)}{\mathrm{d}t}\frac{\int_0^t \Delta p \times t}{W_i} = \frac{141.2 \times B_w \mu_w \left[\sum N\left(\frac{Re}{r_w}\right) + S_f\right]}{Kh \times h_{eff}} \tag{3-4-2}$$

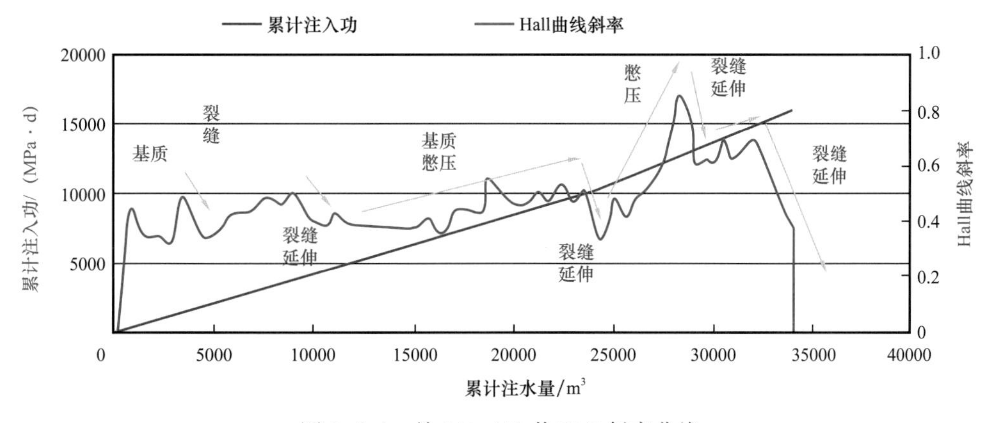

图 3-4-1　关 140-141 井 Hall 斜率曲线

二是提出了动态裂缝试井反演技术，本节建立了考虑储层应力敏感性的双孔 + 单孔两区复合油藏、水力主裂缝 + 双孔 + 单孔两区复合油藏、考虑复杂交叉型缝网多区复合油藏的体积压裂直井与水平井不稳定试井模型系列。裂缝网络采用裂缝节点和单元表示，使裂缝节点处满足流入流出质量守恒，综合应用点源叠加、纽曼乘积和数值求解等方法，得到了这些模型的井底流压的半解析解和数值解，并绘制出相应的试井压力及其导数曲线图版（图 3-4-2），提出了压裂直井和压裂水平井试井压力导数特征点拟合的动态反演技术方法（图 3-4-3），快速有效地解释出井筒、储层和裂缝特征参数，为超低渗储层压裂裂缝反演仿真提供工具手段。

二、基于注水效率的低渗裂缝油藏注采优化方法

采用流线注采优化法，降低了无效注水和油井含水，提高了注水效率 IE。注水效率 IE 指水驱贡献产量与注水量的比值，是衡量每口注入井所对应的生产井的产油效率指标，其由流线追踪和井间通量计算得到。注水流线法能针对低注水效率井优化注水量。

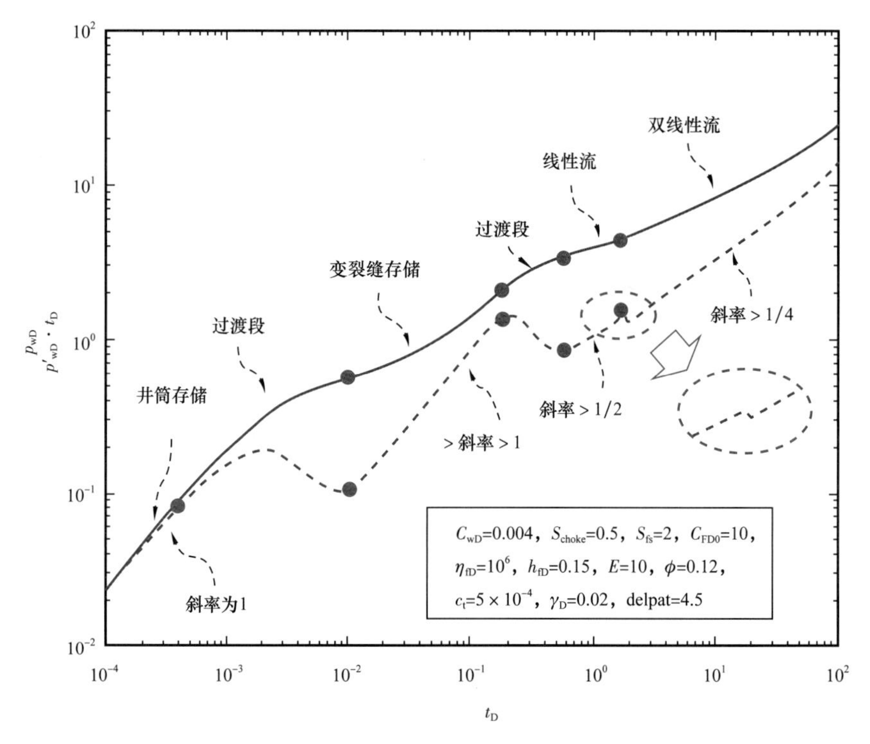

图 3-4-2　考虑动态裂缝的试井解释图版

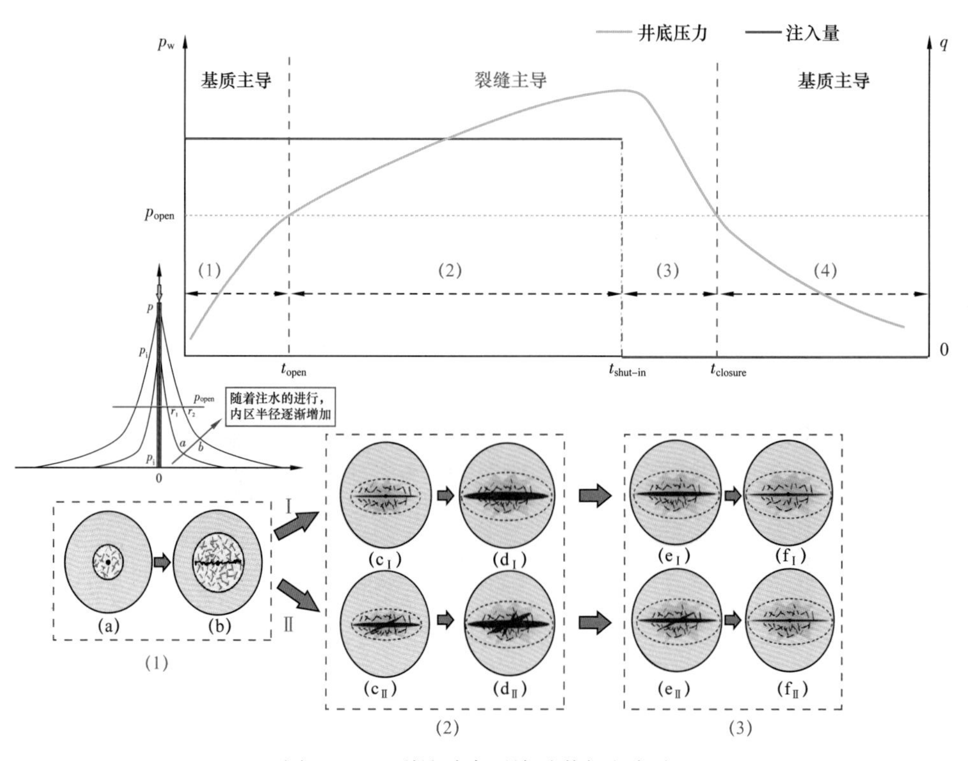

图 3-4-3　裂缝动态反演试井解释方法

$$\mathrm{IE}=\sum_{i}^{N_{\mathrm{wp}}} q_{\mathrm{o},i}^{\mathrm{prd}}\left(S'_{\mathrm{w},i}\right) / \sum_{i}^{N_{\mathrm{wp}}} q_{\mathrm{w},i}^{\mathrm{inj}} \tag{3-4-3}$$

$$q_{i}=\left(1+W_{i}\right) q_{i}^{\mathrm{old}} \tag{3-4-4}$$

$$W_{i}=\begin{cases}\min\left[W_{\max}, W_{\max}\left(\dfrac{e_{i}-\bar{e}}{e_{\max}-\bar{e}}\right)^{\alpha}\right], e_{i}>\bar{e} \\ \max\left[W_{\min}, W_{\min}\left(\dfrac{\bar{e}-e_{i}}{\bar{e}-e_{\max}}\right)^{\alpha}\right], e_{i}<\bar{e}\end{cases} \tag{3-4-5}$$

采用流线注采优化法能实现裂缝型油藏注采优化（图 3-4-4 至图 3-4-6），降低无效注水，提高注水效率。采用流线注采优化法后累计产油提高 16%，累计产水下降 4%。

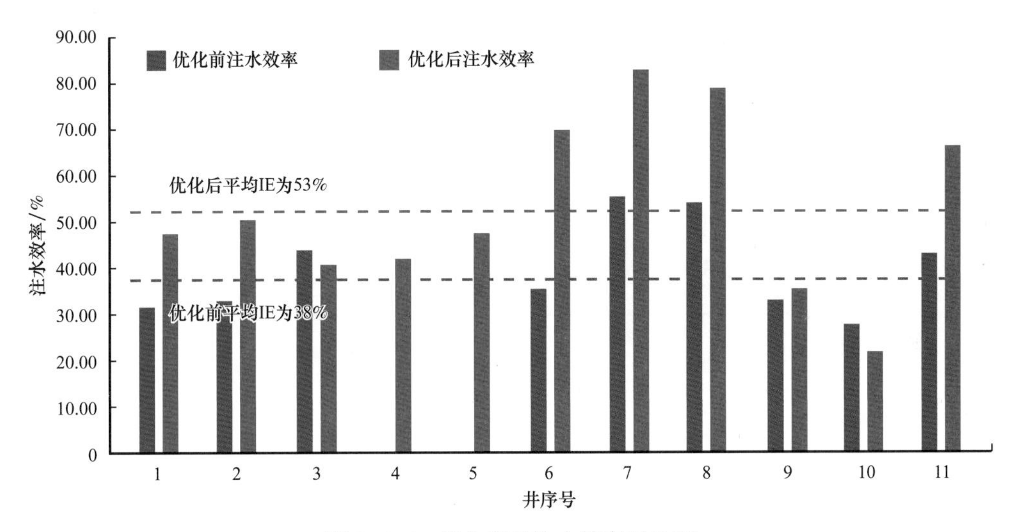

图 3-4-4　优化前后注水效率对比图

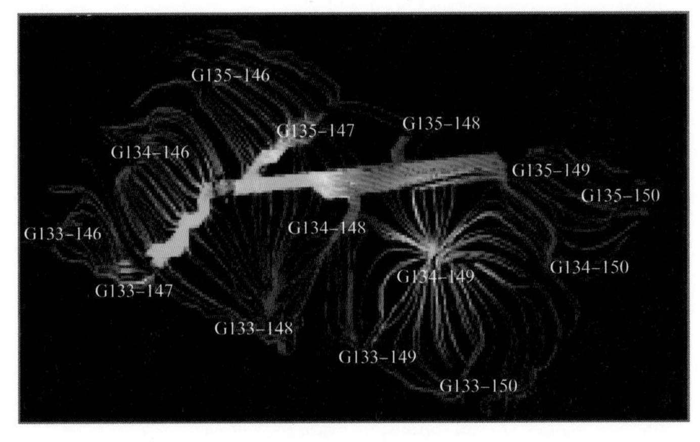

图 3-4-5　注水量优化前波及体积分布图

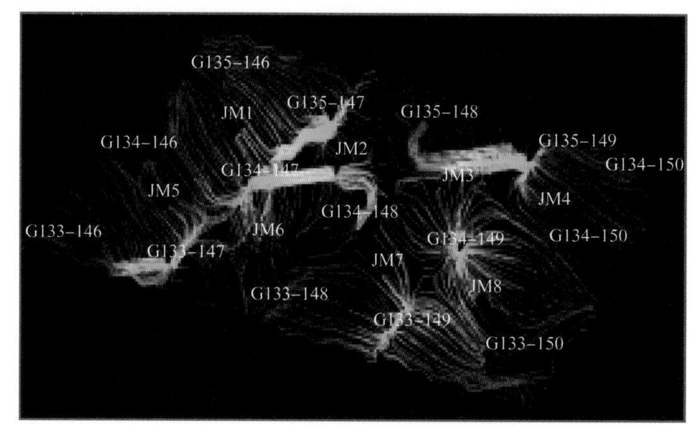

图 3-4-6 注水量优化后波及体积分布图

三、驱替转向技术

充分利用天然裂缝和人工裂缝，由于天然裂缝是多向的，最大主应力是单向，水井压裂注水影响让水往北东 45° 方向渗流，将原多向水淹变为单向宽带水驱，利用裂缝规律使基质的油全面驱替。主要做法为注水井体积压裂，利用天然裂缝，降低驱动压差，控制含水。

注水井体积压裂后，纵向水驱动用程度提升 4.6%，平面原水驱优势见水方向得到控制，注水波及范围扩大，水驱更均匀。试验井组含水率下降，液量提升，单井日产油提高 0.5～0.7t，采油速度提高 0.13%，保持 18 个月动态平稳无递减（图 3-4-7 至图 3-4-9）。

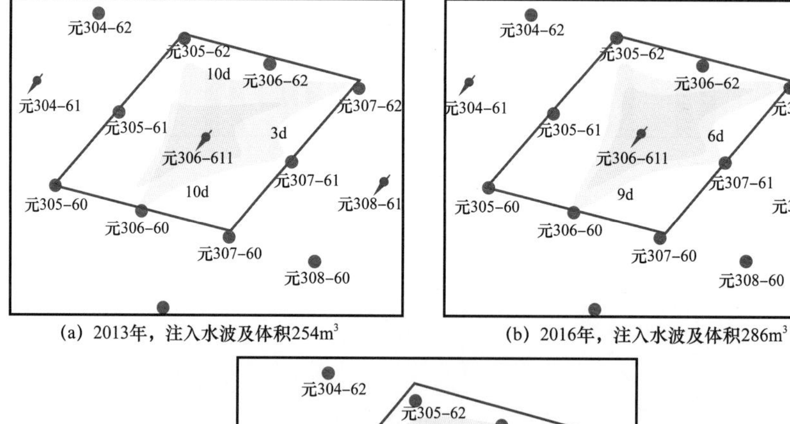

(a) 2013年，注入水波及体积254m³

(b) 2016年，注入水波及体积286m³

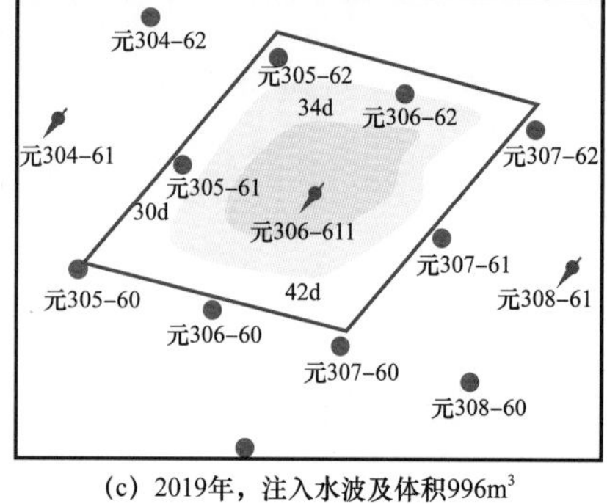

(c) 2019年，注入水波及体积996m³

图 3-4-7 注水井压裂前后平面水驱变化图

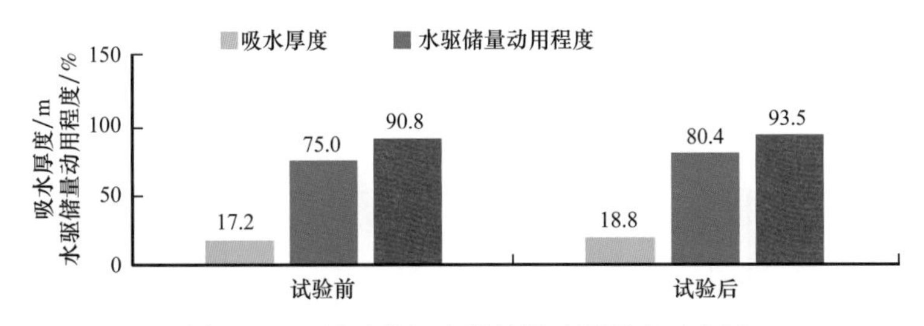

图 3-4-8　试验井组水驱储量动用程度对比图

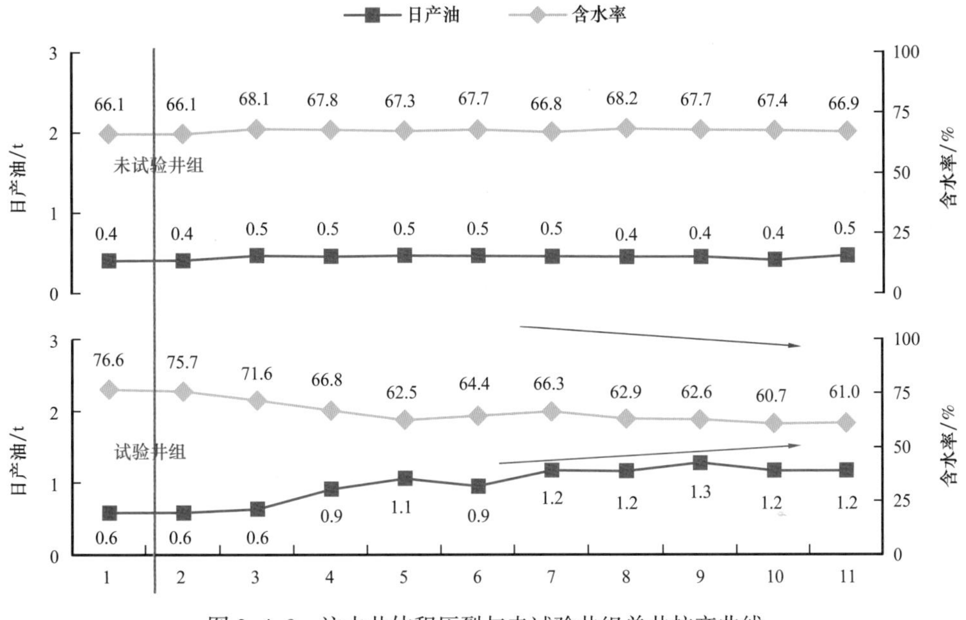

图 3-4-9　注水井体积压裂与未试验井组单井拉齐曲线

四、多级精细分层注水技术

针对纵向非均质性强、剖面动用不均的难题，通过储层沉积韵律研究，利用“旋回识别 + 沉积界面控制 + 岩心露头校正”，建立定性及定量的隔夹层识别方法，并综合物模 + 数模 + 动态研究，确定不同类型油藏合理分注界限，分注界限由 2m 隔夹层细化为 0.5m 的物性夹层，分注层内级差控制到 8 以下，水驱纵向动用程度由 48.5% 提高到 72.4%（图 3-4-10、图 3-4-11）。

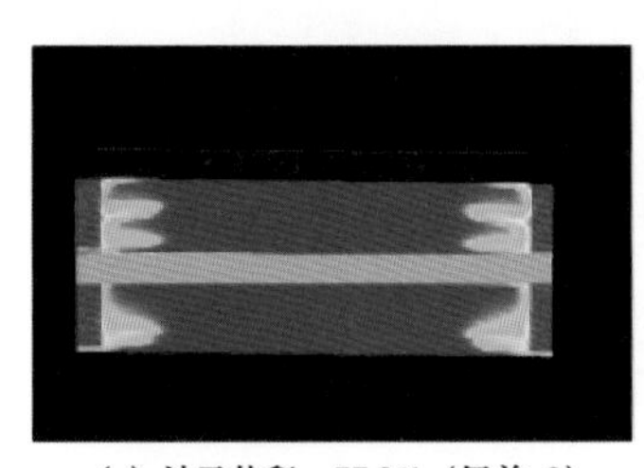

(a) 波及体积：77.8%（级差=3）

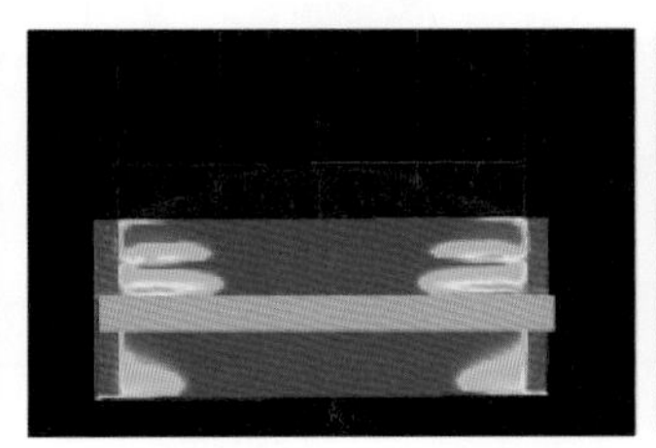

(b) 波及体积：74.2%（级差=8）

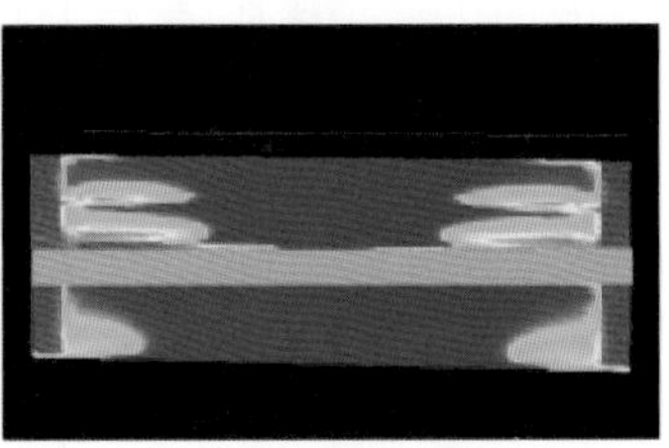

(c) 波及体积：70.2%（级差=10）

图 3-4-10　不同级差下水驱动用关系图

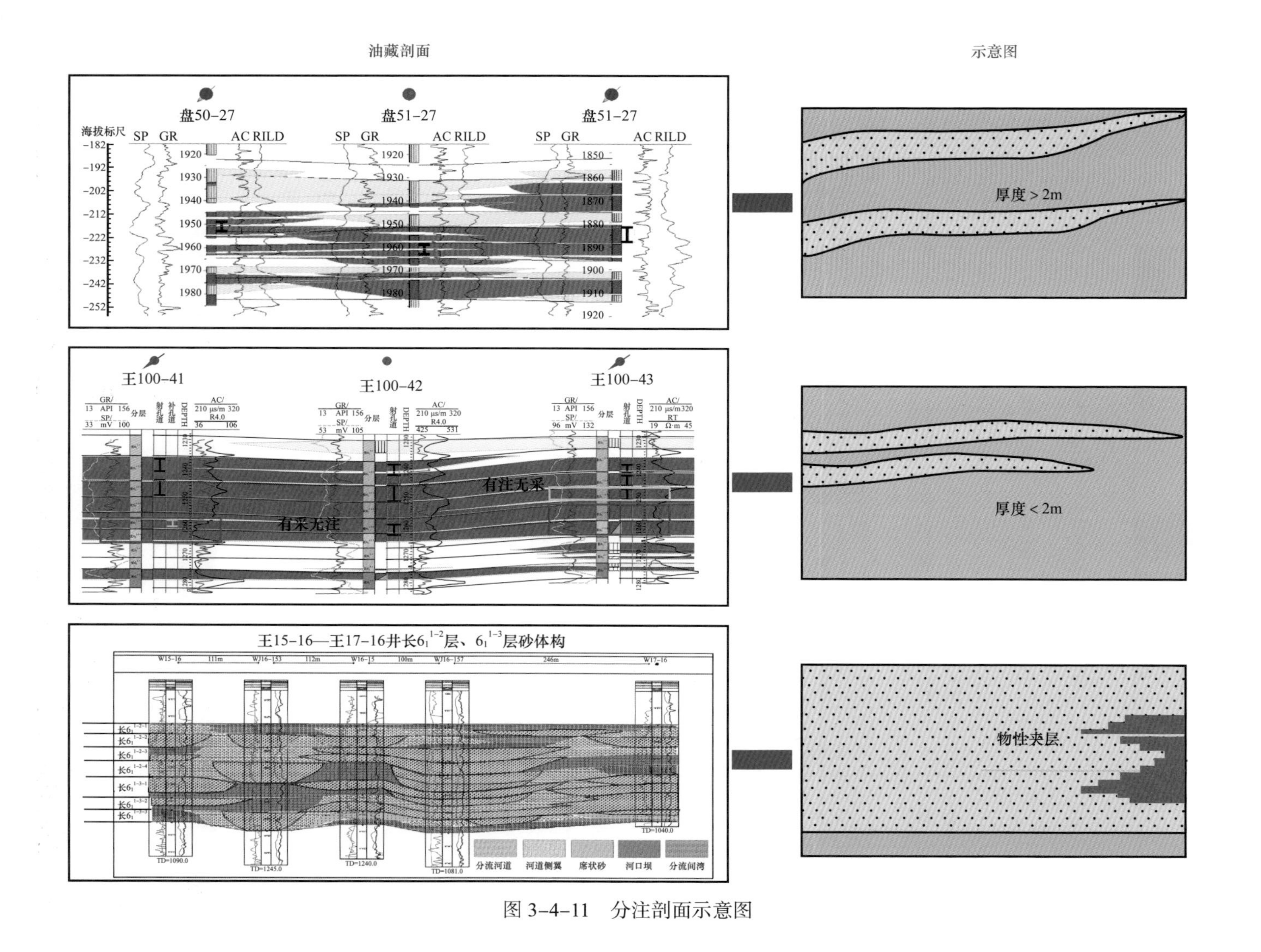

图 3-4-11 分注剖面示意图

五、中高含水期周期注水优化技术

周期注水技术作为低渗透油藏进入中高含水期后稳油控水的一种手段已经在各油田被广泛应用。然而针对不同的地层发育条件或者不同的周期注水方式所取得的效果是不同的。因此需要从周期注水的机理研究入手，采用室内实验、渗流力学、数值模拟等方法探讨周期注水效果影响的主控因素，并制订周期注水方式和合理注水参数，以提高中高含水期特低渗透油藏的注水开发效果。

1. 通过压力振荡改善渗流场，扩大平面波及

利用数值模拟，研究了单层各向异性模型连续注水和周期注水的压力场变化（图 3-4-12）和渗流场分布（图 3-4-13）。对于连续注水方式，其水井与油井之间的压力梯度基本保持恒定，与周期注水期的压力分布曲线及压力梯度曲线近似，若不提升注水压力或降低井底流压，则曲线形态不发生改变；对于周期注水方式，其注水阶段特征与前述相同，在停注阶段，注入压力降低，水井侧的压力梯度减弱，油井侧的压力梯度增大，促进压力波由水井向油井传播，进而促进了油水井之间的油水不断重新分布。相较于连续注水，周期注水在注水期的平均注水量（注水压力）更大，使得注水阶段的流线更加密集，提高了驱替压力梯度，而在停注过程中，流线变得稀疏，促进了内部交渗。根据模拟结果，单层各向异性模型不稳定注水较稳定注水流线数量增加 3.5%。通过记录流线波及网格数，近似计算得到动用面积增大程度为 1.5%。对于裂缝发育的油藏，连续注水时由于裂缝存在，注入水由基质向裂缝快速窜进，使裂缝压力快速升高；周期注水方式，在停注阶段，促进压力波由水井向油井传播，动用面积约增加 2.6%。

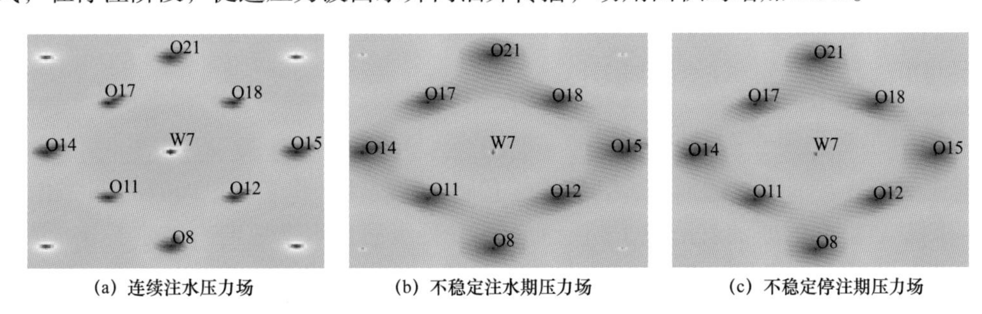

(a) 连续注水压力场　(b) 不稳定注水期压力场　(c) 不稳定停注期压力场

图 3-4-12　连续注水与不稳定注水压力场变化

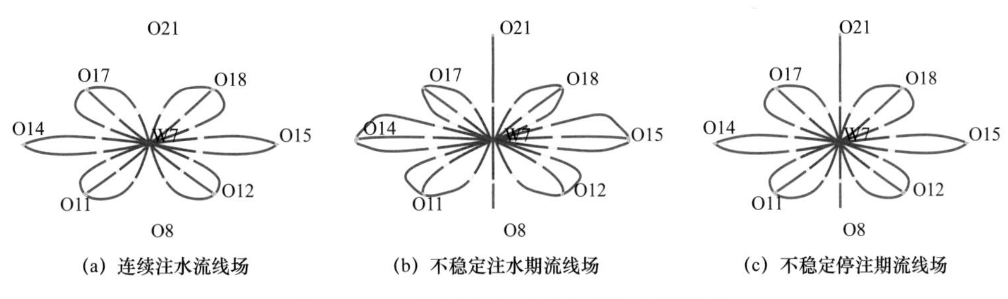

(a) 连续注水流线场　(b) 不稳定注水期流线场　(c) 不稳定停注期流线场

图 3-4-13　连续注水与不稳定注水流线图

2. 促进高低渗透层流体交换，提高纵向动用程度

从宏观角度来看，周期注水过程主要分为两个阶段。

第一阶段为注水（增注）升压阶段。油藏进行注水（增注）时，较高渗透层的吸水量比较大，压力传导系数也相应比较高，压力波及范围广，压力相对高；而较低渗透层吸水量比较少，压力传导系数也比较低，压力波动范围小，压力相对低。因此，在较高渗透层和较低渗透层之间出现附加的正向压差，即图 3-4-14 两条曲线的高度差，在这一压力差作用下较高渗透层当中的油和水进入较低渗透层当中，且水量相对更大。

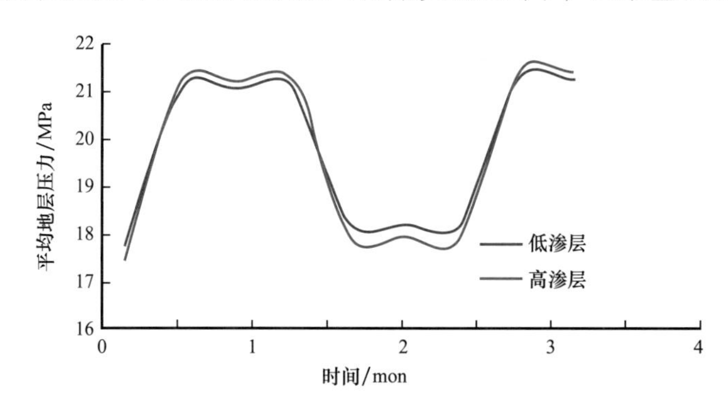

图 3-4-14　不稳定注水高低渗透层压力随周期变化曲线

第二阶段为停注（减注）降压阶段。当停注（减注）时，因为较高渗透层排液量大，压力减小速度快，压力较低，而较低渗透层，压力减小速度慢，压力较高，进而引起了由较低渗透层向较高渗透层的压力差（图 3-4-14），流体由较低渗透层向较高渗透层窜流，且油量相对更大，从而在下一个注采阶段从高渗层中采出。根据模拟结果，不稳定注水层间窜流流线较连续注水增加 3.4%。

3. 减缓无效水循环，降低含水率

对于裂缝发育的低渗透油藏，裂缝连接基质，常规注水将裂缝里面的油驱替出来后，裂缝两侧基质里面的原油就形成了剩余油。油井见水后含水率短期内迅速上升，造成水淹。周期注水在停注阶段，裂缝内压力降低，裂缝两侧孔隙内的原油在基质—裂缝压力差作用下进入裂缝，在下一次注水时被驱向油井，提高了注入水波及体积的同时延缓了水淹时间。不稳定注水能够有效降低含水率，在相同时间下，采用不稳定注水，含水率低于稳定注水；在相同含水率下，采用不稳定注水获得的累计产油量更大，在相同累计产油量下，周期注水较稳定注水含水率降低 3.2%（图 3-4-15）。

六、提高微观驱油效率

从微观角度来分析，注水过程中流体作用力包括驱替压力、毛细管力、黏滞力、流体弹性力，如图 3-4-16 所示。

以一注一采机理模型为基础，分别求取周期注水在不同开发阶段时的低渗透层的含水饱和度，进而分析各力的作用。设置注采半周期为 15d，即 0～15d 内为注水阶段，

16～30d 为停注阶段。根据模拟结果，采用不稳定注水，产生的毛细管渗吸和弹性力驱油发挥程度为 1%～2%。

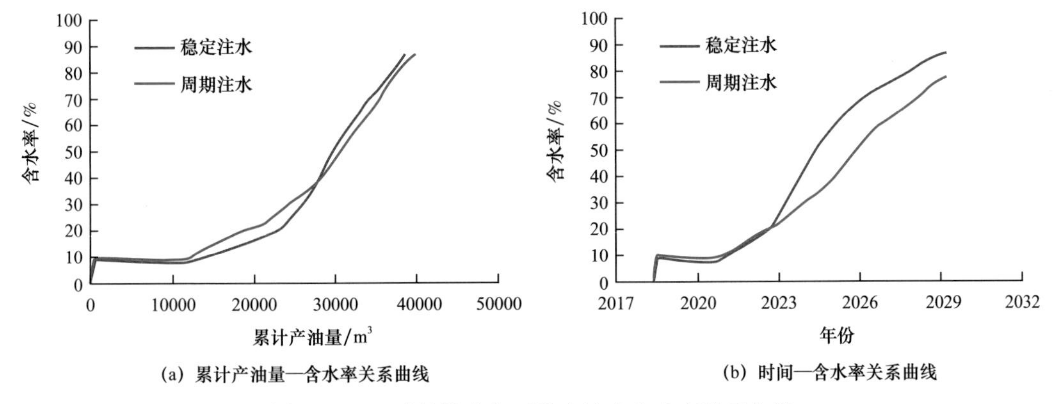

(a) 累计产油量—含水率关系曲线　　(b) 时间—含水率关系曲线

图 3-4-15　连续注水与不稳定注水含水率关系曲线

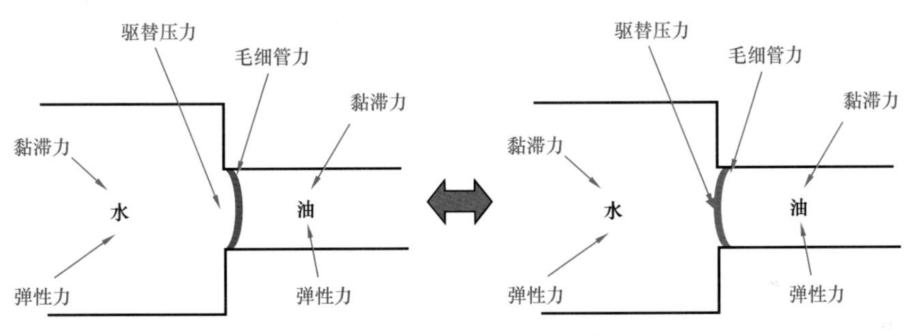

图 3-4-16　微观各作用力示意图

引起相渗滞后，提高驱油效率，改变地下压力场后，液流方向发生改变，会造成相对渗透率的改变，降低了残余油饱和度，从而提高驱油效率，如图 3-4-17 所示。文献调研结果表明，采用不稳定注水引起的相渗滞后发挥程度为 1%～2%，若不考虑相渗滞后，高含水阶段预测采收率将会偏小。

周期注水参数主要包括注水量大小、周期时间、注采方式等，基于此，本节利用数值模拟，设置了正交试验，对不同注水量、注水周期和注采方式的不稳定注水方式进行了对比，以累计产油作为对比指标，对其注采参数进行了优化（表 3-4-1）。

1. 合理注水量

表 3-4-1 中，方案 1 至方案 5 分别采用了不同日注水量，一个周期内的平均注水量分别为 20m³/d、40m³/d、60m³/d、80m³/d，各方案下不稳定注水的开采效果对比图如图 3-4-18 所示。由图 3-4-18 可见，方案 3 相同时间内的采出程度要低于对照组方案 1，其原因是虽然依靠不稳定注水制造压力波动，但是注水量小，注水峰值压力小，压力振荡效果差；方案 2 的不稳定注水效果均好于连续注水，且这三组方案在不同的注水量下获得的采出程度也最高；方案 4 和方案 5 虽然在一个周期内的平均注水量均高于对应的方案 2，但采出程度却小幅下降，主要原因是高注水量使得注水阶段地层压力骤增，沿裂

缝窜流的效应要强于压力波动扩大注入水波及范围的效应。综合来看，注水量为20m³/d取得的开发效果最好。

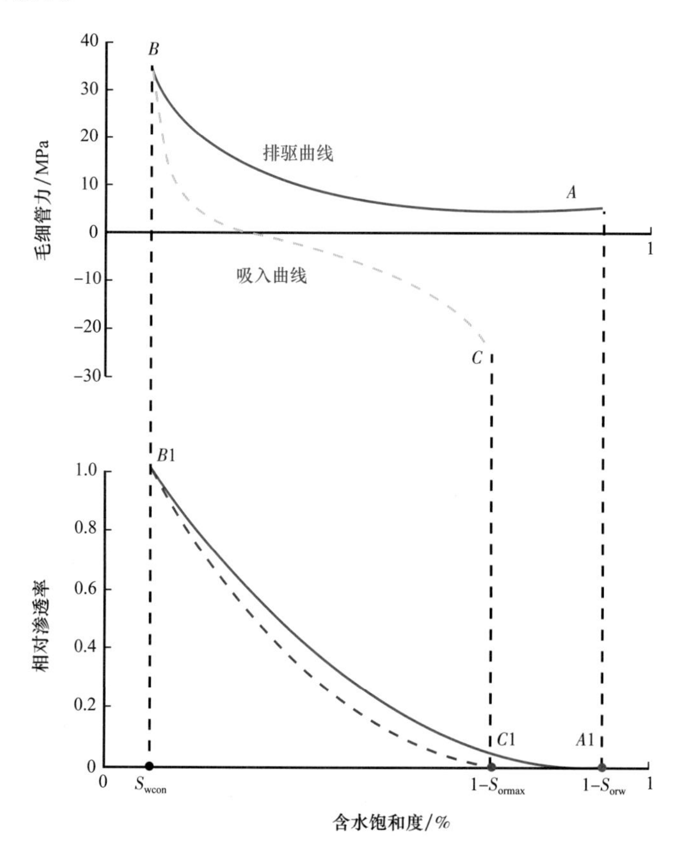

图3-4-17 周期注水引起的毛细管力和相对渗透率曲线变化

表3-4-1 不稳定注水方案

方案编号	方案描述
方案1	连续注水20m³/d
方案2	周期注水（前30d注入量40m³/d，后30d停注）
方案3	周期注水（前30d注入量20m³/d，后30d停注）
方案4	周期注水（前30d注入量60m³/d，后30d停注）
方案5	周期注水（前30d注入量80m³/d，后30d停注）
方案6	周期注水（前30d注入量40m³/d，后15d停注）
方案7	周期注水（前30d注入量20m³/d，后15d停注）
方案8	周期注水（前30d注入量40m³/d，后15d停注）
方案9	周期注水（前30d注入量40m³/d，后15d停注）
方案10	周期注水（前15d注入量40m³/d，后30d停注）

续表

方案编号	方案描述
方案 11	周期注水（前 15d 注入量 $40m^3/d$，后 30d 停注）
方案 12	周期注水（前 15d 注入量 $40m^3/d$，后 30d 停注）
方案 13	周期注水（前 15d 注入量 $40m^3/d$，后 30d 停注）
方案 14	异步注采（前 30d 注入量 $40m^3/d$，后 30d 停注）
方案 15	异步注采（前 30d 注入量 $40m^3/d$，后 15d 停注）
方案 16	异步注采（前 15d 注入量 $40m^3/d$，后 30d 停注）

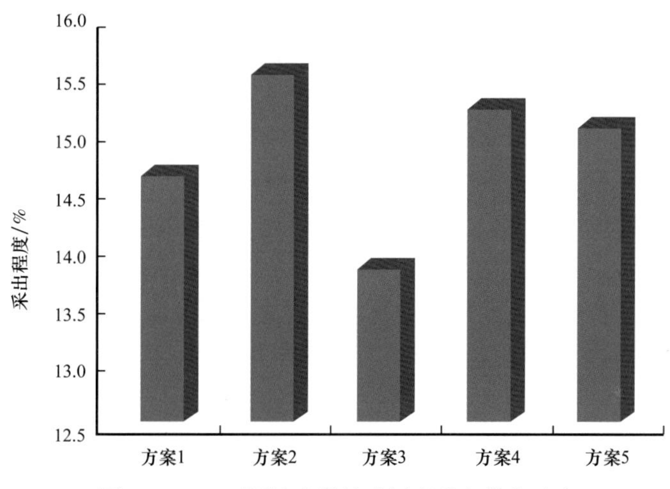

图 3-4-18　不同注水量波动幅度采出程度对比

2. 注采周期

利用数值模拟对比研究了不同注停时间比开发效果，注停时间比分别设置为 1∶1，2∶1，1∶2。当注停比为 1∶2 时开采效果好于注停比为 1∶1 的方案，而注停时间比为 2∶1 时开采效果最差。究其原因，一是由于高低渗透层的导压系数有所差异，导致注水时高渗透层注水压力沿层内的传播速度要快于压力波在较低渗透层中的传播速度，产液主要由高渗透层提供，而低渗透层的原油难以快速突破；二是停注阶段是周期注水发挥作用的主要阶段，由于高低渗透层之间存在压力的传播速度差异，此时低渗透层的层内压力要略高于高渗透层内的压力，在层间压差作用下，在低渗透层内储集的原油会向着高渗透层内运移。因此，注停时间比越小，即停注时间更长的方案可以使得高低渗透储层间的油水渗吸作用发挥得更加充分。

第四章　低渗—超低渗油藏提高采收率新方法与关键技术

低渗—超低渗油田的开发具有越来越重要的战略性地位，但这部分储量所面临的单井产量低、递减快、采收率低的重大问题一直无法解决，更加迫切的问题是随着特低渗、超低渗油藏开发进程的推进，提高采收率的形势日益严峻。

和中高渗油藏相比，低渗透油藏尚没有形成经济有效的提高采收率技术。水驱是油田开发的主体技术，注入水能否有效进入微细孔隙并发挥作用取决于水与储层的复杂作用机制。目前项目攻关团队已形成离子匹配精细水驱的技术思路，但尚面临注水体系的规模有效处理、现场注入等试验验证。注气技术有望成为特低渗、超低渗油藏提高采收率的主体技术，但除了气源的规模保障之外，由于特低渗、超低渗油藏不同尺度、成因的裂缝导致的动态强非均质性，气窜成为制约油田应用的瓶颈问题；由于注入性问题，在中高渗油藏取得成功的化学驱技术完全不适用于低渗透油藏，而传统的表面活性剂驱、活性水驱目前仅定位于油田注水井的降压增注。为了应对国家原油生产长期稳定的形势需要，开展低渗油藏提高采收率新方法研究非常必要。

第一节　低渗—超低渗油藏采收率主控因素

随着储层渗透率的降低，油田采收率大幅度降低。大庆中高渗油田水驱采收率可以达到45%以上，而长庆的低渗透油田水驱采收率一般只有20%～30%，特低渗透油田的采收率甚至不到20%。随着低渗透油藏动用规模的日益增大，人们自然会关注以下的问题：低渗—超低渗油藏能够达到的采收率目标是多少？制约低渗—超低渗油藏采收率提高的主要原因是什么？提高低渗—超低渗油藏采收率的对策是什么？

一、低渗—超低渗油藏采收率潜力

按照低渗透油藏的类型和主要的开发方式，开展了低渗透、特低渗透和超低渗透油藏采收率潜力的评价工作。本项工作的出发点是确定实际油藏采用特定开发方式理论上能够达到的最大采收率潜力，所以主要结论建立在大量的室内天然岩心和物理模型实验的结果基础上，并未采用理论计算、油藏数值模拟、实际油藏实例生产动态分析等手段。主要针对特低渗岩心水驱、超低渗岩心衰竭式开发和超低渗岩心注气吞吐等典型开发方式，通过室内岩心实验及物理模拟，确定了不同类型油藏采收率的可实现潜力。

1. 典型低渗油藏水驱驱油效率评价

选取长庆西峰、吉林新民、新疆吐哈等低渗透油田的天然岩心开展了水驱效率的评价实验。图 4-1-1 为 200 余块岩心水驱效率评价实验的结果。结果显示低渗岩心在驱替孔隙体积倍数达到 20 以上时，驱油效率可达 40%～60%。

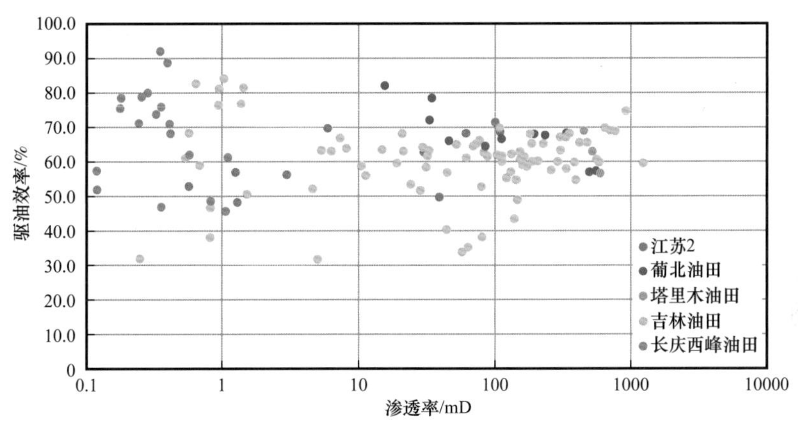

图 4-1-1 不同渗透率岩心水驱效率对比

对 7 个油田的不同渗透率油藏的水驱油效率进行了统计对比，数据详见表 4-1-1。渗透率小于 10mD 的低渗透岩心水驱油效率平均为 60%，大于 10mD 的中高渗岩心水驱效率平均为 64.7%，两者差别不大。以上的结果表明在岩心尺度，在实现充分驱替的条件下，渗透率不是决定驱油效率高低的主要因素，低渗岩心的水驱驱油效率也可以达到 60% 以上。即能够被水驱有效波及的区域驱油效率与中高渗油藏无显著差别。影响低渗油藏注水采收率的原因主要是实际水驱波及不充分。

表 4-1-1 不同油田岩心水驱效率对比

分类	地区	样品数量	平均孔隙度 / %	平均渗透率 / mD	无水驱油效率 / %	最终驱油效率 / %
低渗	长庆西峰油田	12	11.7	1.76	29.6	64.7
	吉林低渗	24	12.3	1.60	35.7	63.2
	吐哈油田	20	13.6	4.52	22.1	59.1
	江苏低渗	5	17.1	9.02	8.2	53.1
	平均				23.9	60.2
中高渗	江苏中高渗	6	18.3	61.50	23.5	68.3
	葡北油田	10	19.5	197.00	37.5	68.2
	吉林中高渗	61	26.7	221.00	20.8	59.3
	百色油田	7	21.3	522.00	63.8	71.2

续表

分类	地区	样品数量	平均孔隙度 / %	平均渗透率 / mD	无水驱油效率 / %	最终驱油效率 / %
中高渗	塔里木油田	2	24.6	527.00	52.0	63.0
	大庆油田	34	28.3	1886.00	16.4	58.3
	平均				35.7	64.7

2. 超低渗油藏衰竭式开发方式采收率评价

目前国内外开发的超低渗（致密 / 页岩）油藏都利用天然能量开发。关于弹性驱、溶解气驱等衰竭式开采的机理研究认识比较清楚，但缺少利用天然岩心模拟油藏条件下（含溶解气活油、高温、高压）衰竭式开采的实验报道，造成关于超低渗油藏衰竭式采收率的结果众说纷纭，横跨 5%～25% 的范围。为此项目组建立了一套超低渗油藏衰竭实验平台及评价方法，使用长 7 致密油储层对应的露头沿水平层理方向钻取的全直径岩心进行了室内实验，模拟了开发井中的水平流动情况，进行温度、上覆应力、流体压力、原油性质等因素的采出程度评价。从实验的角度揭示了超低渗油藏衰竭开采机理，给出超低渗油藏的衰竭开采采收率。

岩心采自长 7 致密储层对应的露头，沿水平层理方向钻取全直径长岩心，空气渗透率 0.30～0.35mD。溶解气为甲烷。饱和压力为 8.85MPa，溶解气量为 54.1m^3/m^3。

实验过程中，系统模拟的储层条件深度为 2000m，施加不同压力系数（地层压力与等深度静水柱压力的比值）和温度来模拟地层压力和储层温度。施加恒定的围压 46MPa 模拟上覆压力，孔隙压力根据需要设置为 30MPa、25MPa、20MPa、16MPa。在不同的压力下进行衰竭式开采。同时改变温度、原油性质（是否含溶解气）等来揭示衰竭开采机理。

衰竭式开采实验结果如图 4-1-2 所示。从压降与采出程度图来看，饱和压力是一个主要分界点，衰竭开采过程中，地层高于饱和压力时，4 组实验的采出程度曲线基本重合；低于饱和压力之后，活油组（1～3）其采出程度陡然上升，而死油的采出程度上升趋势基本平稳。地层压力由 20MPa 降至 5MPa，死油组最终衰竭采出程度仅为 2%。而活油（1～3）3 组全直径岩心衰竭采出程度分别为 14.1%、11.9% 和 11.6%。因此，溶解气对超低渗油藏衰竭开采采出程度具有显著的影响。

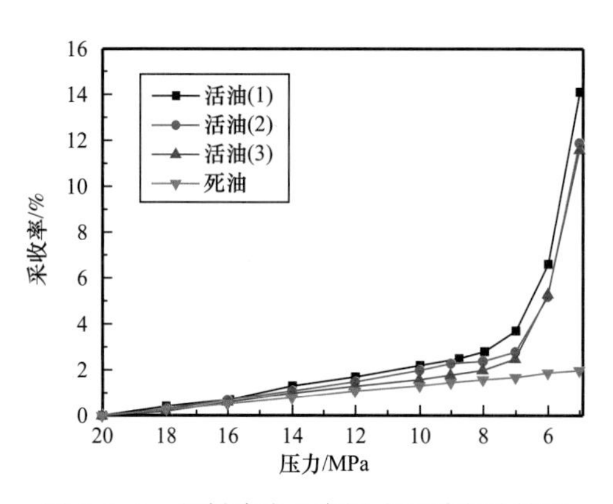

图 4-1-2 超低渗岩心衰竭式开采实验结果

由图 4-1-2 明显看出，地层压力越高，其采出程度越高，即采出程度与地层压力成正相关性。这与前面分析的储层岩石与流体弹性能释放规律一致。尽管超低渗油藏的地下储量巨大，但依靠地层天然能量的衰竭式开采，采出程度仅 3%～10%。

3. 超低渗油藏吞吐开发方式采收率评价

在衰竭式开采实验的基础上，继续进行注气吞吐开发方式的评价实验，采用的气体是 CO_2 和 N_2。实验条件和之前衰竭式开采相同，进行了 5 轮次 CO_2 吞吐、N_2 吞吐、CO_2 驱替和 N_2 驱替。实验结果如图 4–1–3 所示。

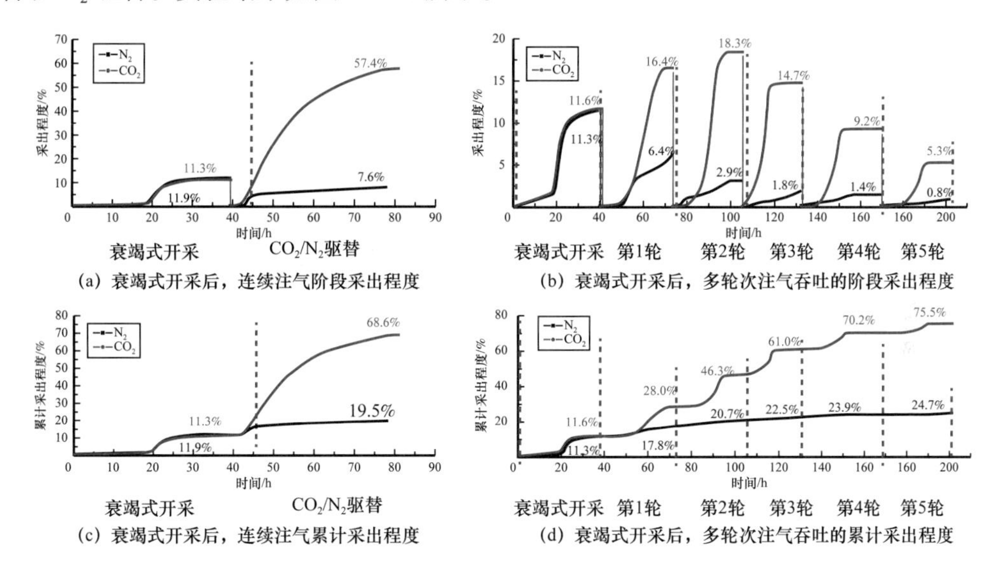

图 4–1–3　注气吞吐方式的开采特征与开发效果对比

从最终的采收率来看，CO_2 吞吐（68%）>CO_2 驱（57%）>N_2 吞吐（19%）>N_2 驱（7.6%）。CO_2 吞吐驱替的效果显著优于 N_2。且 CO_2 吞吐技术有效可达 4 轮，N_2 的有效轮次仅为 2 轮。因此，对于超低渗油衰竭开采溶解气弹性能得到充分发挥后，采用 CO_2 吞吐是最优选择。CO_2 五轮次吞吐之后可提高采收率 63.9%。

二、影响低渗—超低渗油藏采收率的动态地质属性特征

基于项目组前期关于低渗—超低渗露头长岩心物理模拟实验的认识：油藏注水过程中压力分布、压力梯度的动态不均衡变化导致注采井间驱替系统不均匀，油藏深部难以实现有效驱替。

将渗透率看作有效围压（有效围压 = 围压 – 孔隙压力）的函数，建立基于有效围压的低渗油藏单相和两相渗流的模型，取得关于压力分布、压力梯度分布、有效渗透率分布的新认识：压力曲线呈对数分布，压力梯度不均衡变化。

随着渗透率的降低，油藏内部压力梯度的不均衡变化将愈发严重，压力梯度难以有效波及整个油藏。由于天然裂缝、人工压裂裂缝及注水诱发动态裂缝的影响由恒定不变变为动态变化，原油相态由于不均衡压力梯度影响由单一相转变为溶解气逐渐析出的动态变化。这种动态属性特征对于流体的渗流能力及采收率带来重要影响。

1. 低渗油藏的动态裂缝特征及其对水驱驱油效率的影响

低渗—超低渗油藏注水压力超过裂缝开启压力，注入水极易沿砂体轴向形成裂缝水

窜造成平面矛盾及纵向上注采剖面不均衡，短时间内暴性水淹。围绕注水诱发动态裂缝的产生机理、裂缝尺度及形态，对驱油效率影响开展了实验研究，建立了实验装置和实验方法，再现了天然岩心注水诱发动态裂缝的条件及过程。

针对常规实验中的围压（模拟上覆压力）必须大于孔隙流体压力而无法造缝的难点，研发了注入压力可以大于上覆压力（围压）装置，模拟地层实际注入特征。建立了模拟注水诱发动态裂缝的室内实验方法，给出了动态裂缝系列参数。

通过微米 CT 扫描等手段，认识注水诱发动态裂缝的特征：注水诱发动态裂缝呈现平面分布，裂缝宽度随注水压力增加而增大，其尺度范围为 10～28μm。

注水诱发动态裂缝导致采出程度降低。图 4-1-4 为产生动态裂缝的天然岩心水驱效率实验结果与不含裂缝的岩心驱油效率的对比。可见不含裂缝的基质岩心水驱采出程度 40%～68%，而含动态裂缝的岩心采出程度只有 8%～40%。注水诱发动态裂缝采出程度降低，含水率上升变快，室内实验与现场数据相吻合。

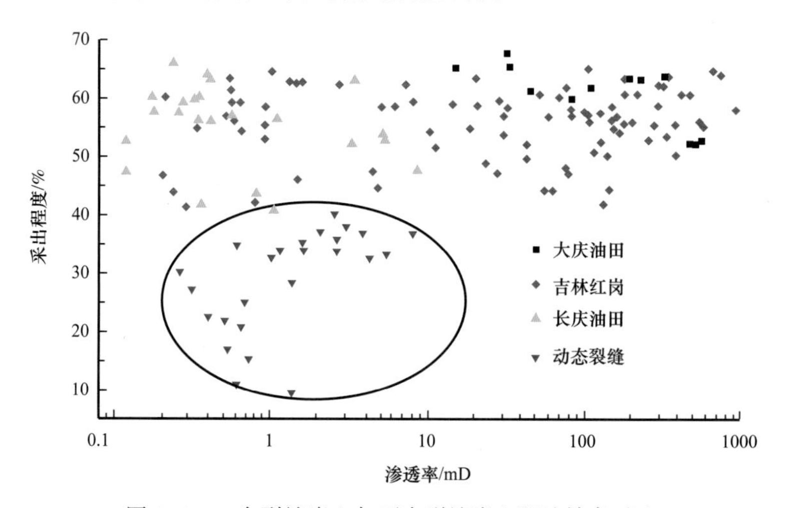

图 4-1-4 含裂缝岩心与不含裂缝岩心驱油效率对比

2. 溶解气在低渗油藏开发中的影响

以新疆低渗砾岩岩心为对象，利用 CT 扫描岩心驱替实验装置，获取岩心不同时刻和不同位置的油气水三相流体分布及饱和度变化。

图 4-1-5 为通过 CT 扫描获得的含气饱和度分布。结果表明，受压力分布的影响，岩心前端无溶解气析出；岩心后端至出口端含气饱和度逐渐升高。水驱前缘未到含气区时，前端油驱动后端的含气饱和度下降；出口附近的含气饱和度偏高主要是初始产生气较多所致。

从稳态三相等渗线来看，水是直线，说明只受自身饱和度的影响；从非稳态三相相渗来看，水相几乎没有变化，溶解气析出对水相相对渗透率几乎没有影响。油相相对渗透率受脱气影响较大，随着含气量的升高，油相渗透率降低较快，生产过程中脱气的程度将极大影响采油速度及产液量。

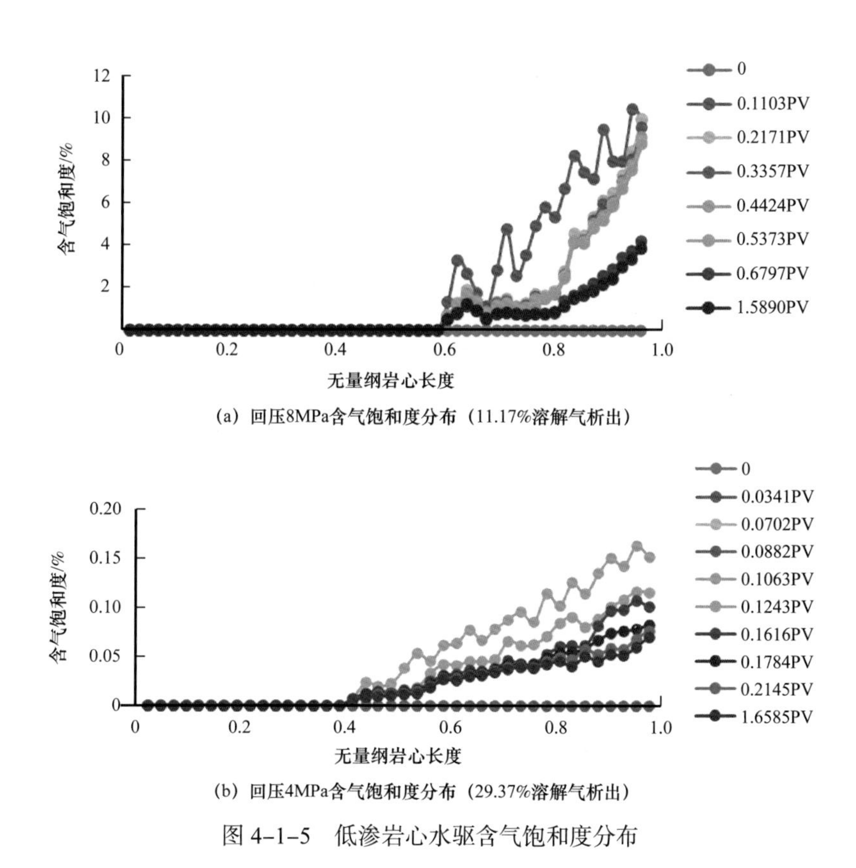

(a) 回压8MPa含气饱和度分布（11.17%溶解气析出）

(b) 回压4MPa含气饱和度分布（29.37%溶解气析出）

图 4-1-5　低渗岩心水驱含气饱和度分布

三、低渗—超低渗油藏提高采收率对策

根据低渗—超低渗油藏有效驱替系统及动态地质属性特征的认识，此类油藏提高采收率应遵循“实现驱替、有效驱替、充分驱替、改善波及”基本理念。

1. 对于能够实现注水的低渗油藏，通过精细注水提高注水作用

主要包括以下机理。(1) 降低液—固界面力：低价离子置换岩石与油膜间高价离子，降低界面黏附力。(2) 改善润湿性：原油极性组分从岩石表面剥离从而改变原始润湿性。(3) 提高微观波及效率：岩石极性增强，颗粒发生运移，流体深部转向。(4) 扩大两相共渗区：剥离油膜，降低残余油饱和度，调整油水流度比。

2. 通过气液微分散体系实现流度调控、有效补充能量

通过调整水—气介质的比例及分散方式，改变体系黏度和渗流阻力，实现油层分部位、分阶段的流度比调控，扩大波及体积、提高水驱后原油采收率。

生成的微米级气泡，能逐级进入不同渗流阻力孔隙空间，形成人造的次生溶解气驱效应，进而有效补充能量，在油藏纵向上自适应调整，驱替剩余油。

3. 通过水平井注水能够有效建立超低渗油藏的驱替系统

加拿大 CPG 公司 2007 年起在 Bakken 地区的 Viewfield 和 Shaunavon 两个油田开展

水平井注水试验，取得了显著的稳产增油效果。注水试验区初期产量140bbl/d，至第三年时产量不到20bbl/d。而注水井对应采油井三年后产量可持续维持在40bbl/d。注水井的二线采油井产量也有升高。CPG认为水平井注水降低了递减率，增加了最终采收率，Viewfield油田采收率增至原来的3倍，Shaunavon油田增至原来的2倍。

4. 扩大吞吐影响范围是提高吞吐效果的基础

目前多轮次注气吞吐的室内物理模拟实验采收率可达60%以上，国内外开展的相关现场试验效果普遍不佳。根据理论分析，现场效果差的主要原因是吞吐的实际波及范围有限，为了改善效果，需要从吞吐压力、吞吐井距、吞吐介质等方面进行改进，以提高吞吐的实际波及范围。

第二节　基于注水的低渗透油藏提高采收率新方法

自从20世纪20年代初期以来，水驱技术在不断发展和进步，其中注水理念转换和注水工艺的发展起到了重要的推动作用，而水介质的功能化是未来水驱技术更新换代的核心和潜力所在。世界各大石油公司高度关注注水技术的改进和提高，从20世纪末开始BP（英国石油公司）、Shell（壳牌石油公司）、StatOil（挪威国家石油公司）等先后提出了完善水驱的理念和技术方向。如何发挥除了补充地层能量之外注水的其他功能，成为油田开发的新热点。

“十二五”以来，中国石油通过转换注水理念，以精细注采结构调整为核心，实现了注水工艺技术的快速升级换代，五年原油少递减1256×10^4t；同时，以中国石油勘探开发研究院石油采收率研究所为核心的相关科研团队，进一步深化注水内涵，以注水介质功能化为目标，从注入介质与油藏流体以及储层岩石矿物间的离子特点出发，利用离子交换、匹配和相互作用机理，揭示了典型油藏流动介质与储层相互作用的主要影响和机理。

一、储层油—水—岩石微观作用

原油、电解质溶液和岩石三相微界面相互作用是一个极其复杂的过程，为了研究油—水—岩石相互作用机理，首先需要建立储层油—水—岩石微观作用的系列实验方法（表4-2-1）。

表4-2-1　3种室内分析评价方法

序号	实验方法	方法特色
1	离子交换—吸附及差异定量评价方法	通过对X射线光电子能谱分析，测定离子在不同黏土矿物表面的吸附和交换能力及差异
2	流动状态下原油特征组分在岩石表面的吸附—脱附定量化测定方法	利用耗散型石英晶体微天平技术，实时定量表征原油特征组分在岩石表面的吸附动态过程
3	油—水—岩石微观作用力原位模拟及测定方法	通过原位化学修饰，制备系列功能化纳米探针。利用原子力显微镜法实现液相环境下模拟和测定油—水—岩石微相界面全部力学行为

系统研究了电解质溶液与岩石作用过程、原油特征组分行为及电解质溶液与油相作用过程，并进行了原油、电解质溶液和岩石三相微界面作用过程分析，明确了油—水—岩石微观离子交换机制，揭示注水过程中离子匹配及相互作用机理。

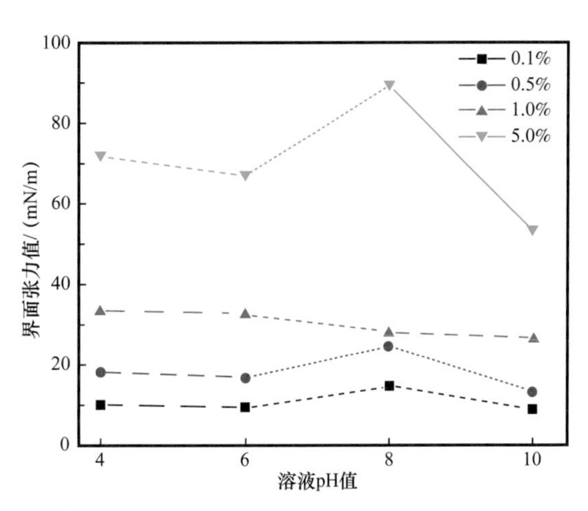

图 4-2-1　不同 NaCl 溶液浓度在不同 pH 值情况下油水界面张力变化值

1. 电解质溶液与储层介质间的离子交换机制

通过研究，揭示 Na^{+} 与 Ca^{2+} 交换剥离油膜的机理。应用离子交换—吸附及能力差异评价方法研究得出结果，如图 4-2-1 至图 4-2-3 所示。

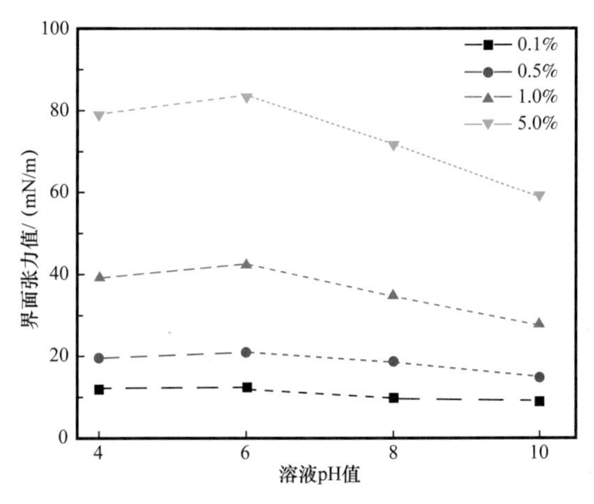

图 4-2-2　不同 $NaSO_4$ 溶液浓度在不同 pH 值情况下油水界面张力变化值

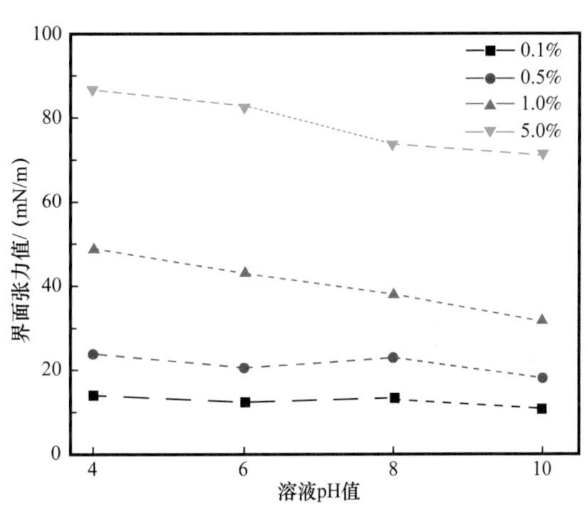

图 4-2-3　不同 $CaCl_2$ 溶液浓度在不同 pH 值情况下油水界面张力变化值

研究发现，黏土矿物中的 Ca^{2+} 能被 Na^{+} 交换，离子交换后，溶液 pH 值增大 1～2；Na^{+} 在高岭石和绿泥石中的交换吸附效果最好，更加有利于油膜的剥离，该结果为离子调整油藏适应性提供理论指导。

在相同浓度情况下，Na^{+} 溶液的界面张力更低，因此，Na^{+} 在交换 Ca^{2+} 后的溶液界面张力会出现下降，有利于矿物表面的润湿性改变，该结果为进一步揭示离子调整提高洗油效率提供了依据。

研究了不同离子浓度对理想表面的吸附和离子交换的影响。选取理想矿物为蒙脱土，在 NaCl 浓度为 100mg/L、1000mg/L、10000mg/L 条件下蒙脱土处理过程如下。

在机械搅拌转速为 50r/min 条件下，将 0.4g 蒙脱土加入 40g、1% 的 $CaCl_2$ 溶液中，并将体系的 pH 值分别调节至 pH 值为 2、pH 值为 6、pH 值为 10，另有一组不调节 pH 值，机械搅拌 5h；真空抽滤；用二次水清洗蒙脱土表面残余的溶液，过滤；在 45°C 真空值

达到 –0.1MPa 条件下真空干燥 5h。

矿物粉末交换吸附不同浓度的 NaCl 时，吸附量随其浓度从 100mg/L 升高至 10000mg/L 而增大（表 4–2–2），蒙脱土吸附 Na^+ 从检测线以上增加至 2.25，说明矿物晶体对 Na^+ 的交换吸附能力逐渐提高。

表 4–2–2 蒙脱土吸附不同浓度 NaCl 时表面 Ca^{2+} 和 Na^+ 积分面积

NaCl 浓度 /（mg/L）	吸附 $CaCl_2$	交换吸附 NaCl	
	Ca^{2+}	Ca^{2+}	Na^+
10000	0.74	0.29	2.25
1000		0.33	0.66
100		0.31	—

研究了不同溶液环境下离子在实际矿物表面的吸附和离子交换，对比分析后得到以下结论与认识。

（1）pH 的变化对矿物晶体层间距的影响不明显；矿物粉末交换吸附不同浓度的 NaCl 时，吸附量随着浓度的升高而增大，对 Na^+ 的交换吸附能力逐渐提高。

（2）NaCl 与 $CaCl_2$ 交换吸附后，蒙脱土层间距有所减小。主要是因为 Na^+ 和蒙脱土层间的 Ca^{2+} 等离子进行了交换吸附，影响了蒙脱土的层柱结构，而 Na^+ 的层柱化效果不及 Ca^{2+} 等，其形成的层柱化蒙脱土层间距变小，对晶格的压缩作用增强。

（3）石英晶体吸附 Ca^{2+} 后，晶粒尺寸有所减小；交换吸附 Na^+ 后，晶粒尺寸有所增大。高岭土晶体对 Ca^{2+} 和 Na^+ 的吸附特性与之不同，吸附 Ca^{2+} 后其晶粒尺寸有所增大；交换吸附 Na^+ 后，晶粒尺寸有所减小。

（4）绿泥石晶体吸附 Ca^{2+} 以及交换吸附 Na^+ 后，半峰宽均有一定程度的增大，结晶性有所降低。在此过程中晶粒尺寸有所减小，在同一晶面生长的晶体粒径减小。

（5）石英晶体吸附 Ca^{2+} 后，晶粒尺寸有所减小；交换吸附 Na^+ 后，晶粒尺寸有所增大。高岭土晶体对 Ca^{2+} 和 Na^+ 的吸附特性与之不同，吸附 Ca^{2+} 后其晶粒尺寸有所增大；交换吸附 Na^+ 后，晶粒尺寸有所减小。

（6）绿泥石晶体吸附 Ca^{2+} 以及交换吸附 Na^+ 后，半峰宽均有一定程度的增大，结晶性有所降低。在此过程中晶粒尺寸有所减小，在同一晶面生长的晶体粒径减小。

（7）对于伊利石晶体，吸附 Ca^{2+} 后晶体的半峰宽增大，晶粒尺寸减小；交换吸附 Na^+ 后，晶体的半峰宽减小，晶粒尺寸变大。在此过程中，结晶程度降低后，所形成的晶粒尺寸减小；当结晶程度有一定的提高时，晶粒尺寸有所增大。

（8）不同矿物对 Ca^{2+} 的吸附以及对 Na^+ 的交换吸附的程度不同：蒙脱土和石英晶体对 Ca^{2+} 的吸附能力较强，其次是高岭土、绿泥石和伊利石；交换吸附后，蒙脱土、高岭土和伊利石对 Na^+ 的吸附能力较强，其次是绿泥石和石英。

注入介质与储层介质的精确匹配，能够实现离子匹配水体系的油—水、水—岩石间双电层厚度及微观作用力的明显增加，也揭示了双电层膨胀是导致界面斥力增加的主要原因，该结果对功能性离子水的研发提供了理论依据。

2. 原油组分对岩石表面润湿性影响规律及脱附机理

该机理主要是通过对流动状态下原油特征组分在岩石表面的吸附—脱附测定方法取得的结果。通过系统研究，发现原油中影响吸附的主要极性官能团有 $-NH_2$、-COOH、$-CH_3$ 和 $-C_6H_5$；极性官能团是影响原油在黏土表面吸附量和黏附力的主要因素（表 4-2-3）。因此，针对不同极性官能团实施差异化离子调整是提高水驱洗油效率的关键。

表 4-2-3　吉林新木油样元素分析及极性官能团测试结果

组分	质量百分数 /%	元素质量百分数 /%					摩尔分数 /%	
		C	H	O	N	S	H/C	O/C
沥青质	1.03	81.36	9.02	2.24	3.93	3.45	1.33	0.02
胶质	22.18	79.03	9.53	2.98	3.56	4.90	1.45	0.03
蜡质	19.68	82.54	17.46	—	—	—	2.54	—

研究还发现，芳香烃中纯萘、菲、噻吩同系物具有一定的极性，其含量大于 80%。芳香烃中纯萘、菲、噻吩等同系物也会对原油在岩石表面的吸附产生一定影响，但影响小于原油极性组分，其含量越高，洗油效率越高。

沥青质分子表面作用和铺展性能强，在不同润湿表面的吸附形态下差异很大，而 NaCl 等溶液的改变能够实现沥青质的脱附而提高洗油效率，图 4-2-4 为该机理的示意图，实验结果如图 4-2-5 所示。

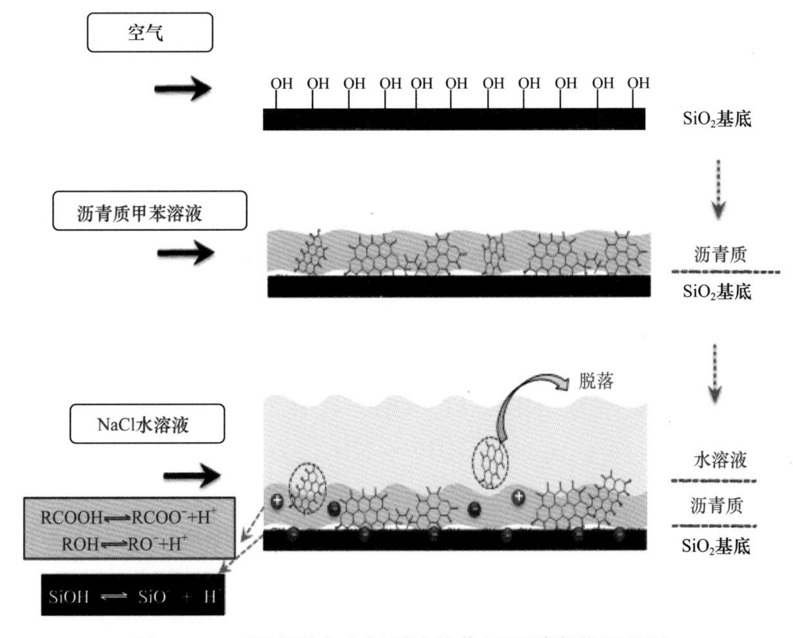

图 4-2-4　沥青质在电解质溶液作用下脱附的机理图

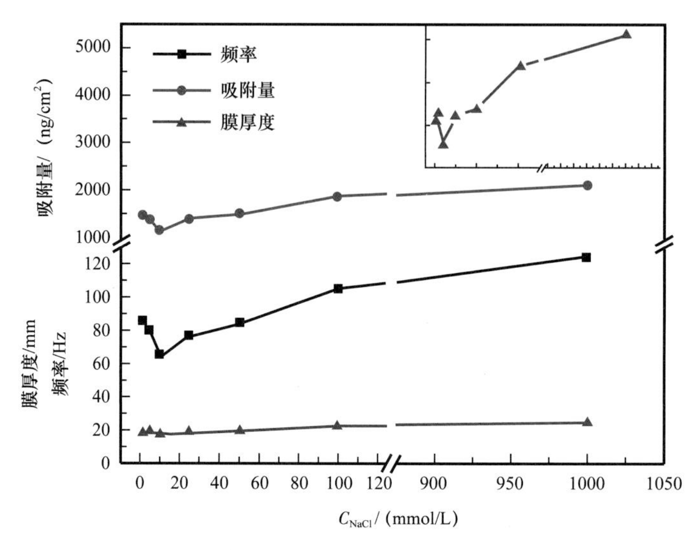

图 4-2-5　吸附量、频率以及膜厚度随浓度变化曲线

3. 离子类型和特征官能团对黏附力的作用机制

该机理主要是通过对油—水—岩石微观作用力原位模拟及测定而取得的研究结果。研究发现原油中极性官能团对界面黏附力的影响规律：$-NH_2>-COOH>-CH_3>-C_6H_5$，如图 4-2-6 所示，为离子调整油藏适应性提供理论指导。

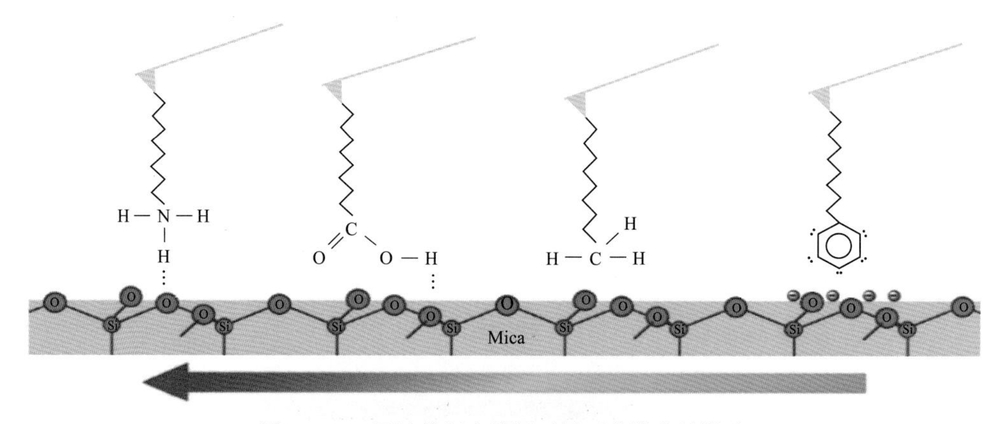

图 4-2-6　原油特征官能团对界面黏附力的影响

针对不同润湿性的油藏研究，实验数据如图 4-2-7、图 4-2-8 所示，对于亲水油藏，离子调整效应影响顺序为 $-NH_2>-COOH>-CH_3>-C_6H_5$；对于疏水油藏，离子调整效应影响顺序为 $-CH_3>-C_6H_5>-COOH>-NH_2$，为功能水体系的研发和优化提供理论指导。

如图 4-2-9 至图 4-2-11 的实验数据所示，Na^+ 等低价阳离子对黏附力的影响远大于 Ca^{2+}、Mg^{2+} 等二价阳离子，通过对 Ca^{2+}、Mg^{2+} 等二价阳离子的交换，可以有效降低体系黏附力，从而实现油膜的有效剥离，为离子匹配体系的研制提供了理论依据。

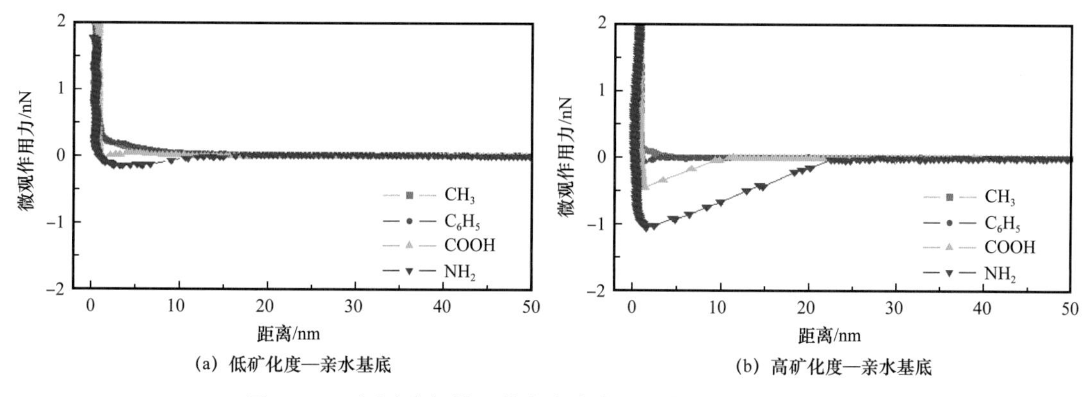

图 4-2-7 原油中极性组分在亲水表面的离子调整效应曲线

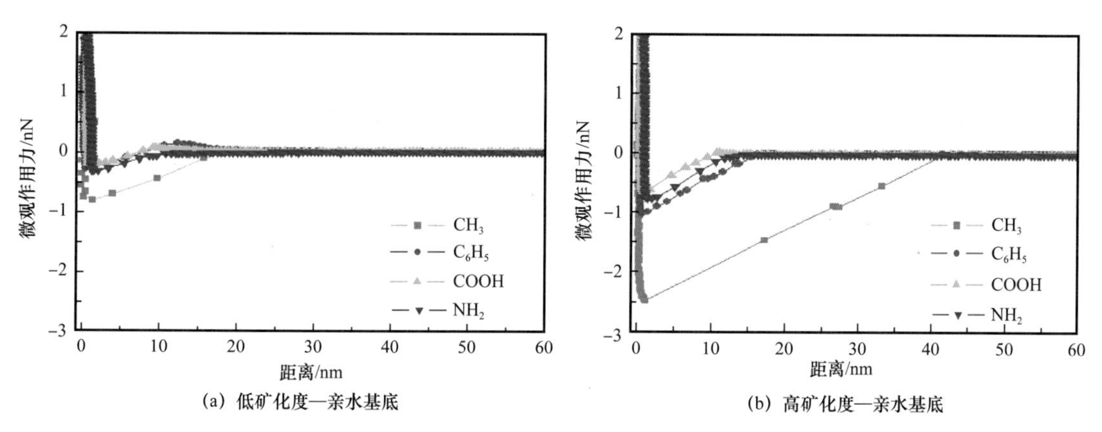

图 4-2-8 原油中极性组分在疏水表面的离子调整效应曲线

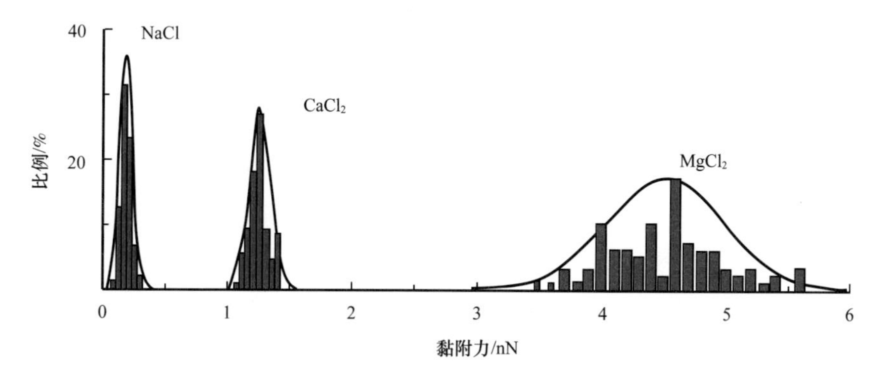

图 4-2-9 离子类型对界面黏附力的影响

二、典型低渗油藏离子匹配水驱效果评价

通过对长庆低渗储层及流体特性的系统分析，结合离子匹配水驱技术提高采收率机理，研发了适合于长庆低渗油藏的钠基离子调整 A 型（CQIAD-60）离子匹配水驱体系。

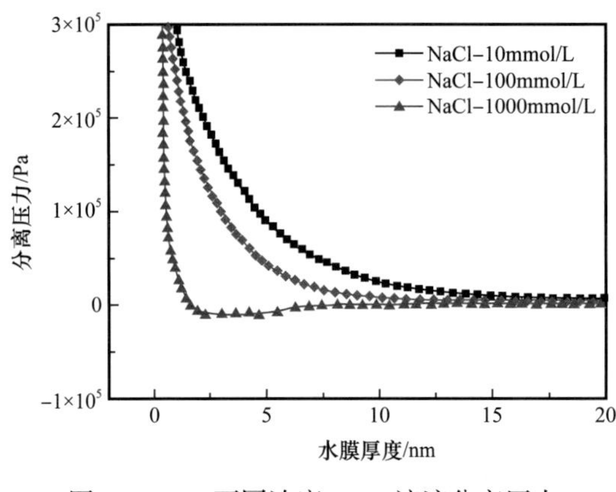

图 4-2-10　不同浓度 NaCl 溶液分离压力与水膜厚度关系

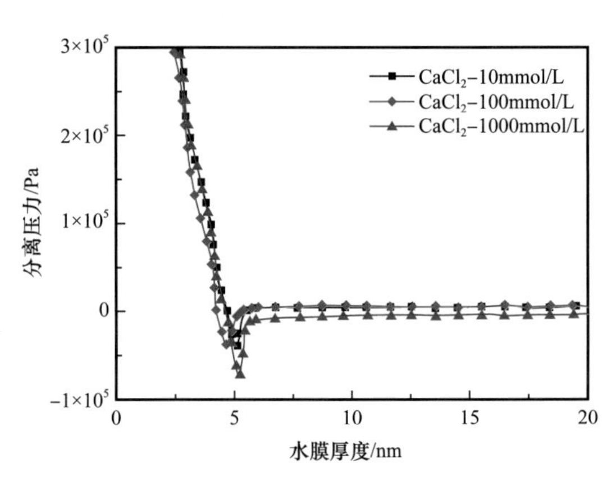

图 4-2-11　不同浓度的 $CaCl_2$ 溶液分离压力与水膜厚度关系曲线

1. 长庆西峰长 8 和杏河北长 6 流体性质及黏土矿物组成

表 4-2-4 和表 4-2-5 所示为长庆典型低渗油藏储层流体和黏土矿物组成情况，从储层流体和黏土矿物数据来看，都有利于离子水调整剥离油膜。长庆典型低渗油藏储层地层水中钙镁等二价离子含量较高，地层水总矿化度达到 5×10^4mg/L 左右，离子匹配可调整空间较大，适合功能性水驱。此外，储层黏土矿物中绿泥石含量较高，达到 70% 以上，也是功能水驱实施的有利条件。

表 4-2-4　长庆典型低渗油藏储层及流体性质

区块	层位	空气渗透率 / mD	地层温度 / ℃	黏土含量 / %	原油黏度 / mPa·s	胶质沥青质 / %	Ca^{2+}、Mg^{2+} 含量 / mg/L	矿化度 / mg/L
西峰	长 8	1.40	65	12.3	2.54	4.97	2770	58430
杏河北	长 6	0.71	50	13.5	2.17	2.53	9679	42620

表 4-2-5　长庆典型低渗油藏储层黏土矿物含量

井号	层位	黏土矿物含量 /%		
		伊利石	伊 / 蒙间层	绿泥石
杏 1-11	长 6	8.00	0	92.00
杏 17-6	长 6	27.80	6.90	65.40
杏 212	长 6	15.98	7.69	53.31
杏 4-11	长 6	28.60	1.70	69.70
杏 40-22	长 6	10.20	7.90	81.90
杏 62-40	长 6	4.77	8.54	86.69
杏 70-6	长 6	12.20	0.63	87.16
平均		15.36	4.77	76.59

2. 长庆西峰长 8 注入水组成

表 4-2-6 所示为长庆西峰长 8 注入水组成，长庆西峰长 8 油藏注入水为漯河层清水，总矿化度仅为 1142.1mg/L，$NaHCO_3$ 水型，经粗滤后直接注入。

表 4-2-6　长庆西峰长 8 注入水组成　　单位：mg/L

注水类型	Cl^-	SO_4^{2-}	CO_3^{2-}	HCO_3^-	Na^+	K^+	Mg^{2+}	Ca^{2+}	总矿化度
注入水	217.4	283.2	—	279.8	310.1	—	17.2	34.4	1142.1

3. 长庆西峰离子匹配水驱体系（CQIAD-60）及性能

长庆西峰 CQIAD-60 型离子匹配水体系的水源为注入水，对不同体系的主要性能参数进行了系统测试对比，较常规水驱体系，钠基离子 A 型离子匹配水体系（CQIAD-60）主要性能得到了全面提高。如图 4-2-12、图 4-2-13 所示，具体表现为：（1）体系水膜厚度（150～180nm）比注入水水膜厚度（60～70nm）增加 2 倍以上；（2）体系界面黏附力（引力）7.22nN，注入水则为引力 23.47nN；（3）体系界面张力为 9.2mN/m，低于注入水的 26.8mN/m；（4）体系扩大油水两相共渗区 27.4%，残余油饱和度由 46.7% 降低至 33.7%；（5）体系水气比为 1∶3 时水黏度值是注入水的 1.1～1.5 倍。

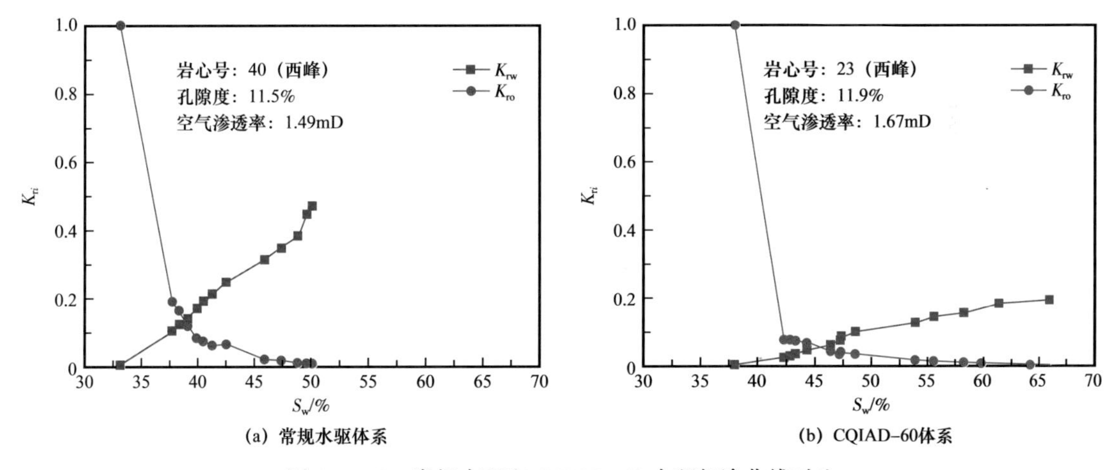

图 4-2-12　常规水驱和 CQIAD-60 水驱相渗曲线对比

实验采用西 137 井储层岩心，用模拟地层水饱和，实验用油为西峰井口脱气原油，驱替用水为模拟地层水、注入水和 CQIAD-60 离子水。岩心洗油和孔渗测试，选取代表性岩心作为驱油实验样品抽空饱和，30mPa·s 白油造束缚水，原油驱替白油老化 30 天以上（65℃），采用不同水体系和功能型水体系（CQIAD-60）进行驱油实验（65℃），含水率至 99.5% 结束实验，最后进行数据处理及结果分析。

表 4-2-7 为钠基离子调整 A 型体系（CQIAD-60）驱油效果，从室内岩心驱油采收率来看，常规水驱采收率 26.5%～31.1%，离子水驱较常规水驱提高采收率 10.8%～15.6%。

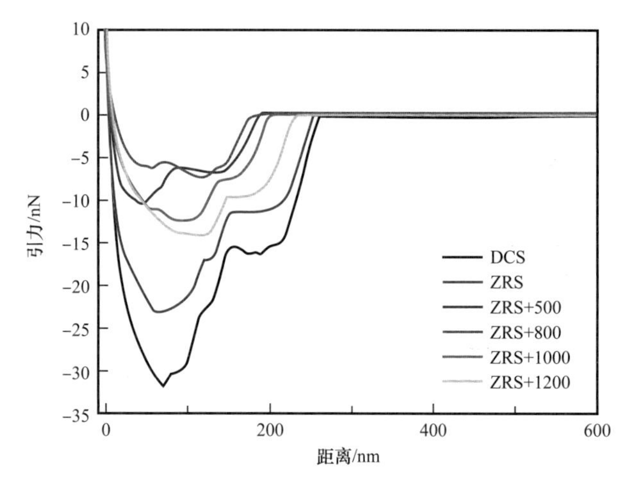

图 4-2-13　不同水体系黏附力曲线图

表 4-2-7　钠基离子调整 A 型体系（CQIAD-60）驱油效果

岩心编号	层位	气测渗透率 K_a/mD	束缚水饱和度 S_{wi}/%	水测渗透率 K_w/mD	地层水驱采收率 / %	注入水驱采收率 / %	离子水驱采收率 / %	注入孔隙体积倍数 / PV	备注
19	长 8_1	2.09	30.4	0.49	—	29.4	46.2	36.7，28.1	三采模式
36		0.70	29.4	0.17	—	—	44.8	34.9	
40		1.49	33.2	0.60	—	30.0	—	37.6	
23		1.67	38.1	0.73	—	—	45.6	32.7	
5		2.73	26.6	1.21	26.5	—	14.4	37.5，26.2	三采模式
6		2.59	27.6	1.12	—	31.1	10.8	36.9，27.8	三采模式

第三节　基于注气的低渗油藏提高采收率新方法

受储层非均质性的影响，开发效果不理想，亟待研发高效的扩大波及体积技术。特别是低渗透油田的裂缝分布密度大，导致大部分注入流体沿着裂缝或高渗透层带突进。垂直渗透率变化使得注入流体从注入井开始就以不规则的前缘形式向前推进，而水平方向上的渗透率变化使得注入流体以不均匀的速度驱替原油，造成波及效率低、驱替效果差。因此，研发改善驱替剖面、防止窜流的扩大波及体积技术，已成为提升水驱技术的关键技术之一。

一、气水分散体系的流度调控原理

含有优势通道的油藏、波及效率低的裂缝性油藏以及注水后含有次生通道的油藏，在水驱开发后期，剩余油在空间上呈高度分散状态，层内矛盾、层间矛盾及平面矛盾突出，示意如图 4–3–1、图 4–3–2 所示。克服非均质矛盾、扩大波及体积是提高采收率的现实急需的重要思路。

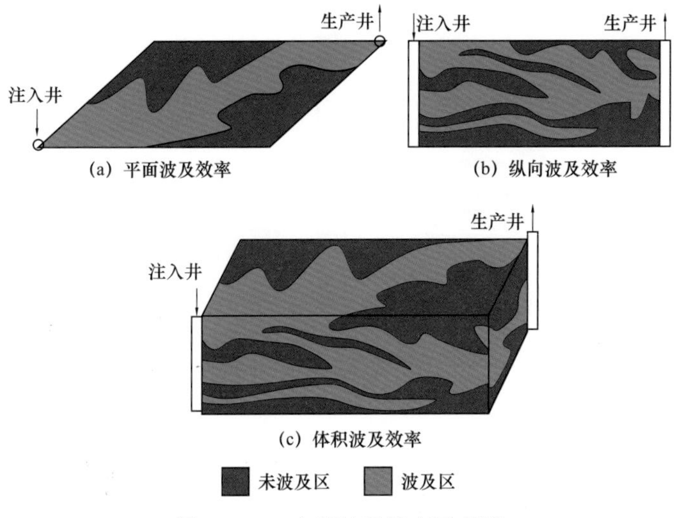

图 4–3–1 水驱波及效率示意图

采用单一体系黏度恒定驱替，无论是气驱还是水驱都存在一定的局限性。由于低渗油藏的非均质性，必然导致驱替相在不同渗透率油层部位的渗流能力存在差异，从而使驱油效果不同，剩余油分布不均匀（图 4–3–3）。

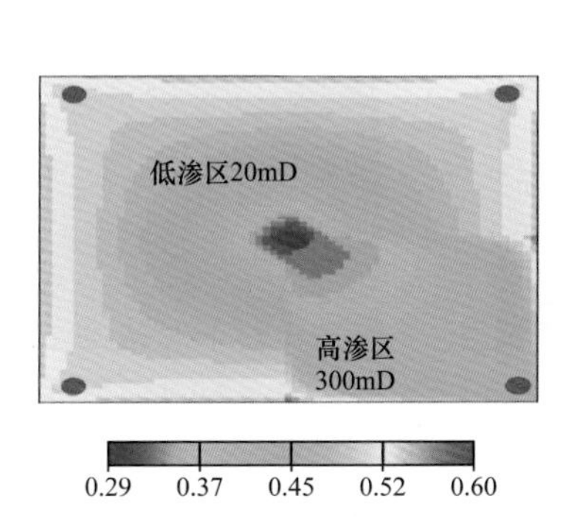

图 4–3–2 不同渗透率方向含油饱和度变化图

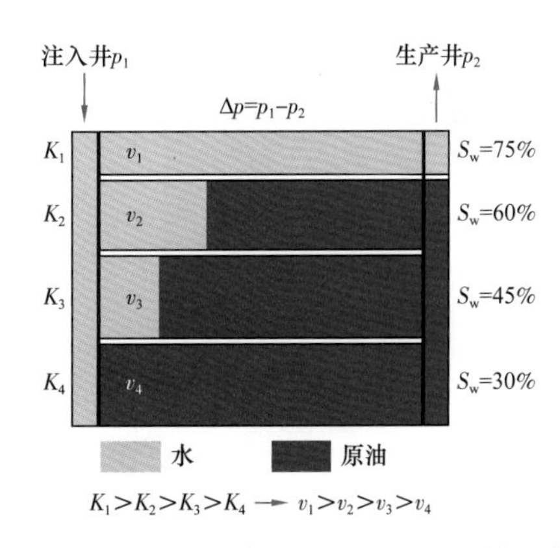

图 4–3–3 恒定黏度体系非均质油层驱替示意图

在水驱后期，流度比急剧升高，制约了水驱波及效率的提高。图 4–3–4 显示在垂向上低渗层的动用程度差，图 4–3–5 显示在平面上流度比越高，指进现象越严重，波及效率越差。在储层、井网确定条件下，流度比是面积和体积波及效率的主控因素（图 4–3–6），改善流度比是提高波及效率的主要途径。

低渗透油田注水开发过程中存在着注入压力过高、注水成本过大、近井地带渗透率降低严重、产能低下等问题；此外，低渗透油藏往往非均质性严重或存在裂缝，因此注入水难以波及基质中剩余油，注气又因渗流阻力过低而发生明显窜逸现象，因此单纯注水或注气均难建立有效驱替系统。

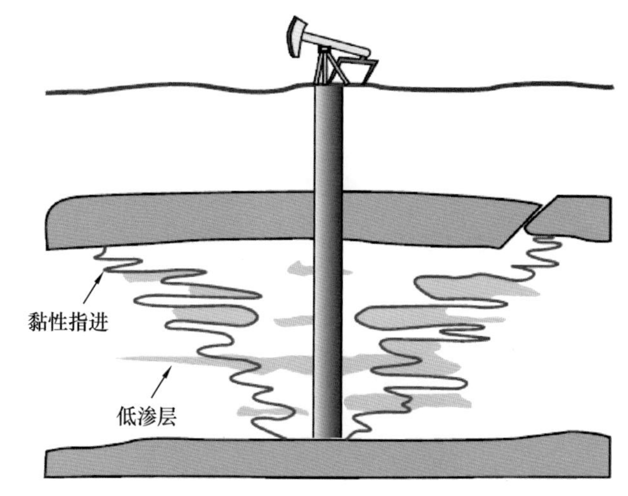

图 4-3-4 纵向非均质性对波及效率的影响

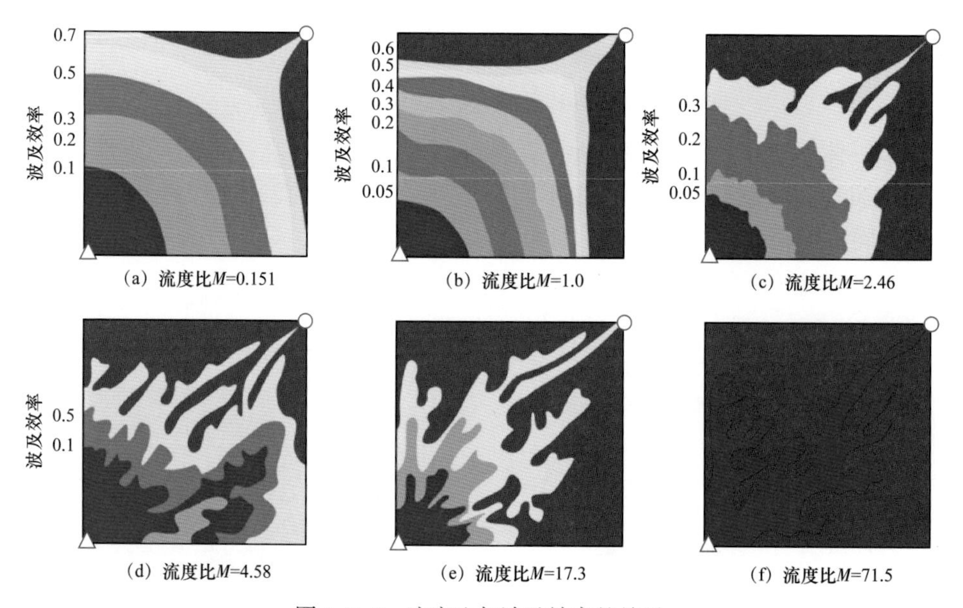

图 4-3-5 流度比与波及效率的关系

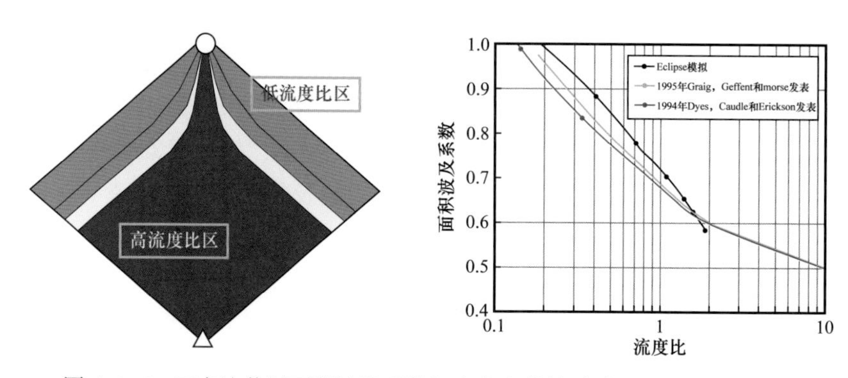

图 4-3-6 五点法井网面积波及系数与流度比的关系（Craig et al.，1955）

在水驱的基础上，研发新型水—气体系，调整水—气混合体系的比例及分散方式，实现驱替过程中对流度比的精细化调控是可行的研究方向，如图 4–3–7 所示。

由水驱油流度比式（4–3–1）可知：降低水油相对渗透率比和油水黏度比是降低流度比的主要途径，图 4–3–8 显示，在降低流度比后，水相相渗曲线右移，扩大了两相区。

$$M=\frac{\lambda_{\mathrm{w}}}{\lambda_{\mathrm{o}}}-\frac{K_{\mathrm{w}}/\mu_{\mathrm{w}}}{K_{\mathrm{o}}/\mu_{\mathrm{o}}}=\frac{K_{\mathrm{w}}}{K_{\mathrm{o}}}\cdot\frac{\mu_{\mathrm{o}}}{\mu_{\mathrm{w}}} \tag{4-3-1}$$

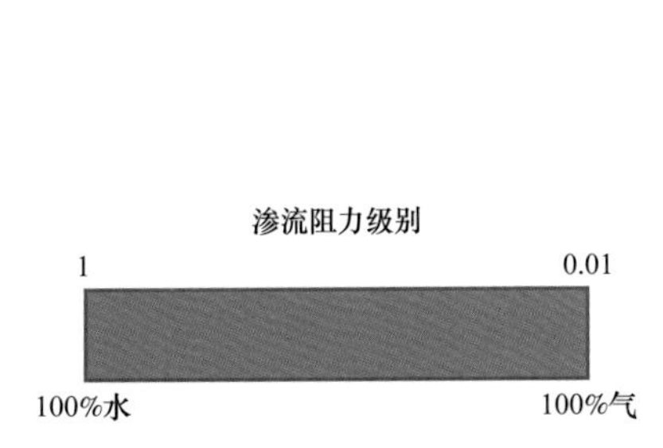

图 4–3–7　不同体系渗流阻力倍数假想图

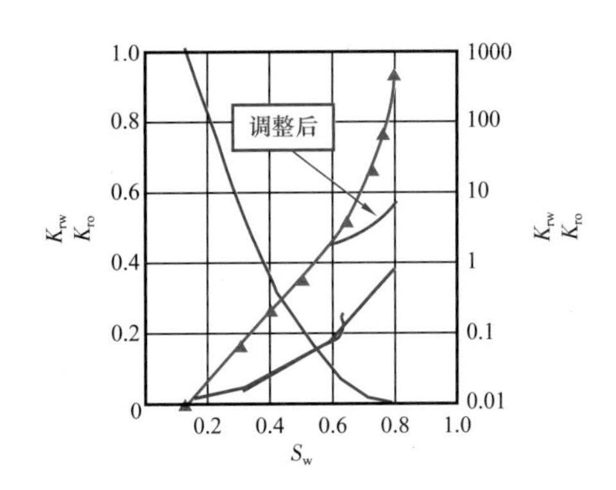

图 4–3–8　水油相对渗透率调控示意图

如果在非均质性较强的油层中，能实现分部位、分阶段的流度比调控，将更加有效地扩大低渗透、高剩余油饱和部位的波及效率，如图 4–3–9、图 4–3–10 所示。

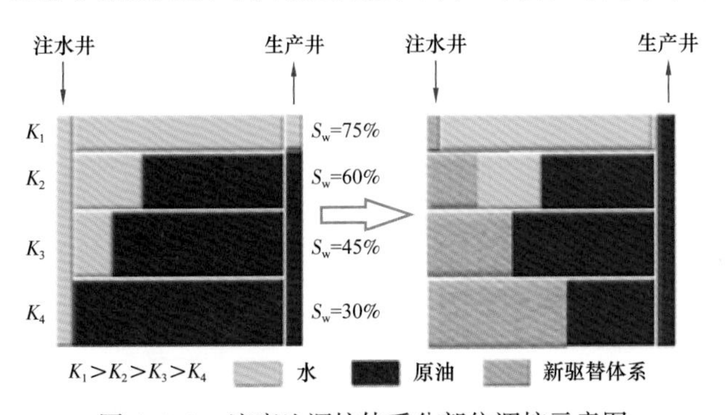

图 4–3–9　流度比调控体系分部位调控示意图

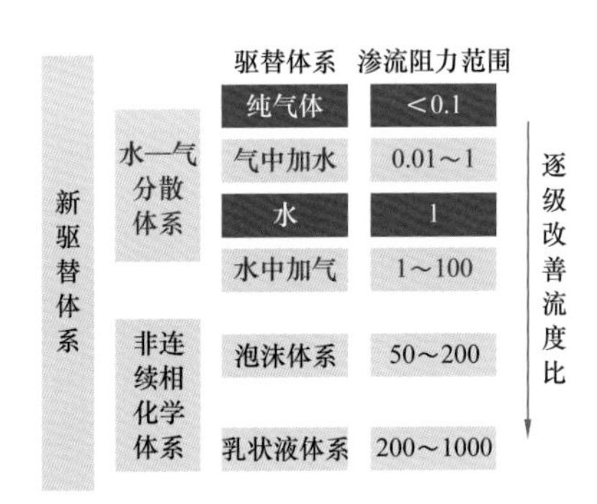

图 4–3–10　体系流动阻力调控范围

由上述分析可推断：若以水为载体加入一定量气体形成一种体系，既保证驱替流度比接近水驱油流度比，也能利用气体的易注入特性，实现该体系在低渗孔隙中的渗流能力，同时气体的膨胀性能使之具有一定范围的调控能力，称该体系为气水分散体系。

对于水驱开发的低渗透油藏而言，研发气水分散体系更具现实意义。

二、气水分散体系的生成方法

微气泡的形成是气液两相流的一种物理现象，微气泡的形成及微气泡的物理化学性质，已经被人们广泛地应用于动力、化工、采矿、核能、环境、石油、冶金、医学等领域。例如在钻井领域，微气泡钻井液可有效保护地层。在石油石化行业中，通过生成微气泡的方式将燃油粉碎成大量细小油滴，使汽油、柴油燃烧利用率大大增强。

微气泡制造大致有三种方法：溶气析出气泡、引气制造气泡和电解析出气泡。

1883 年 Bashforth 等人开始了气泡生成的研究。压力溶气析出气泡是 TakabaSlli 等人在 1979 年开始研究的，制造的微气泡直径在 20～120μm 之间，大小均匀，在水中停留时间长，但流程复杂，操作麻烦。引气制造气泡方法常用方式有剪切接触发泡、微孔发泡和射流发泡等 3 种。电解析出气泡是 1991 年 Ketkar 等人进行的研究，电解析出气泡直径在 20～60μm 之间，气泡较小，但运行费用高。

常压下的孔板喷射方法是简单易行的，孔板喷射法是引气制造气泡方法中的一种。即：使气体通过一定直径的孔眼，在孔眼的作用下，连续气体被分割成小的独立体，在液体环境中形成微气泡。

1. 孔板喷射法

装置是保证气泡生成以及对气泡性能进行分析的基础。实验装置的高压釜需满足油藏高温高压条件，本装置设计为最高温度 150℃，最高压力 70MPa。具有可视功能，便于观察研究。因为孔板类的喷射关键部件为孔板，其两端耐压差的能力与孔板喷射液滴（气泡）直径的大小相互影响，要求孔板辅助部件稳定。孔板在两端压力相同的条件下，理论上喷射状态不受温度、压力限制。

按照图 4-3-11 所示流程建设装置。

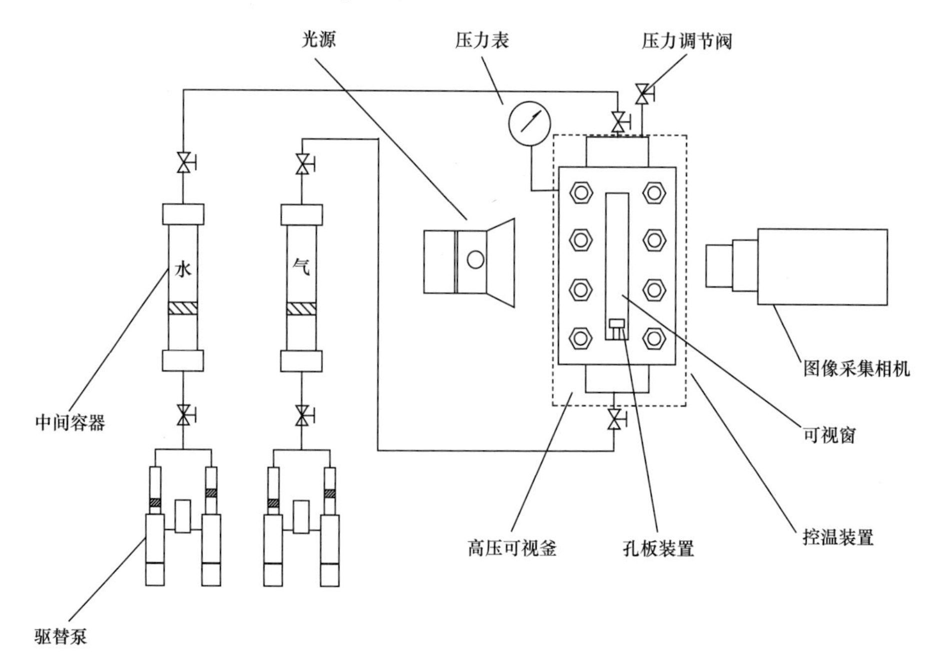

图 4-3-11　孔板喷射法生成微气泡流程

气水分散体系中气泡直径越小，气泡性能越优异，体系稳定性越强。

气体高速通过微孔，喷射出分散微气泡，示例如图 4-3-12 所示。图 4-3-12 中气泡放大 25 倍观察记录，最大气泡直径 30μm，小气泡直径 5～10μm。

为得到最优的孔板装置，以喷嘴为基础，持续开发测试了微米管、孔板、天然岩心片、陶瓷孔隙片、微米管束片、金属孔隙片等单孔、多孔类孔板。得到微管、喷嘴、孔板、孔隙介质等具有不同的成泡特点，测试结果为应用指导奠定基础。对各种类型的喷射法材料的优缺点总结见表 4-3-1。

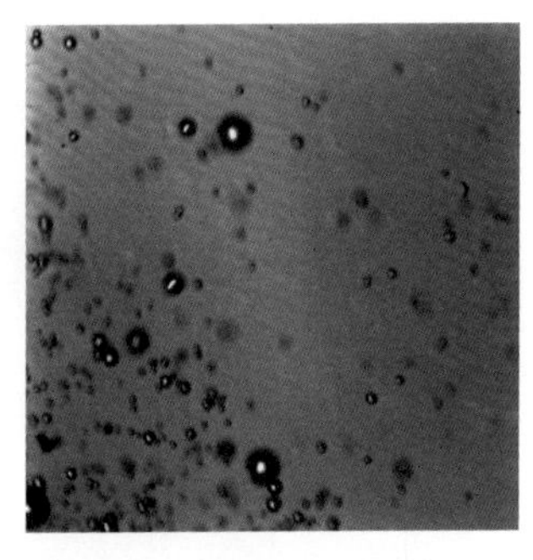

图 4-3-12 喷射的微气泡

表 4-3-1 喷射法不同材料的优缺点

类型	泡径 /μm	优点	缺点	备注
喷嘴型	10～250	压差小，生泡速度快	孔眼边缘薄，易变形，易堵塞	不适合油藏条件
孔板型	5～150	生泡速度快，抗压强	压差大，易堵塞	不适合油藏条件
孔隙介质型（天然岩石片、陶瓷孔隙片、普通过滤金属孔隙片）	50～500	压差小，生泡速度快，抗压强	泡径大，且均匀性差	无法应用
微米管型（微米管和微米管集束片）	20～500	孔径均匀	压差大，易堵塞	不适合油藏条件
金属孔隙片（特制）	20～120	压差小，泡径可控、生泡速度快，抗压强	泡径下降空间受限制	具有应用前景

2. 超声波振荡法

孔板喷射生成微气泡方法是利用孔眼对通过气体进行了“切割”，在水中产生微气泡。而利用超声波将气体“振荡打碎”生成气泡的方法，也能在水中产生微气泡，即超声波振荡法气水分散体系生成方法。

超声波振荡法生成的气泡喷射时显示出气泡泡径均匀、稳定、分散的特点。实验用超声波功率 5W，环形振荡片。在振荡一定时间后，停止振荡，观察气泡的静态特征。图 4-3-13 是不同放大倍数条件下的图像，图 4-3-13（a）和图 4-3-13（b）分别为 10 倍和 40 倍；图 4-3-13(c)～图 4-3-13(f) 放大倍数 80 倍，图 4-3-13(c) 和图 4-3-13(d) 为距离振动片较远的位置，图 4-3-13（e）和图 4-3-13（f）距离振动片较近。

图 4-3-13（a）显示整体气泡的浓度保持很好的均匀性；图 4-3-13（b）显示气泡良好的分散性，单独气泡界面清晰。图 4-3-13（c）～图 4-3-13（f）不仅可定量测量气泡泡径，也可以通过图片的拍摄间隔，计算气泡缓慢上浮的速度。

超声波振荡法可形成半径介于 1～10μm 区间的均匀气泡群，气泡上浮速度更低。以 CO_2—水在 50℃，10MPa 条件下的实验为例，计算得到的半径为 2.5μm 的气泡上浮速度仅为 1.5mm/s，如图 4-3-14 所示。

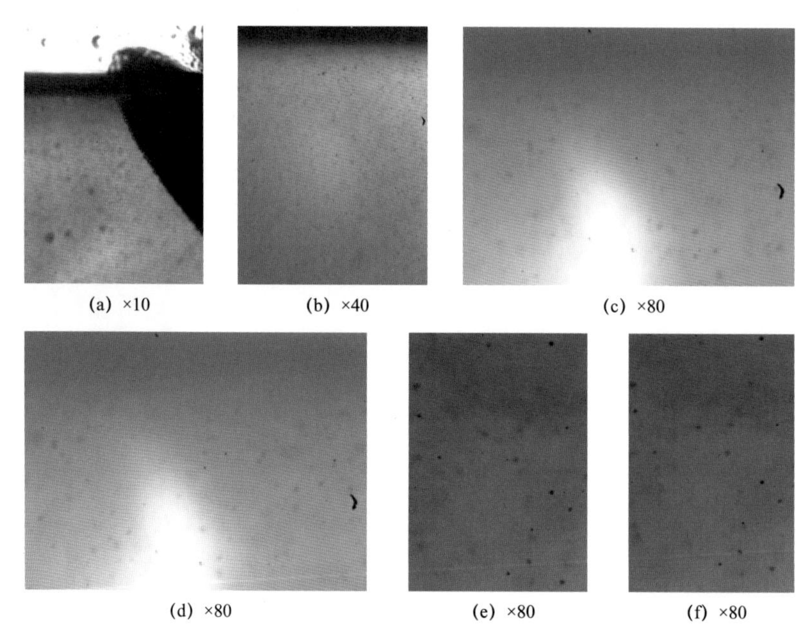

图 4-3-13　超声波振荡法生成气泡的静态特征

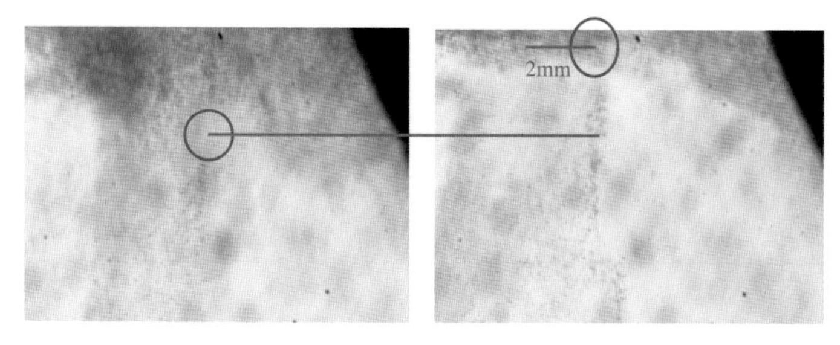

图 4-3-14　半径 2.5μm 的气泡上浮过程

三、气水分散体系提高采收率机理

气水分散体系微观实验对渗流及驱油机理取得基础认识，开展岩心驱替实验则可在宏观上认识气水微分散体系的驱油效果，为现场应用提供指导。

岩心驱替实验是油气田开发领域基础实验，其过程不在此赘述。气水分散体系岩心驱替实验分别采用了常规岩心和均质长岩心两类，岩石渗透率在 1～300mD 范围内。长岩心驱替实验的优势在于：相对于常规 10cm 岩心柱而言，长岩心模型在气驱实验中广泛应用，其能有效避免指进、窜流现象而导致的实验无效。气水分散体系中有大量微气泡存在，因而长岩心模型能反映出气水分散体系与原油的作用效果。

图 4-3-15 是实验中应用到的部分常规均质岩心，长度在 6～10cm 之间。图 4-3-15（a）中的渗透率范围在 10～100mD 之间；图 4-3-15（b）中的渗透率范围在 100～300mD 之间；图 4-3-15（c）中的渗透率范围在 1～10mD 之间。

选取了渗透率不同级别的天然露头岩心进行驱替实验。岩心和实验参数分别见表 4-3-2、表 4-3-3。

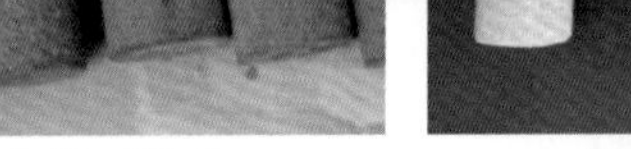

(a) 10～100mD

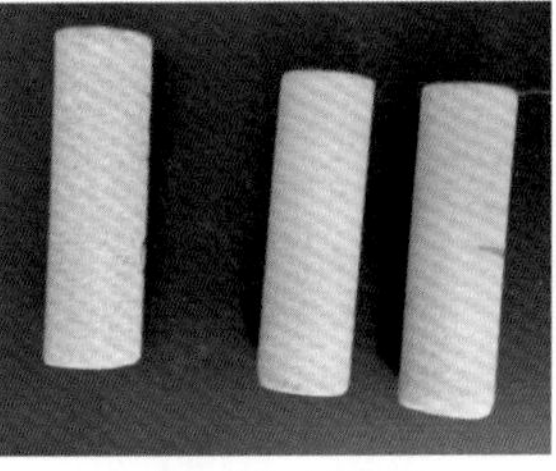

(b) 100～300mD

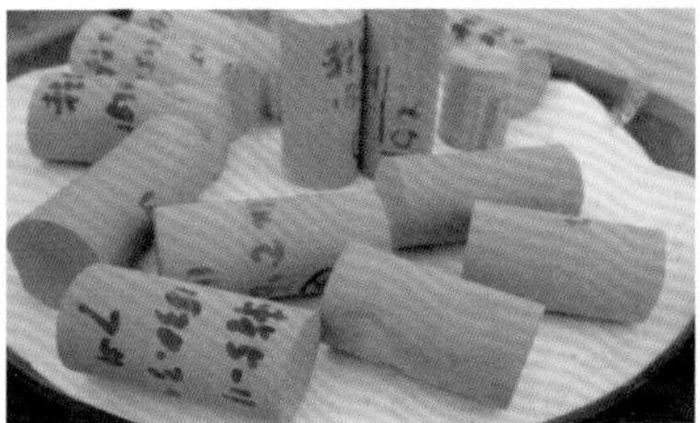

(c) 1～10mD

图 4-3-15　常规均质岩心

表 4-3-2　三个级别渗透率岩心的基础参数

露头岩心	长度 /cm	直径 /cm	气测渗透率 /mD	驱替介质
特低渗	9.86	2.51	0.8	N_2—水分散体系
	9.62	2.53	1.2	CO_2—水分散体系
低渗	10.06	2.53	21.4	N_2—水分散体系
	9.68	2.52	15.6	CO_2—水分散体系
中渗	10.03	2.50	190.0	N_2—水分散体系
	9.70	2.52	165.0	CO_2—水分散体系

表 4-3-3　实验基础参数

实验温度 /℃	50
实验压力（回压）/MPa	10
模拟油黏度 /（mPa·s）	4.36
盐水矿化度 /（mg/L）	20000

实验采用两种不同气体介质的气水分散体系，一种是孔板喷射法生成的气泡直径中心尺度为 40μm 的 N_2—水分散体系；另一种是超声波高频振荡法生成的气泡直径中心尺度为 10μm 的 CO_2—水分散体系。

在水驱结束后进行气水分散体系驱替，单组实验结果如图 4-3-16 至图 4-3-18 所示，各图中的采出程度和含水率曲线均表现出相同的规律。在 1PV 水驱结束后转入分散体系，通常在 1.2PV 显现效果，采出程度缓慢增加，含水率下降；之后的 0.3～0.4PV 是采出程度接近线性增加的过程，含水率则由快速降低至缓慢升高，这一阶段反映出气水分散体系的提高采收率作用。

综合实验结果见表 4-3-4。

由表 4-3-4 数据可得出以下认识。

（1）对 N_2—水分散体系而言，在低渗和中渗的地层条件中能显示出更好的优势，在水驱采出程度的基础上提高近 10 个百分点；

(a) N_2—水分散体系　　(b) CO_2—水分散体系

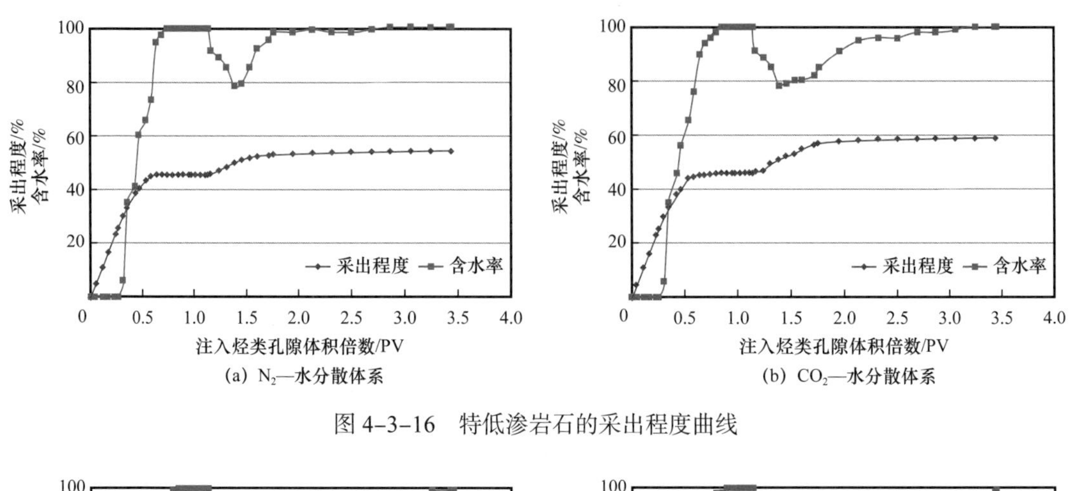

图 4-3-16　特低渗岩石的采出程度曲线

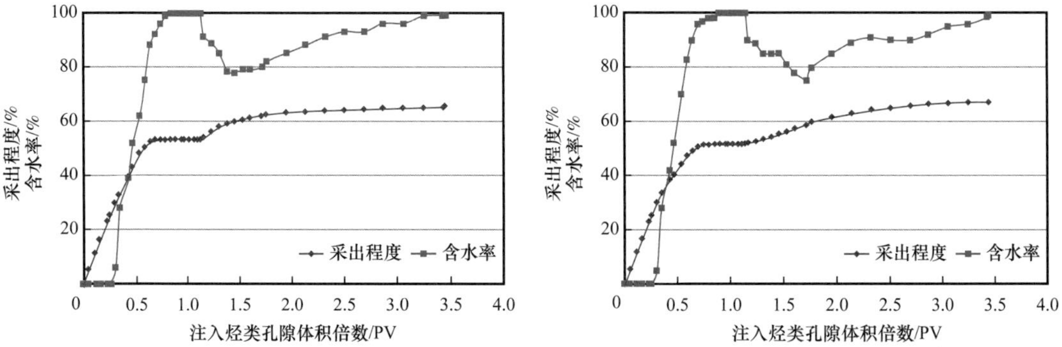

(a) N_2—水分散体系　　(b) CO_2—水分散体系

图 4-3-17　低渗岩石的采出程度曲线

(a) N_2—水分散体系　　(b) CO_2—水分散体系

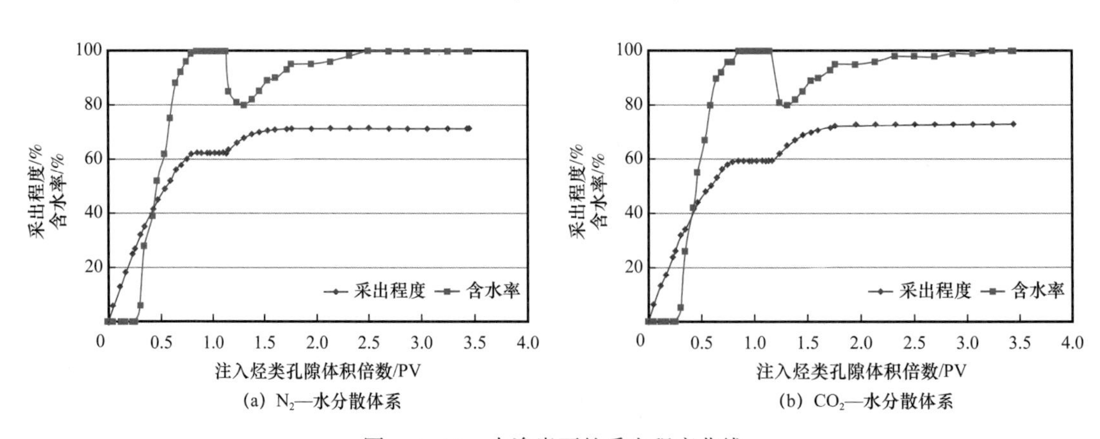

图 4-3-18　中渗岩石的采出程度曲线

（2）对 CO_2—水分散体系而言，在低渗地层条件中能显示出更好的优势；较高和更低的渗透率条件，其性能相对变差；整体上，在水驱采出程度的基础上提高了 10 个百分点以上；

（3）对比两个体系，在三个地层渗透率级别上，CO_2—水分散体系均优于 N_2—水分散体系，渗透率越低，效果越明显。

表 4-3-4 三个级别渗透率岩心的实验结果对比

露头岩心	气测渗透率 /mD	水驱采出程度 /%	分散体系采出程度 /%	提高采出程度 /%
特低渗	0.8	45.33	53.96	8.63
	1.2	46.20	58.79	12.59
低渗	21.4	53.20	65.30	12.10
	15.6	51.50	67.00	15.50
中渗	190.0	62.30	71.32	9.02
	165.0	59.30	72.87	13.57

均质长岩心为低渗级别的天然露头岩心，岩心基础参数见表 4-3-5。

表 4-3-5 均质长岩心的基础参数

露头岩心	长度 /cm	直径 /cm	气测渗透率 /mD
低渗	100	2.53	48.6

仍采用两种体系进行对比测试。实验基础参数与上述相同，注入端连接了分散体系生成装置。

单组实验结果如图 4-3-19、图 4-3-20 所示，两图中的采出程度和含水率曲线均表现出相同的规律。在 1PV 水驱结束后转入分散体系，通常在 1.5PV 显现效果，时间晚于短岩心的 1.2PV，采出程度缓慢增加，含水率下降；之后的 0.8PV 是采出程度接近线性增加的过程，该过程显著长于短岩心的驱替过程，接近其两倍，反映了长岩心独特的作用效果；此时含水率则由快速降低至缓慢升高，这一阶段反映出分散体系的提高采收率作用。

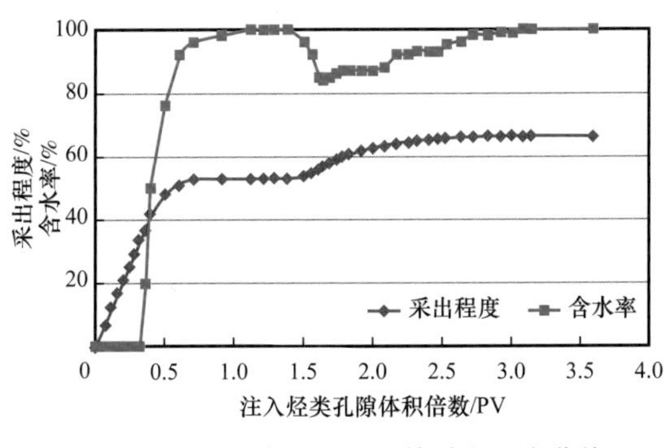

图 4-3-19 低渗长岩心驱替采出程度曲线（N_2—水分散体系）

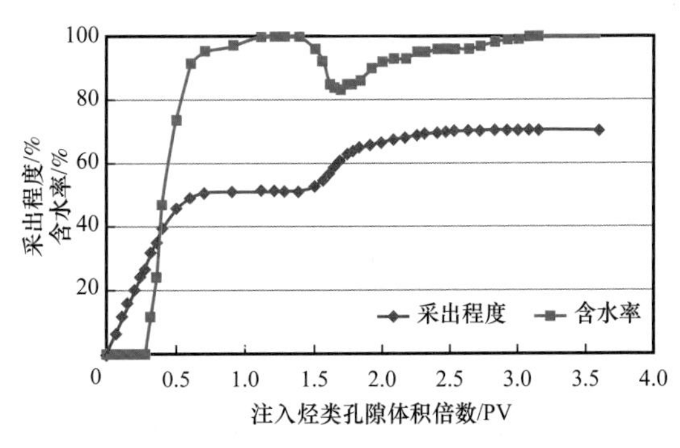

图 4-3-20 低渗长岩心驱替采出程度曲线（CO_2—水分散体系）

在驱替实验过程中，注入前分散体系的气泡浓度很高，产出端依旧保持了较高浓度，说明该体系在岩心孔隙内是稳定的，没有合并、破坏。N_2—水分散体系稳定性相对较弱，注入与产出状态均有气泡缓慢上浮，但属于动态稳定。

综合实验结果见表 4-3-6，由数据可得出以下认识。

（1）两个体系在水驱基础上均能大幅度提高采收率，提高了 10 个百分点以上；CO_2—水分散体系优于 N_2—水分散体系，提高值接近 20%。

（2）长岩心的驱替效果显示出其实验优势，岩心越长，体系在孔隙内的作用时间越长、驱油效果越好。分析认为：N_2—水分散体系中的气泡堆积作用扩大了波及体积，而 CO_2—水分散体系除扩大波及体积外，又因 CO_2 介质的特殊性能而提高驱油效率。

表 4-3-6 低渗均质长岩心的实验结果

露头岩心	气测渗透率 / mD	水驱采出程度 / %	分散体系采出程度 / %	提高采出程度 / %
低渗	48.6	53.00	66.40	13.40
	48.6	51.60	70.63	19.03

第四节 低渗油藏的新型化学驱油体系

以水基为基础的化学驱技术，即利用化学成分将水改造成“智能化水”是低渗油藏化学驱的重要探索方向。水由于其天然能量低、弹性开采递减迅速等优点，注水是油藏开发的必由之路。但是黏土矿物广泛存在于页岩储层中，黏土易发生水化膨胀或分散，造成矿物空隙的封堵，降低渗透率。黏土水化抑制剂可以有效抑制黏土的水化膨胀和分散。研制出一种抑制黏土的水化增厚、减小黏土矿物晶层间的静电斥力从而增大孔隙直径的功能分子体系对低渗油藏的开发起着至关重要的作用，也引起了很多科研工作者的兴趣。

黏土矿物是层状硅酸盐，主要含氧化硅、氧化铝、水以及少量铁、钾、钠、钙、镁、铝，其基本构造单元是硅氧四面体及四面体片和氧化铝八面体和八面体片。其基本构造单元硅氧四面体和铝氧八面体都存在不同程度的低价阳离子取代高价阳离子，从而使这些晶片带负电荷。黏土层结构中金属阳离子的同构取代引起了 90%～95% 的负电荷。当与水接触时，水可进入晶层内部，使可交换阳离子解离，在晶层表面建立扩散双电层，从而产生负电性。晶层间负电性互相排斥，引起层间距加大，表现出很大的膨胀性。

为了抑制黏土的水化现象，提高其渗透性，必须使用化学处理剂稳定地层中的黏土矿物，其中能防止黏土矿物膨胀的处理剂称为黏土水化抑制剂。适当的黏土水化抑制剂可以抑制黏土颗粒的水化膨胀，提高黏土的稳定性，防止储层的渗透性堵塞破坏。目前关于降低黏土矿物水合增厚的研究主要聚焦于利用功能分子对岩石表面及其孔隙单元进行化学修饰来中和固体夹层表面的负电荷，以减小晶体层间静电斥力、抑制晶体扩张，降低黏土—水膨胀、分散和相互作用。KCl 是抑制黏土水化膨胀的传统抑制剂。利用水化能力低的 K^+ 交换黏土上的 Na^+，降低黏土吸水后的层间距，从而达到防膨的目的。然而，大量无机盐的使用可能会导致污染环境等。

从寻找更加高效、环保以及低成本方面进行考虑，国内外专家们进行了大量胺类、丙烯酰胺类黏土水化抑制剂的研究。此外，随着新材料以及工艺水平的提高，天然产物、离子液体、深共晶溶剂、两性聚合物等也被用于黏土水化抑制剂的研究，为黏土水化抑制剂的发展提供了新思路。

经过多年技术攻关，取得了一系列成果。

（1）以认识低渗—超低渗油田采收率主控因素为目标，基于压力驱替系统动态演化的认识，提出低渗—超低渗油藏压力、流体相态及裂缝属性具有动态变化的特征，并对采收率具有重要影响。

（2）建立了储层油—水—岩石微观作用的系列评价方法，确定低渗油藏注水离子匹配原则，研制典型油藏注水体系，室内提高采收率 5%～15%。

（3）研制孔板法及超声振荡法分散体系生成装置，形成适合低渗油藏的气水分散体系提高采收率技术，室内非均质物理模型实验提高采收率超过 10%。

（4）设计合成了一系列适应于低渗—超低渗油藏的钠基为反离子的、低分子量、低黏度的化学剂驱油体系，该体系在较低浓度下有效调节岩石矿物表面的电荷分布。

第五章　超低渗油藏改善水平井开发效果关键技术

围绕如何改善超低渗油藏水平井开发效果的目标，通过开展华庆长6、马岭长8超低渗储层单砂体构型模式、天然裂缝定量预测、不同砂体构型中天然裂缝及体积压裂人工缝的耦合模式和缝网压裂下的水平井开发特征等地质、油藏工程方面的基础研究，创新形成超低渗油藏水平井有效补充能量技术，为“十三五”末期长庆油田原油产量持续稳产提供技术支撑。通过攻关，建立超低渗油藏单砂体构型模式，形成超低渗储层天然裂缝定量预测新方法，形成不同砂体构型中体积压裂缝网描述新方法，发展完善超低渗油藏水平井有效能量补充新技术。

第一节　超低渗油藏单砂体精细表征技术

根据研究目的的不同，单砂体的定义也存在一定差异，比如单砂体可定义为单一微相砂体，也有人认为单砂体为单一连通砂体等（周守信等，2003）。针对满足超低渗透油藏进一步规模推广水平井提高单井产量的需求，将单砂体定义为单一超短期旋回（单层）形成的、内部连通的、周缘具有较连续渗流屏障或部分砂—砂接触界面的砂体。最大规模的单砂体为单一主体微相及具有成因联系的多个小规模微相单元组成的砂体，比如单一河口坝砂体及河口坝顶部发育的河道砂体及溢岸砂体的组合为一成因上有联系的多个微相单元组成的砂体，若其内部不发育连续的隔夹层，可看作一个单砂体。当主体微相内部不发育连续渗流屏障（隔夹层）时，单砂体为单一主体微相及具有成因联系的多个小规模微相单元组成的砂体，单砂体内部包括多个部分连通单元；当主体微相内部发育连续隔夹层时，单砂体为相邻连续隔夹层所限定的主体微相内部的增生体，单砂体的精细表征对于水平井提高油层钻遇率及注采井网优化具有重要意义。

一、单砂体叠置模式

鄂尔多斯盆地陇东地区主要发育三角洲沉积体系。其中，华庆油田长6油组发育朵状三角洲，马岭油田长8油组发育鸟足状三角洲，两类不同的沉积体系间砂体成因类型及特征略有差异，对单砂体的叠置模式有一定控制作用。

1. 单砂体研究思路与方法

研究区内井资料丰富，直井井距介于200～1400m之间，平均井距约为500m，水平井井轨迹沿垂直物源方向分布，水平段长度约为600m，且标准曲线齐全。因此利用水平井区井网资料，确定单砂体分布特征。单砂体精细解剖主要包括垂向分期与侧向划界。

1）垂向分期

垂向上识别不同期次的砂体是单砂体研究的基础。只有在识别出单期砂体后，才能通过平剖互动研究进一步确定沉积微相分布特征、砂体叠置样式。针对本研究区，利用垂向韵律组合、砂体顶面高程差异以及有无连续细粒沉积分布等依据确定砂体的垂向期次，划分单期砂体。

（1）垂向韵律组合。单期河—坝砂体为反正韵律组合。若小层内部垂向上存在多期完整的韵律砂体，说明小层内部砂体形成于多个时期，两期韵律的分界，即为不同期砂体的界线（图 5-1-1）。

（2）砂体顶面高程差异。两个砂体顶面存在高程差，说明形成砂体的时期不一致，因此，当两口邻井的砂体顶面出现高程差时，可以作为判断砂体归属期次不同的标志（图 5-1-1）。

（3）连续细粒沉积分布。两期砂体之间可发育较连续分布的细粒沉积，可以作为判断砂体归属期次不同的标志（图 5-1-1）。

2）侧向划界

在对单井识别各成因砂体类型及剖面上合理配置组合单砂体的基础上，总结出研究区主要有以下 3 种边界识别的标志，即间湾泥岩、坝缘和溢岸。以此作为侧向上划分单砂体边界的依据。

（1）间湾泥岩出现。从三角洲沉积模式上来看，间湾泥岩意味着单一水下分流河道—河口坝砂体的外侧，即存在单一分流河道—河口坝复合体的边界。

（2）坝缘微相出现。可以通过坝缘微相来识别河口坝的边部，坝缘平面表现为环带状绕坝主体分布特征。按照本研究区的模式，坝缘即是河口坝砂体的最边缘。因此，可以作为判断侧向边界的标志。

（3）溢岸砂体出现。天然堤多存在于坝边缘之上，因此靠近砂体边缘的溢岸沉积（不考虑孤立砂体）可作为侧向边界的标志。在已有侧向划界依据的基础上，采用小井距控制、水平井辅助分析的方法互动分析，确保边界的可靠性。

① 小井距控制。通过密井网区单层平面图与剖面的互动分析，结合侧向划界的依据，以小井距控制砂体侧相边界（图 5-1-2）。

② 水平井控制。在水平井区，水平井水平段出现砂泥交界的位置可能为单砂体边界，用此方法确定单砂体边界可靠度较高。当水平井钻遇厚度较大的泥岩段时，可认为该泥岩是单砂体间的间湾泥岩，即单砂体的边界（图 5-1-3）。

2. 单砂体分布样式与叠置模式

当主体微相内部渗流屏障（隔夹层）连续性不同时，单砂体的规模随之改变。因此，为明确单砂体的规模及其分布样式，需开展主体微相内部隔夹层分布特征研究。

1）隔夹层分布特征

陇东地区主要发育泥质和钙质两种类型的隔夹层，下面分别进行阐述。

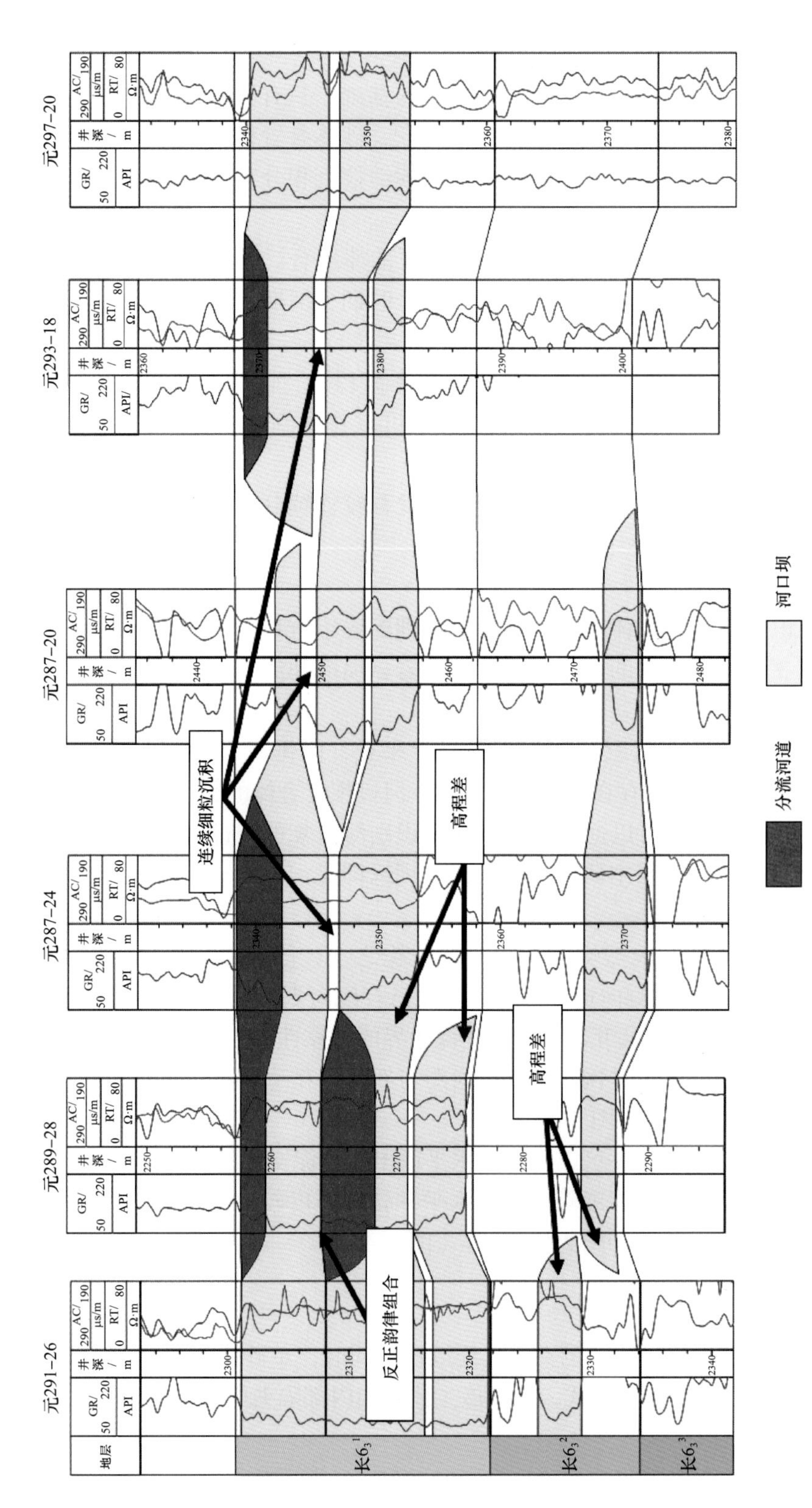

图 5-1-1 小层内部垂向期次划分

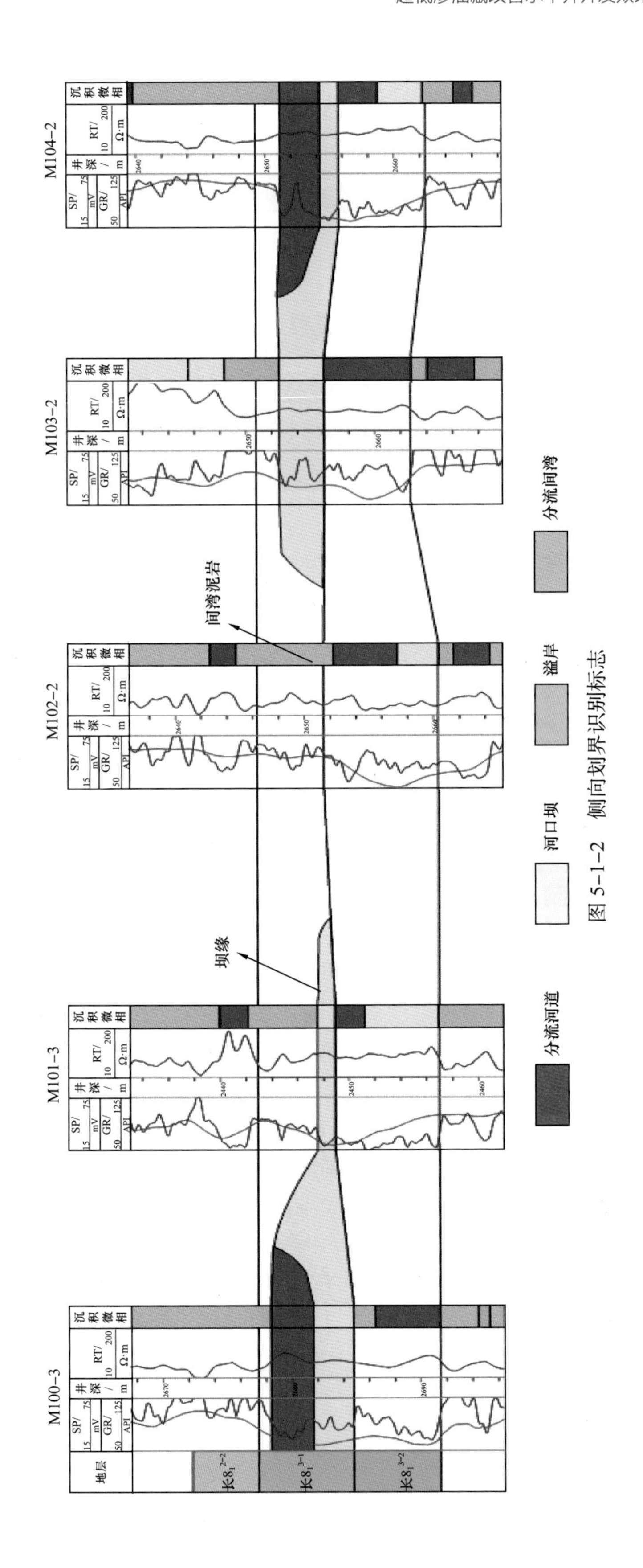

图 5-1-2 侧向划界识别标志

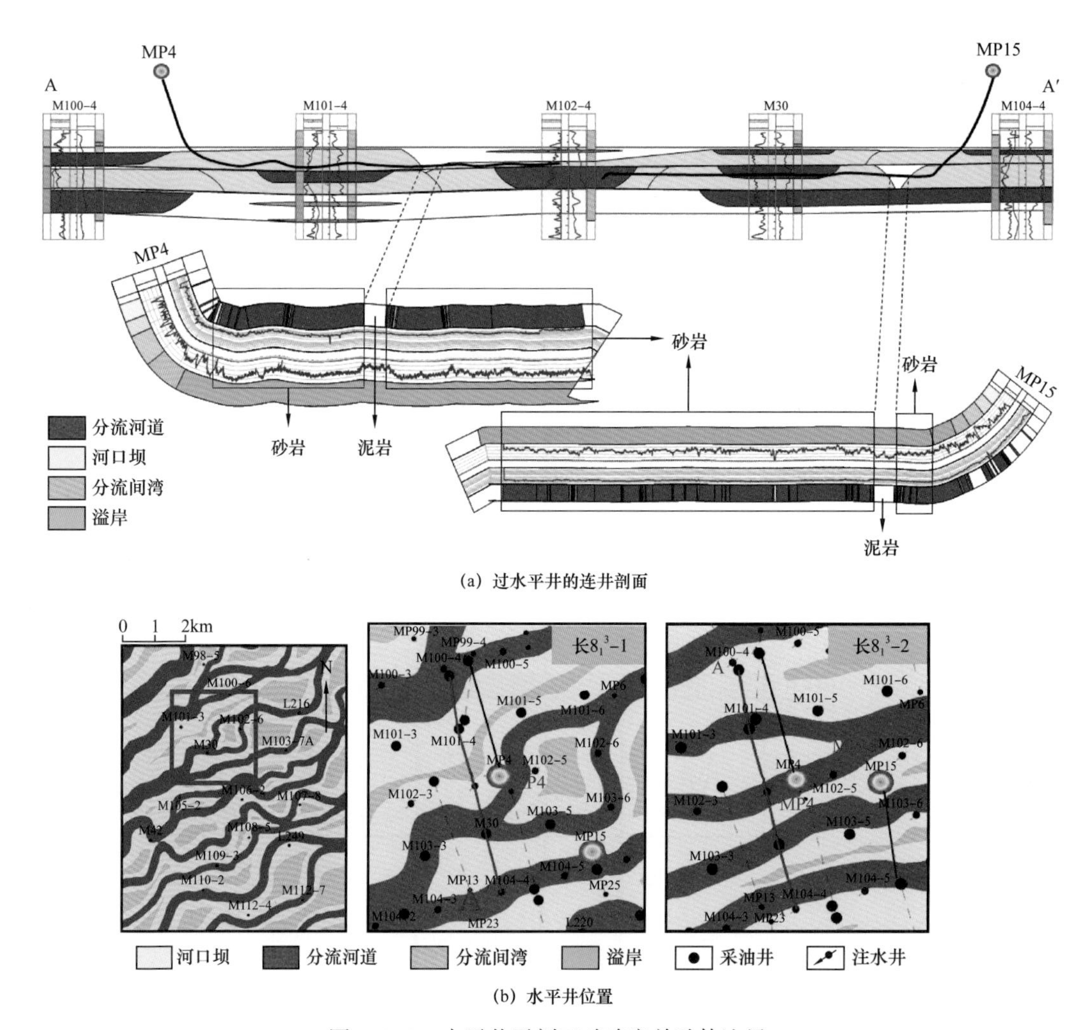

(a) 过水平井的连井剖面

(b) 水平井位置

图 5-1-3 水平井平剖互动确定单砂体边界

（1）泥质隔夹层。

① 单层砂体间泥质隔层分布。研究区单层砂体间一般都发育薄层泥质岩隔层，为垂向上隔挡两个连通体的屏障。由于不同单层间的泥岩发育程度不同，泥质隔层的连续性也有一定差异。在分流河道砂体中部，单层河道下切可导致隔层不发育。

马岭地区长 8_1^{3-2} 与长 8_1^{3-3} 单层之间的泥质隔层较为发育，平面较连片（图 5-1-4）；长 8_1^{3-1} 与长 8_1^{3-2} 单层之间砂体垂向上接触频率高，泥质隔层发育程度较低，平面上呈离散透镜状分布（图 5-1-5）。

华庆地区长 6_3^{1-1} 与长 6_3^{1-2} 单层之间和长 6_3^{1-2} 与长 6_3^{1-3} 的泥质隔层都较为发育，平面较连片（图 5-1-6、图 5-1-7），长 6_3^{1-1} 与长 6_3^{1-2} 单层之间的泥质隔层要较长 6_3^{1-2} 与长 6_3^{1-3} 单层之间的泥质隔层发育程度更高。沿物源至盆地中心方向，泥质隔层的发育程度逐渐增大，厚度逐渐增大。

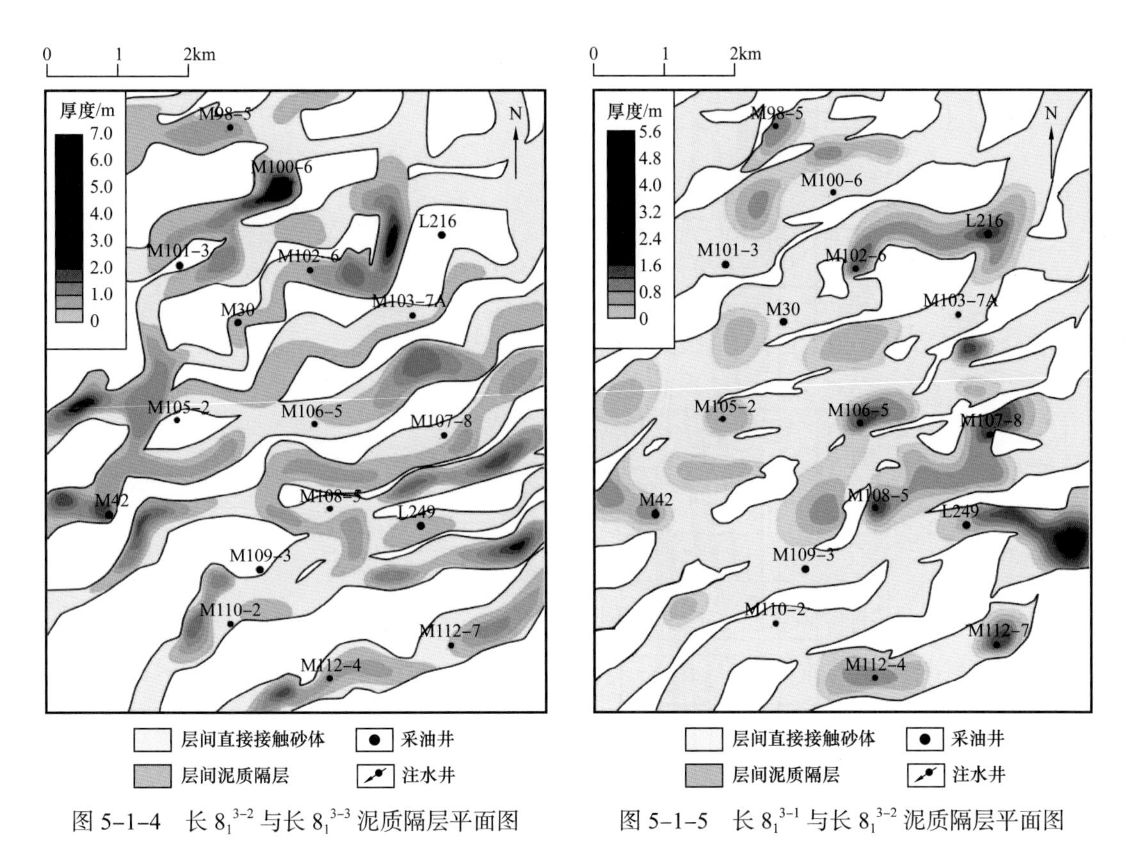

图 5-1-4　长 8_1^{3-2} 与长 8_1^{3-3} 泥质隔层平面图　　图 5-1-5　长 8_1^{3-1} 与长 8_1^{3-2} 泥质隔层平面图

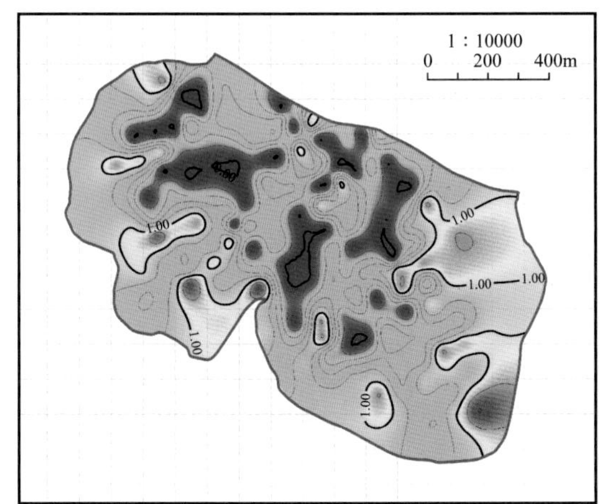

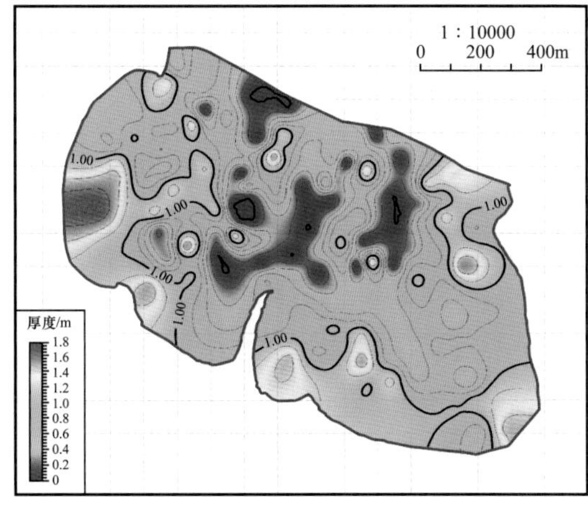

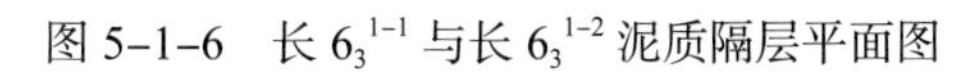

图 5-1-6　长 6_3^{1-1} 与长 6_3^{1-2} 泥质隔层平面图　　图 5-1-7　长 6_3^{1-2} 与长 6_3^{1-3} 泥质隔层平面图

② 单层内砂体泥质侧向隔挡体分布。侧向隔挡体为侧向上隔挡两个连通体的屏障，研究区单层内分流河道分叉后，两个单砂体之间会形成侧向的泥岩隔挡体。分析表明马岭地区鸟足状三角洲侧向隔挡体主要呈条带状和透镜状 2 种分布样式，宽度变化较大，介于 100～2000m 之间（图 5-1-8）。

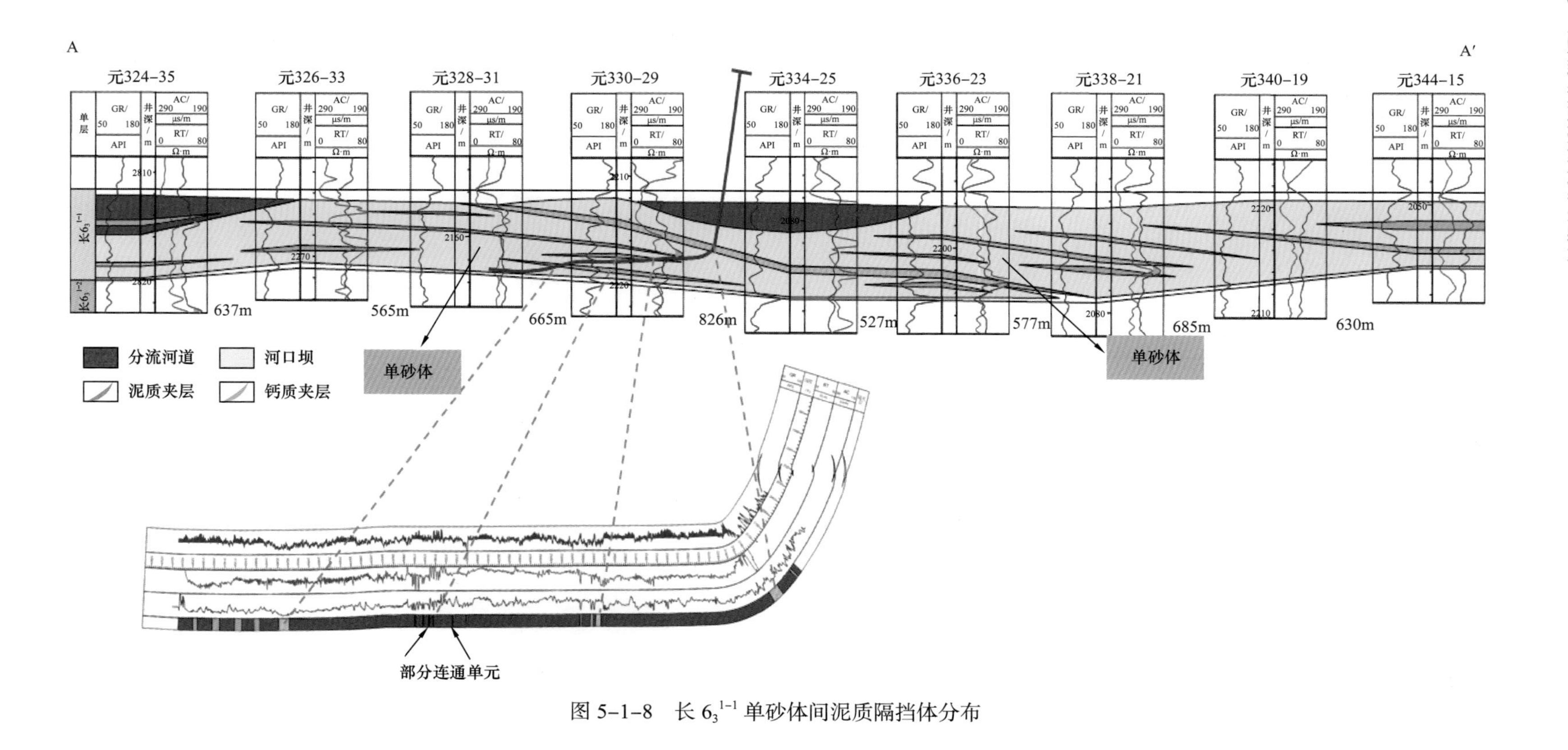

图 5-1-8 长 6_3^{1-1} 单砂体间泥质隔挡体分布

华庆地区朵状三角洲砂体发育程度高，连片分布，侧向隔挡体位于主体河口坝砂体间，倾向朝向朵叶体发育方向，倾角为0.3°～0.4°，直井单井厚度为1～2m，延伸长度介于500～1500m。

③ 砂体内部泥质夹层分布。砂体内部的泥质夹层一般为沉积成因的产物，是由于水动力减弱，细的悬移质沉积而形成的。按照成因，可将研究区砂体内部的泥质夹层分为两种类型，即分流河道内的泥质侧积层和河口坝内的泥质前积层。

马岭地区鸟足状三角洲分流河道内部的泥质侧积层平面上位于河道凹岸处，呈弯月状分布。沿砂体长轴方向，泥质侧积层倾角约为0.76°，倾向为凹岸方向，末端一般止于距河道底部约1/3处，直井上单井厚度介于2～5m之间（图5-1-9）；沿砂体短轴方向，泥质侧积层呈水平状断续分布。河口坝内部泥质夹层连续性较差，呈离散分布，由于井资料限制，难以确定其分布样式及定量规模。

华庆地区朵状三角洲由于分流河道发育较少，泥质夹层垂向加积形成在次级分流河道砂体内部，单个河道砂体可形成0～2期泥质夹层，连续性较差，延伸距离介于500～800m之间。河口坝内部泥质夹层呈前积式、单个朵叶体内可发育4～6期前积泥质夹层，连续性较差，直井单井厚度介于0.2～0.5m之间，倾角为0.3°～0.4°，顺朵叶体发育方向延伸，延伸长度介于500～3000m之间（图5-1-10），切朵叶体发育方向呈弱上拱型，延伸长度小于500m。

（2）钙质夹层。钙质夹层是在砂体沉积后经过碳酸盐胶结而形成的致密砂岩，为成岩作用的产物。钙质胶结砂岩多位于河口坝顶部、中上部及河道底部，少量发育于河口坝中下部及河道内部。水平井钻遇的钙质夹层多离散分布，连续性较差，由于井资料限制，难以确定其在砂体内部的分布样式及定量规模。

2）*单砂体分布样式与叠置方式*

研究区内，由于分流河道内部泥质侧积层仅延伸至砂体中下部，或垂向加积泥质层发育不连续，河口坝内部泥质前积层保存不完整，主体微相内部钙质夹层连续性差，主体微相砂体内部无连续隔挡，因此研究区单砂体类型为主体分流河道砂体与主体河口坝砂体（图5-1-11）。

（1）鸟足状三角洲单砂体分布样式与叠置方式。

① 单砂体分布样式。主体分流河道砂体仅分布在长8_1^{3-3}单层靠近南西物源方向的三角洲下平原处，沿远离物源方向逐渐过渡为主体河口坝砂体。该类型单砂体在平面上呈条带状，剖面上呈顶平底凸状，侧向上一般与间湾泥岩直接接触，局部发育溢岸沉积（图5-1-12）。

主体河口坝砂体在长8_1^{3-1}、长8_1^{3-2}、长8_1^{3-3}三个单层中均有发育。该类型单砂体在平面上呈条带状，分流河道位于砂体条带中心或靠近边部，剖面上呈底平顶凸状，次级分流河道位于坝体上部或切穿坝体。向湖盆方向，河道下切能力逐渐减弱，河口坝逐渐增多（图5-1-13）。

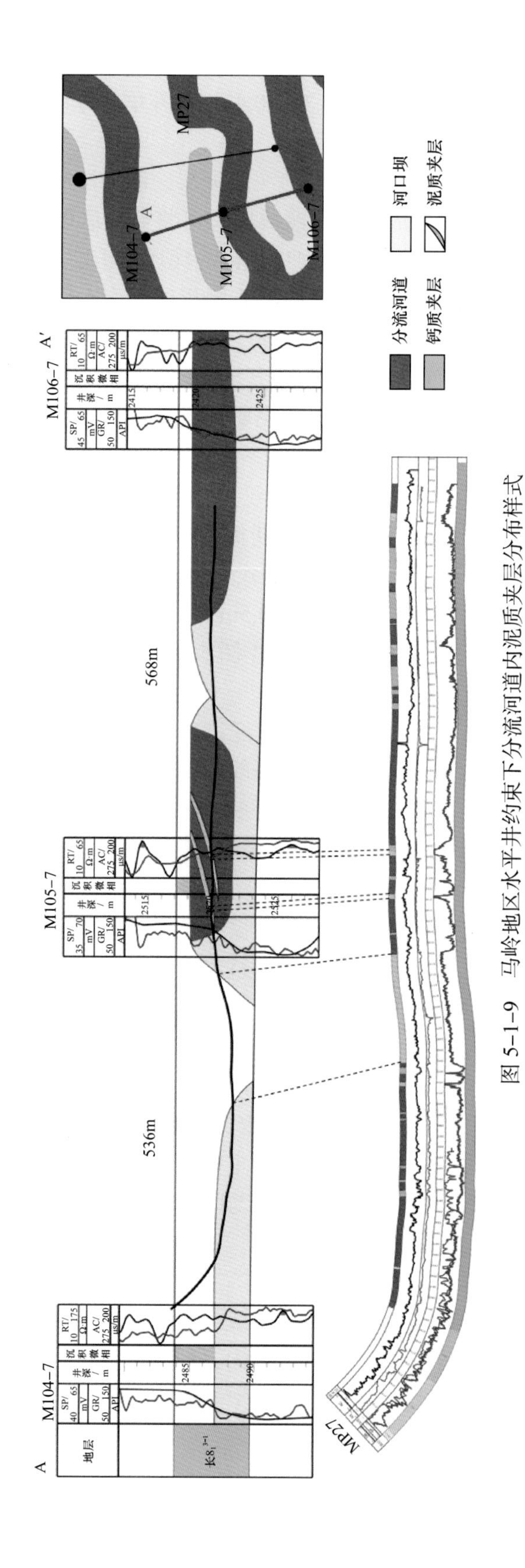

图 5-1-9 马岭地区水平井约束下分流河道内泥质夹层分布样式

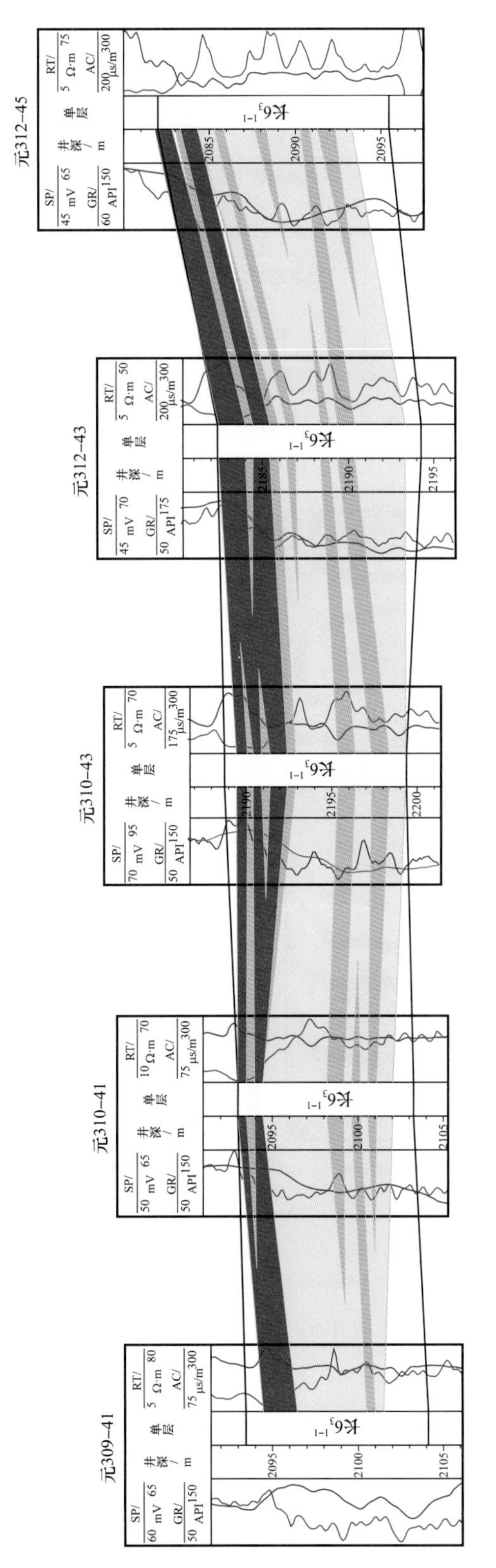

图 5-1-10　华庆地区顺朵叶体发育方向泥质夹层分布样式

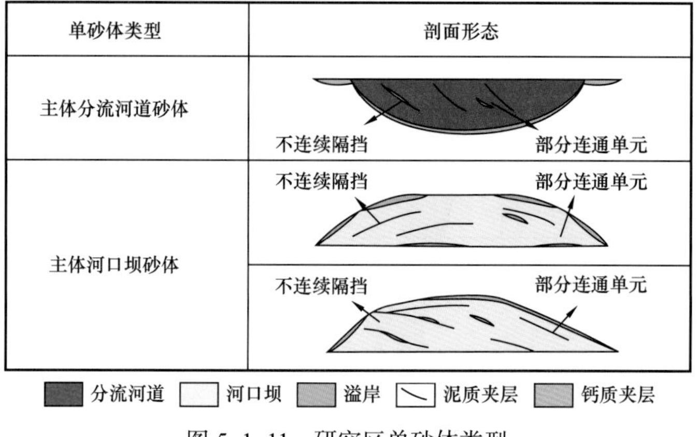

图 5-1-11 研究区单砂体类型

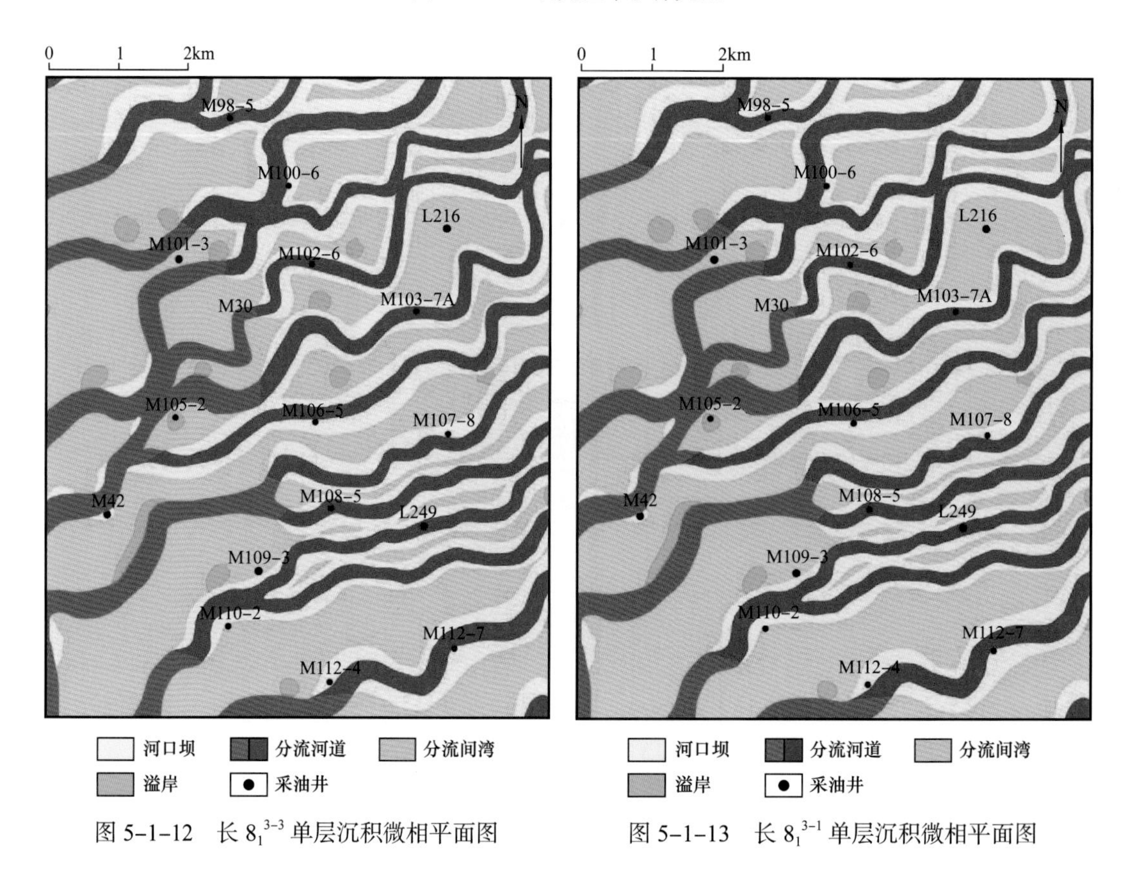

图 5-1-12 长 8_1^{3-3} 单层沉积微相平面图

图 5-1-13 长 8_1^{3-1} 单层沉积微相平面图

② 单砂体叠置方式。本次研究从单砂体的垂向叠置和侧向拼接两方面阐述单砂体的连通样式。

a. 垂向叠置关系。不同期次的砂体垂向上组合可形成不同类型的砂体垂向叠置样式。研究区单砂体的垂向叠置样式可划分为 3 类：分离型、叠加型和切叠型。分离型为垂向上砂体之间存在泥岩隔挡，主要是分流间湾的泥岩沉积，导致砂体之间垂向不连通。叠加型为垂向上多期单砂体叠加，多期砂体之间以溢岸泥质粉砂岩相接触，砂体一般连通，但连通性较差。切叠型为后期的河道下切能力较强，下切至先期的单砂体，导致垂向上两期砂体连通。由于不同期河道侧向迁移摆动，因此单砂体间也可斜向叠置。按照成因，砂体叠置样式又可划分为主体河口坝型与主体分流河道型叠置与主体河口坝型与主体河口坝型叠置（表 5-1-1、图 5-1-14）。

表 5-1-1 单砂体的 12 种垂向叠置样式

单砂体叠置组合	叠置方式	分离型	叠加型	切叠型
主体河口坝与主体分流河道叠置	垂向叠置	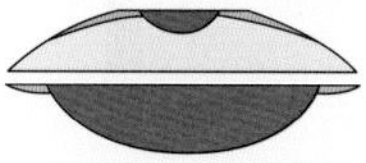	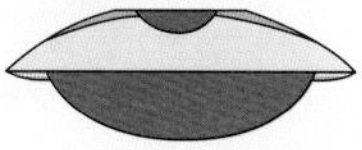	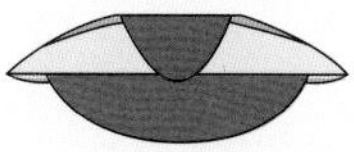
	斜向叠置	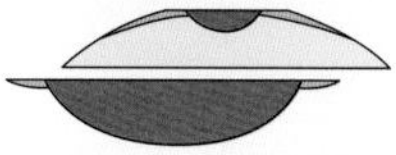	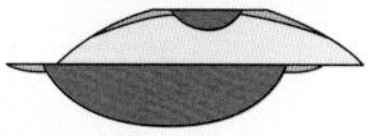	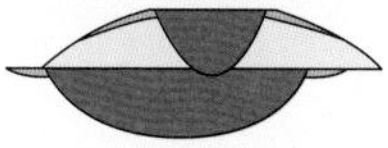
主体河口坝与主体河口坝叠置	垂向叠置	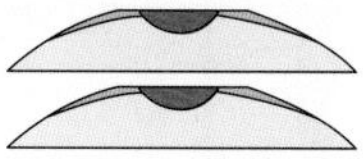	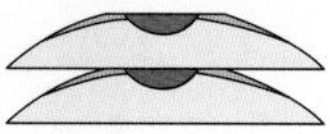	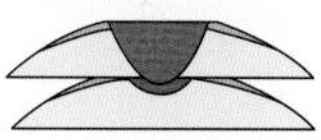
	斜向叠置	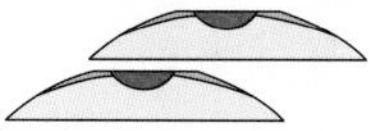	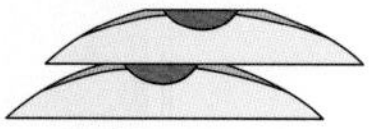	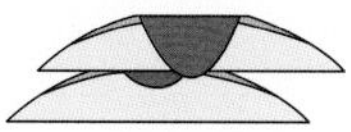

b. 侧向接触关系。在同一时期，可能有多个分流河道同时向湖盆内输送沉积物，同时分流河道也有可能分流形成两支次一级的分流河道。这两种情况导致不同支砂体在平面上形成不同的接触关系。根据研究区单层解剖成果，认为单砂体存在 3 种侧向接触类型，为离散分支型、单支分叉—合并型及交织条带型。

离散分支型：只发育一条主支，不分叉，分流河道相对稳定。两侧为分流间湾泥岩隔挡体，隔挡体呈条带状。

单支分叉—合并型：主条带分叉为两枝支条带砂体，或者两枝支条带砂体合并为一支主条带砂体，两个支条带砂体之间为分流间湾泥岩隔挡体，隔挡体多呈透镜状。研究区为浅水三角洲下平原—前缘沉积环境，由于湖盆坡度较缓，重力及惯性力作为砂体向前运移的动力较小，底床摩擦力较大，导致次级分流河道易分叉，因此单支分叉—合并型侧向接触样式在研究区普遍发育。

交织条带型：多个条带砂体交织呈网状，分流间湾泥岩隔挡体呈透镜状。

（2）朵状三角洲单砂体分布样式。

① 单砂体几何形态。平面上单一朵叶体近端略窄，远端略宽，呈朵状或扇形；靠近物源处朵叶体上部发育分流水道，呈条带状分布，沿顺物源方向不断树形分叉（图 5-1-15）。

剖面上单一朵叶体呈“底平顶凸”上拱式形态，中间厚两边薄，靠近物源处分流水道呈“顶平底凸”形态，下切下部河口坝砂体，由于河道下切能力较弱，一般不会切穿河口坝砂体。顺物源方向河口坝砂体呈前积叠置，单砂体之间局部发育泥质侧向隔挡体。

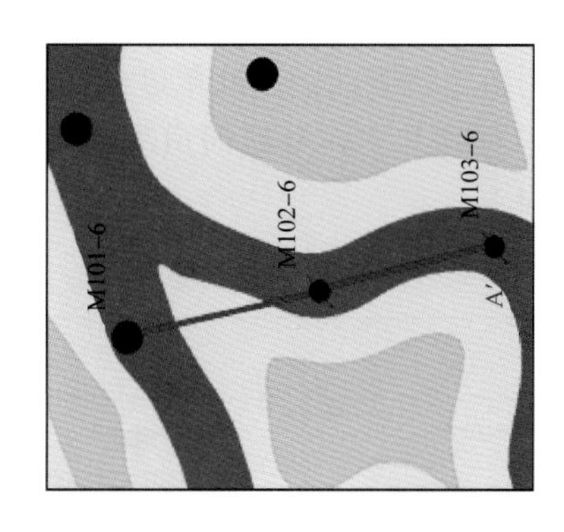

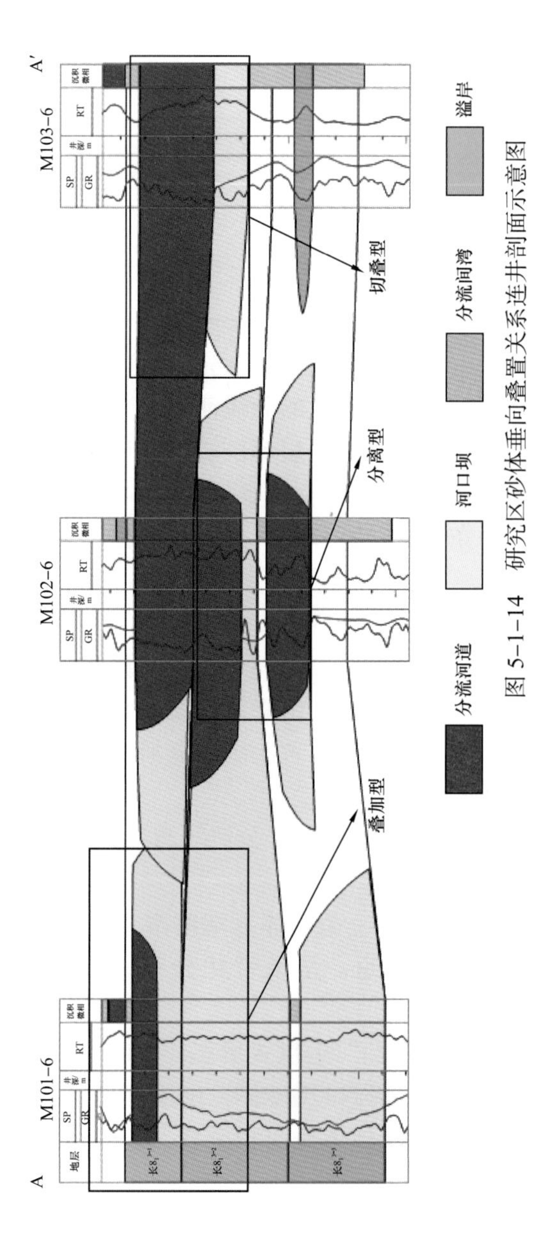

图 5-1-14 研究区砂体垂向叠置关系连井剖面示意图

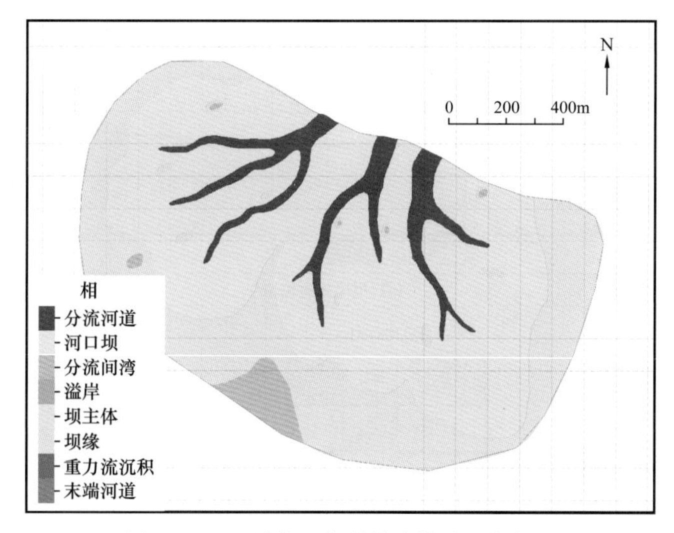

图 5-1-15 朵状三角洲单砂体平面分布图

② 单砂体叠置方式。

a. 垂向叠置关系。华庆单砂体的垂向叠置样式可划分为两类：分离型与叠加型。分离型为垂向上砂体之间存在泥岩隔挡，砂体之间垂向不连通。叠加型为垂向上多期单砂体叠加，砂体之间以泥质粉砂岩相接触，砂体连通性较差。华庆地区分流河道下切能力弱，不存在切叠型接触关系。按照成因，砂体叠置样式又可划分为单一河口坝与单一河口坝叠置、主体河口坝与主体河口坝叠置（表 5-1-2）。

表 5-1-2 单砂体垂向叠置样式

单砂体叠置组合	分离型	叠加型
单一河口坝与 单一河口坝叠置		
主体河口坝与 主体河口坝叠置		

b. 侧向接触关系。在同一时期，可能有多个分流河道同时向湖盆内输送沉积物，不同的分流河道携带的沉积物在前端卸载形成的河口坝砂体在平面上形成不同的接触关系。根据研究区单层解剖成果，华庆地区单砂体存在 3 种侧向接触类型，为坝主体拼接型、坝缘拼接型及泥岩分隔型（表 5-1-3、图 5-1-16）。

表 5-1-3 单砂体侧向接触样式

单砂体侧向组合	坝主体拼接型	坝缘拼接型	泥岩分隔型
单一河口坝与单一 河口坝拼接			
主体河口坝与主体 河口坝拼接			

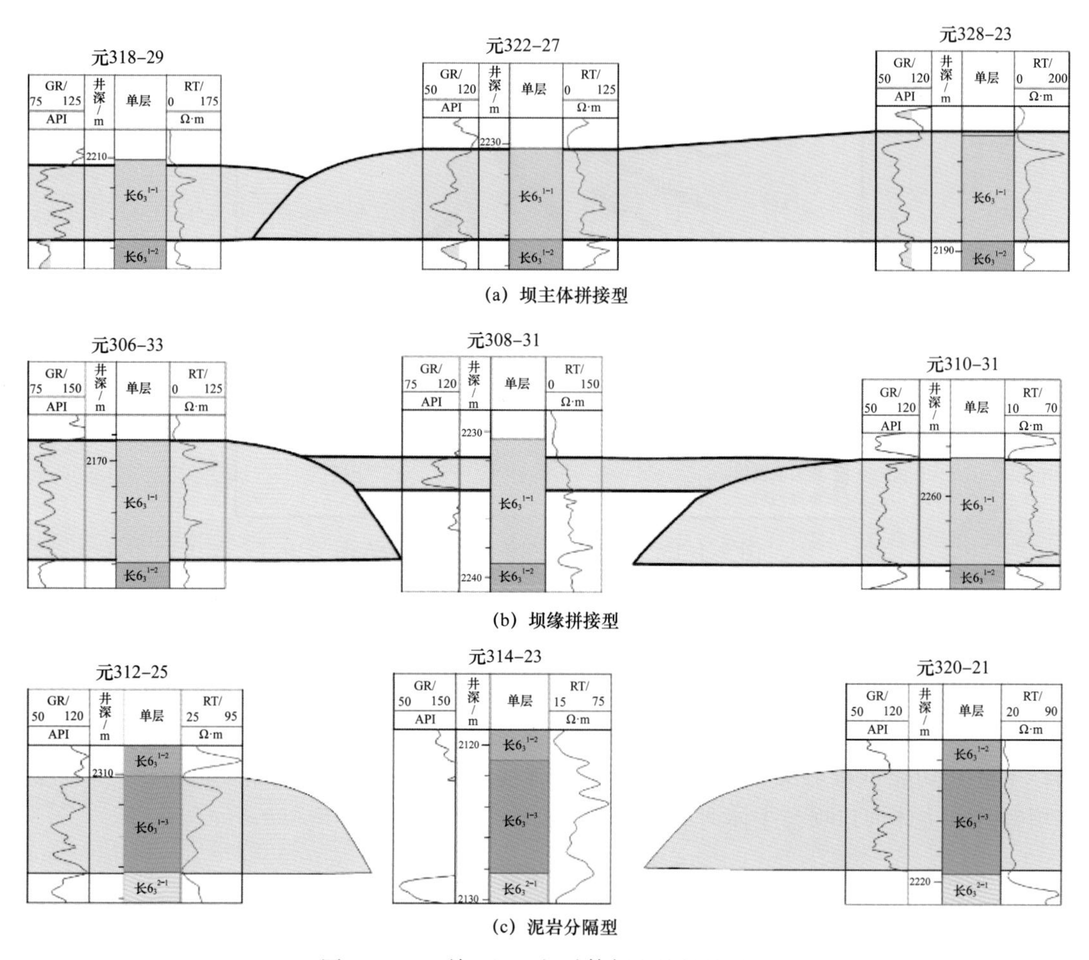

图 5-1-16 单一河口坝砂体侧向接触关系图

坝主体拼接型：分流河道规模较大，物源供给充足，沉积物集中卸载，河口坝砂体之间以坝主体相接触，单砂体之间连通性好。

坝缘拼接型：分流河道规模不大，物源供给一般，沉积物卸载较为分散，河口坝砂体之间以坝缘相接触，单砂体之间弱连通。

泥岩分隔型：分流河道规模小，物源供给不充分，沉积物分散卸载，河口坝砂体之间以泥岩分隔，单砂体之间不连通。

二、单砂体参数分布频率

1. 鸟足状三角洲单砂体定量规模

由于马岭地区发育的两种类型单砂体的成因不同，因此其规模也存在差异。其中主体分流河道砂体厚度介于 3.6～6.8m 之间，平均厚度为 4.53m，单砂体宽度介于 261～382m 之间，平均宽度约为 319.3m。研究表明，研究区主体分流河道砂体宽度与厚度之间存在明显的线性正相关关系（图 5-1-17）。

不同单层间主体河口坝砂体规模存在差异，其中长 8_1^{3-1} 单层主体河口坝砂体厚度介于 3～7.2m 之间，平均厚度约为 4.38m，宽度介于 393～700m 之间，平均宽度约为 580m；长 8_1^{3-2} 单层主体河口坝砂体厚度介于 3.9～11m 之间，平均厚度约为 6.2m，宽度介于 426～819m 之间，平均宽度约为 640m；长 8_1^{3-3} 单层主体河口坝砂体厚度介于 2.5～9m 之间，平均厚度约为 4.19m，宽度介于 372～680m 之间，平均宽度约为 465m。长 8_1^{3-3} 单层砂体规模明显小于长 8_1^{3-1} 单层和长 8_1^{3-2} 单层，表明砂体发育程度相对较低。根据宽度、厚度数据做出的散点图研究二者的相关关系，分析认为砂体宽度与厚度呈线性正相关关系，相关系数达 0.86（图 5–1–18）。

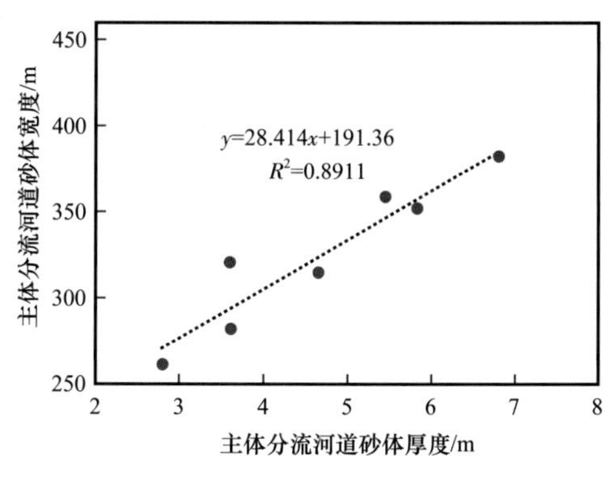

图 5–1–17　主体分流河道砂体宽度与厚度关系

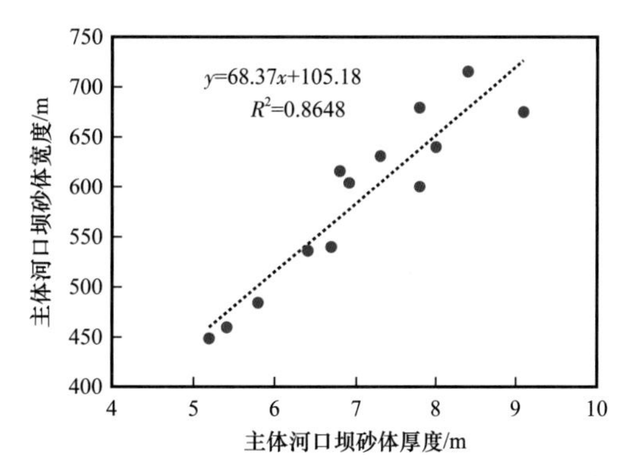

图 5–1–18　主体河口坝砂体厚度与宽度关系

2. 朵状三角洲单砂体定量规模

根据单一朵叶体解剖结果，统计各单一朵叶体平均宽度、厚度数据（表 5–2–4）。从统计结果可以看出，单一朵叶体厚度为 5.0～7.0m，平均厚度约为 5.84m；宽度为 950～2800m，平均宽度约为 1850m；宽厚比为 294～330，平均约为 315。分流河道砂体位于单一朵叶体顶部，宽度介于 150～600m 之间。

表 5–1–4　各单层单一河口坝砂体厚度与宽度统计表

单层	宽度 /m		厚度 /m		宽厚比	
	分布范围	平均值	分布范围	平均值	分布范围	平均值
长 6_3^{1-1}	1686～2760	2082	5.6～8.5	7.0	238～325	294
长 6_3^{1-2}	1440～2533	1987	5.3～7.9	6.5	271～321	303
长 6_3^{1-3}	1428～2196	1750	4.2～7.8	5.5	282～342	319
长 6_3^{2-1}	1290～2480	1748	3.8～6.5	5.2	296～382	330
长 6_3^{2-2}	968～2460	1686	3.6～6.7	5.0	295～393	332

根据各单层解剖得到的单一朵叶体宽度、最大厚度数据，分析二者的相关性，单一朵叶体宽度与最大厚度之间具有良好的正相关关系，通过数据拟合得到单一朵叶体宽度与最大厚度之间的定量关系，关系式为：

$$W=300.54H+87.277 \tag{5-1-1}$$

式中 W——单一朵叶体宽度，m；

H——单一朵叶体最大厚度，m。

相关系数为 0.8251，反映二者的相关性良好（图 5-1-19）。

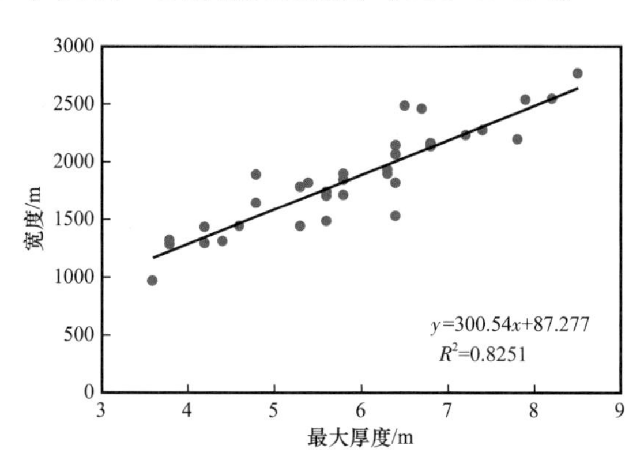

图 5-1-19 单一河口坝砂体厚度与宽度关系

第二节 超低渗油藏有效天然裂缝预测技术

前期学者在鄂尔多斯盆地中新生代构造应力场分布及其演化以及影响盆地应力状态的构造流体与热事件等方面进行了许多研究（张义楷等，2006），并从超低渗致密油藏生产需要出发，对已投入开发的部分超低渗致密油藏天然裂缝分布特征及其参数描述方面开展了一定的基础工作（曾联波等，1998），取得了一些成果和认识。但还存在一些问题：（1）从全盆地角度对超低渗致密砂岩油藏天然裂缝的分布特征、天然裂缝发育的差异性及其成因机制等方面缺少系统、深入的研究；（2）目前天然裂缝定量预测应用比较普遍的方法是有限元法，有限元法重视从岩石本身力学性质和外界应力的关系以及构造裂缝形变机制出发，预测天然裂缝的分布规律，但没有将预测的天然裂缝分布规律与实际生产特征相结合；（3）天然裂缝对单井产量贡献和注水开发过程中天然裂缝变化规律的研究还少见报道。基于天然裂缝研究存在的问题，本节对鄂尔多斯盆地超低渗致密油藏不同层系（姬塬长 4+5 层、华庆长 6_3 层、新安边长 7 层、西峰—合水长 8 层）天然裂缝分布特征共性和差异性进行了系统研究，并提出超低渗透油藏有效天然裂缝预测技术。

一、天然裂缝类型

姬塬油田堡子湾长 4+5 层、华庆 6_3 层、新安边长 7 层和西峰—合水长 8 层岩心、薄片观察及成像测井资料统计的天然裂缝发育情况见表 5-2-1，可以看出，累计观察岩心 215 口井，其中 181 口井观察到裂缝，占 84.2%；观察薄片 993 块，其中 694 块薄片观察到裂缝，占 69.9%；成像测井测试 84 口井，其中 80 口井观察到裂缝，占 95.2%。综合岩心、薄片观察及成像测井资料统计，认为超低渗致密油藏天然裂缝比较发育。

表 5-2-1 岩心、薄片观察及成像测井资料统计的天然裂缝发育情况

区带	层系	岩心观察			薄片观察			成像测井		
		总井数 / 口	有裂缝 / 口	比例 / %	总块数 / 块	有裂缝 / 块	比例 / %	总井数 / 口	有裂缝 / 口	比例 / %
姬塬油田堡子湾南	长 4+5	46	33	71.7	96	72	75.0	7	7	100.0
华庆	长 6_3	36	33	91.7	65	45	69.2	29	25	86.2
新安边	长 7	60	47	78.3	40	27	67.5	40	40	100.0
西峰—合水	长 8	73	68	93.2	792	550	69.4	8	8	100.0
合计 / 平均		215	181	84.2	993	694	69.9	84	80	95.2

（1）按成因，超低渗致密油藏天然裂缝主要可分为构造裂缝和成岩缝，即在构造应力场作用下形成的构造裂缝和在储层沉积或成岩过程中产生的成岩裂缝两种类型。根据 215 口井的岩心观察统计，181 口井观察到构造裂缝，占 84.2%（表 5-2-2）。

表 5-2-2 构造裂缝所占比例

区带	层系	岩心观察	构造裂缝					
					剪切裂缝		张性裂缝	
		总井数 / 口	总井数 / 口	比例 / %	总井数 / 口	比例 / %	总井数 / 口	比例 / %
姬塬油田堡子湾南	长 4+5	46	33	71.7	30	90.9	1	3.2
华庆	长 6_3	36	33	91.7	25	75.8	6	19.4
新安边	长 7	60	47	78.3	43	91.5	4	8.5
西峰—合水	长 8	73	68	93.2	55	80.9	11	16.7
合计 / 平均		215	181	84.2	153	84.5	22	12.6

从 6 条野外露头剖面的天然裂缝观察，包括延河剖面、黄陵安家沟、铜川金锁关剖面、平凉策底镇剖面、旬邑山水河、崇信汭水河，也可以确定构造裂缝是该区的主要类型。构造裂缝广泛分布在各种岩性中，并常有矿物充填，具有方向性明显、分布规则及相应的裂缝面特征（图 5-2-1）。

成岩裂缝主要发育在岩性界面上，尤其在泥质岩类界面发育，它们通常顺层面发育，并具断续、弯曲、尖灭、分枝等分布特点。该区成岩裂缝主要表现为层理缝（图 5-2-2），其横向连通性差，而且在上覆围压作用下呈闭合状态，开度小，渗透率低。因此，近水平层理缝对储层整体渗透性的贡献相对较小。

（2）按力学性质划分，根据应力的作用方向和天然裂缝的扩展方向组合，将岩石中构造裂缝的形成划分为三种扩展型式。Ⅰ型天然裂缝是垂直于裂缝面及其扩展方向的张应力作用下形成的；Ⅱ型天然裂缝是由平行于裂缝面和扩展方向的剪应力形成的；Ⅲ型

(a) Z33井（长8），2231.5m

(b) H198井（长7），2157.6m

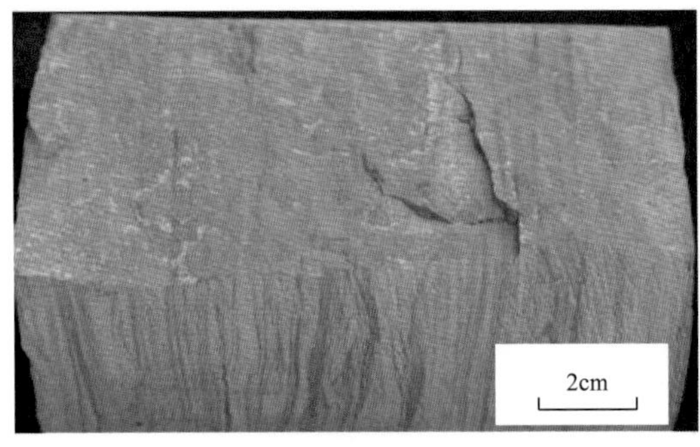

(c) G8（长4+5），2421.3m

(d) S139井（长6），2074.9m

图 5-2-1　构造裂缝特征

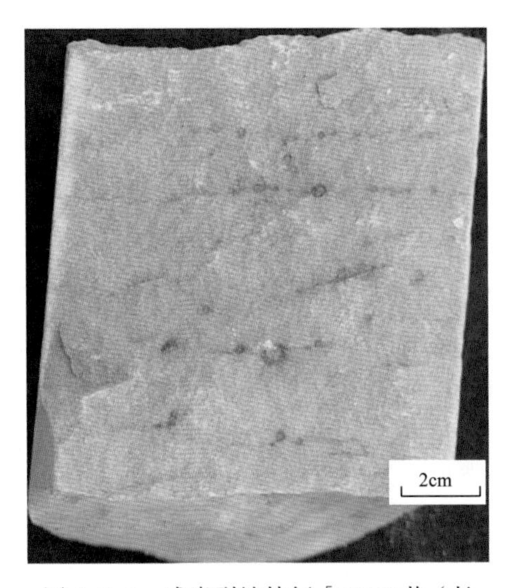

图 5-2-2　成岩裂缝特征［G237 井（长 4+5），2149.25m］

天然裂缝则是由剪应力和张应力联合作用下形成的。控制天然裂缝扩展的应力状态，可将天然裂缝按力学性质分为三类：张性裂缝、剪切裂缝以及张剪性复合裂缝。根据 215 口井的岩心观察统计，181 口井观察到构造裂缝，153 口井观察到剪切裂缝，观察到剪切裂缝的井数占观察到构造缝井数的 84.5%（表 5-2-2），因此，不同区带裂缝主要表现为构造剪切裂缝。剪切裂缝常呈连续台阶式分布（图 5-2-3），在裂缝面上常有明显的擦痕，或者在裂缝面上有矿物充填后因剪切而表现出的断阶等特征，或裂缝中有矿物充填，矿物晶体的纤维状方向平行于裂缝面或与裂缝壁斜交增长甚至弯曲。剪切裂缝产状稳定，缝面平直光滑，在裂缝尾端常以尾折或菱形结环状消失。不同区带张性裂缝分布较少（表 5-2-2），缝面粗糙不平，裂缝两壁张开且被矿物充填，充填的矿物晶体垂直于裂缝面，从裂缝壁两侧向中心生长；裂缝尾端具树枝状分叉或具杏仁状结环等特征。

(a) G47井（长4+5），2245.5m

(b) G40井（长4+5），2398.7m

(c) B492井（长6），2125.6m

(d) Y19井（长7），2254.5m

图 5-2-3　构造剪切裂缝连续台阶式排列特征

二、天然裂缝特征参数

1. 天然裂缝组系与方位

裂缝的组系与方位是超低渗透油田开发井网部署的基本参数和依据，也只有在确定裂缝的组系与方位后，才可分组系对裂缝参数进行定量描述。全面而精确确定裂缝的延伸方向，最好是利用定向取心。在没有定向取心的前提下，主要采用现今古地磁结合微层面法进行定向。

在实验室内，首先建立 $oxyz$ 样品相对坐标系，将 x 轴样品所在地层投影作为 X_1 轴，再建立 $O_1X_1Y_1Z_1$ 层面坐标系，则 oxy 面与 $O_1X_1Y_1$ 面的夹角 θ 为 x 轴的夹角，即样品所在地层倾角。在得出剩磁矢量在样品坐标系下各轴的分量（X，Y，Z）以后，将 x 轴、z 轴绕 y 轴顺时针旋转 θ，即得到样品在层面坐标系下的磁化矢量分量（X_1，Y_1，Z_1）为：

$$X_1=X\cos\theta+Z\sin\theta\;;\;Y_1=Y\;;\;Z_1=-X\sin\theta+Z\cos\theta \tag{5-2-1}$$

将上述分量转化到正北为 X_0，正东为 Y_0 轴的地理坐标系。由于层面坐标系 $O_1X_1Y_1$ 与地理坐标系 $O_0X_0Y_0$ 为同一平面，于是：

$$X_0=X_1\cos\beta-Y_1\sin\beta\;;\;Y_0=X_1\sin\beta+Y_1\cos\beta\;;\;Z_0=Z_1 \tag{5-2-2}$$

式中　β——绕 Z_1 轴的旋转角，(°)。

通过以上坐标转换，天然裂缝中剩磁矢量已转化到地理坐标系下，对于现今地磁偏角 D 和磁倾角 I 相时有：

$$\tan D=Y_0/X_0=\tan\left[\arctan\left(Y_1/X_1\right)+\beta\right] \tag{5-2-3}$$

$$\tan I=Z_0/\left(X_0^2+Y_0^2\right)=Z_1/\left(X_1^2+Y_1^2\right) \tag{5-2-4}$$

则 $\beta=D-\arctan\left(Y_1/X_1\right)$，为地理坐标系中样品裂缝走向。

另外，岩心存在许多微层理面，这些微层理面的产状可以通过地层倾角测井资料反映。因此，在利用地层倾角测井确定微层面的产状以后，根据岩心裂缝与微层理面的空间几何关系，同样可以比较准确地对岩心及其裂缝的延伸方位进行定向。

根据裂缝相互切割关系、裂缝充填物的包裹体以及盆地构造热演化史和埋藏史分析，盆地构造裂缝主要在燕山期和喜马拉雅期形成：理论上燕山期在北西西—南南东方向水平挤压应力场作用下，形成东西向和北西向共轭剪切裂缝；喜马拉雅期在北北东—南南西向水平挤压作用下形成，形成南北向和北东向共轭剪切裂缝（曾联波等，2008），可以形成4组剪切裂缝。

根据姬塬油田堡子湾南长4+5层、华庆长 6_3 层、新安边长7层和西峰—合水长8层的岩心古地磁定向及成像测井分析资料统计，鄂尔多斯盆地超低渗致密油藏分布有东西向、北西—南东向、南北向和北东—西南向4组裂缝，但不同方向裂缝发育的程度不同（图5-2-4、图5-2-5）。姬塬油田堡子湾南长4+5层21口井古地磁定向岩心和22口井成像测井结果显示，裂缝以北东向和东西向为主，北西向和南北向裂缝少。华庆地区长 6_3 层32口井古地磁定向岩心结果显示，长 6_3 储层裂缝优势方位为北东向与北西向，但10口成像测井测试的天然裂缝优势方位为北东向和近东西向；新安边长7层21口井古地磁定向岩心的天然裂缝优势方位为北东向和北西向，40口井成像测井显示天然裂缝优势方位为北东向，但分布范围较宽，现场注水动态特征也显示该区天然裂缝优势方向比较复杂；西峰—合水长8层18口井古地磁定向岩心和13口成像测井测试结果显示，优势方向为北东向，其次是北西向，而近东西向和近南北向裂缝相对不发育。

2. 天然裂缝特征参数

根据对姬塬油田堡子湾南长4+5层46口井岩心、薄片和野外露头剖面的裂缝观察与统计分析，高角度裂缝占83.9%；裂缝切深不大于75cm约占90%，小于储层段层厚，裂缝层内发育；裂缝开度不大于40μm，延伸长度不大于6.0m，有效裂缝占81.0%，平均裂缝密度为0.7条/m（岩心裂缝密度是按照单井观察岩心裂缝的个数与观察岩心长度的比值统计的）。根据华庆长 6_3 层36口井岩心、薄片和野外露头剖面裂缝观察与统计，高角度裂缝占64.9%；裂缝切深不大于20cm约占80%，远小于储层段层厚，为层内裂缝；裂缝开度不大于60μm，延伸长度不大于5.0m，有效裂缝占48.2%，平均裂缝密度为0.62条/m。根据对新安边长7层60口井岩心、薄片和野外露头剖面裂缝观察与统计，高角度裂缝占87.0%，裂缝切深不大于50cm约占67%，裂缝开度不大于40μm，延伸长度不大于10.0m；有效裂缝占64.0%，平均裂缝密度为1.2条/m。根据对西峰—合水长8层73口

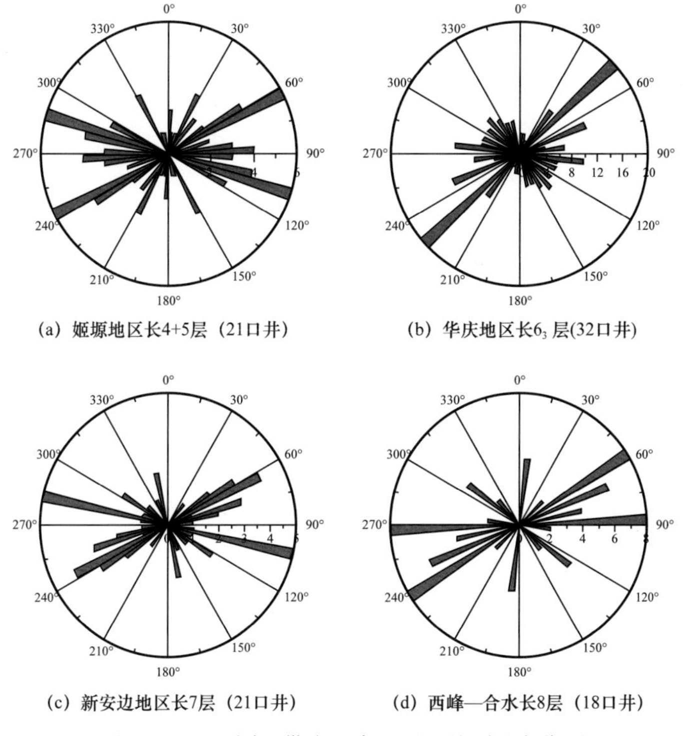

(a) 姬塬地区长4+5层（21口井） (b) 华庆地区长6_3层(32口井)

(c) 新安边地区长7层（21口井） (d) 西峰—合水长8层（18口井）

图 5-2-4 不同区带岩心古地磁天然裂缝方位图

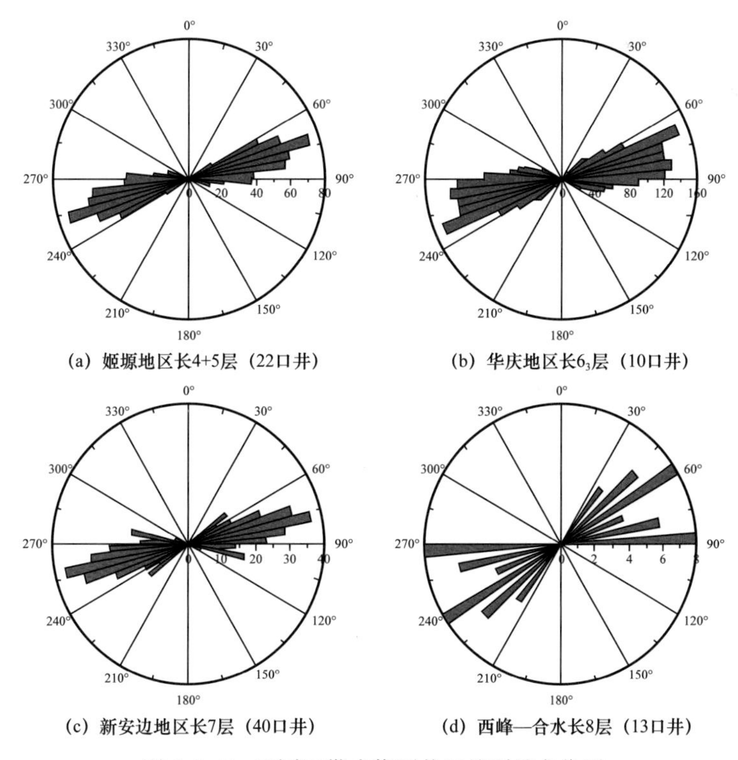

(a) 姬塬地区长4+5层（22口井） (b) 华庆地区长6_3层（10口井）

(c) 新安边地区长7层（40口井） (d) 西峰—合水长8层（13口井）

图 5-2-5 不同区带成像测井天然裂缝方位图

井岩心、薄片裂缝观察与统计，高角度裂缝占 80.0%；裂缝切深不大于 60cm 约占 85%，裂缝在层内发育；裂缝开度不大于 40μm，延伸长度不大于 12.0m，有效裂缝占 41.0%，裂缝密度为 1.1 条 /m。对比分析超低渗致密油藏不同层系裂缝基本参数（表 5-2-3），可以得出超低渗致密油藏发育以"高角度、小切深、小开度、延伸短"为特点的小裂缝为主，储层条件下存在因充填而存在的无效裂缝，充填矿物主要为方解石、石英。

表 5-2-3 超低渗致密油藏不同层系天然裂缝基本参数

基本参数	姬塬油田堡子湾南长 4+5 层（46 口井）	华庆长 6_3 层（36 口井）	新安边长 7 层（60 口井）	西峰—合水长 8 层（73 口井）
构造裂缝倾角 /（°）	高角度裂缝占 83.9%	高角度裂缝占 64.9%	高角度裂缝占 87%	高角度裂缝占 80%
	高角度裂缝（倾角≥70°）、低角度裂缝（倾角≤30°）、斜裂缝（30°＜倾角＜70°）			
切深 /cm	≤75cm 约占 90%	≤20cm 约占 80%	≤50cm 约占 67%	≤60cm 约占 85%
开度 /μm	≤40	≤60	≤40	≤40
	宏观裂缝的地下开度主要分布在大于 40cm，微裂缝的开度主要分布在 10～40 之间，峰值为 10～20cm			
延伸长度 /m	≤6.0	≤5.0	≤10.0	≤12.0
充填频率 /%	13.6	37.4	34.4	55.5
充填矿物	以方解石、石英为主			
有效裂缝占比 /%	81.0	48.2	64.0	41.0
裂缝平均密度 /（条 /m）	0.7	0.62	1.2	1.1

3. 天然裂缝发育程度主要控制因素

超低渗致密油藏天然裂缝的形成除了与古构造应力场有关外，还受储层岩性、岩层厚度和岩石非均质性等储层内部因素的影响。研究区构造裂缝主要在燕山期和喜马拉雅期形成，燕山期和喜马拉雅期古构造应力场控制了构造裂缝的组系、产状及其力学性质，而储层内部因素影响不同组系天然裂缝的发育程度，天然裂缝形成以后，天然裂缝的保存状态及其渗流作用受现今应力场的影响。

影响天然裂缝发育的岩性因素包括岩石成分、颗粒大小及孔隙度等。由于具有不同矿物成分、结构及构造的岩石力学性质不同，它们在相同的构造应力场作用下，天然裂缝的发育程度不一致。脆性组分含量越高，岩石颗粒越细，裂缝的发育程度越高。因此砂岩中裂缝发育，泥岩中裂缝相对不发育（图 5-2-6）。

裂缝发育受岩层控制，裂缝通常分布在岩层内，与岩层垂直，并终止于岩性界面上。在一定层厚范围内，裂缝的平均间距与岩层单层厚度呈较好的线性关系，随着岩层厚度增大，裂缝间距呈线性增大，而裂缝密度减小（图 5-2-7）。岩石非均质性是影响不同方向裂缝发育的重要因素（胡永全等，2013），尤其是当一个地区的最大构造应力与最小构造应力差值较小时，岩层非均质性甚至成为其主要因素。

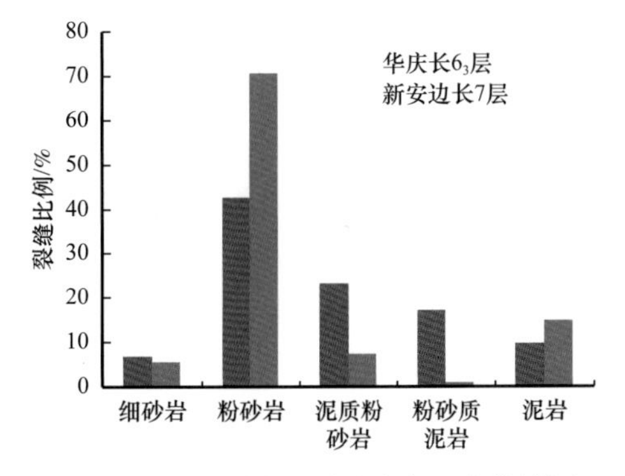

图 5-2-6 不同岩性裂缝发育程度统计图

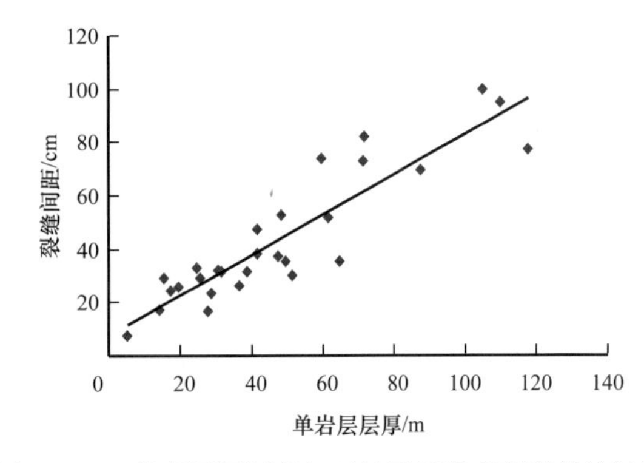

图 5-2-7 单岩层层厚度与天然裂缝发育程度的统计图

三、有效天然裂缝预测技术

储层裂缝有效性是根据岩心裂缝的岩性和充填情况来综合定性判断的，裂缝中的矿物充填使裂缝的孔隙体积变小、有效性变差。根据裂缝中矿物的充填程度，一般可分为全充填、半充填和局部充填三种类型，反映其充填程度由强变弱，有效性由差变好，如为完全充填裂缝或在泥岩中发育裂缝则视为无效裂缝，而未充填且在砂岩中发育则视为有效裂缝。

目前对超低渗致密储层天然裂缝进行预测的方法主要是有限元法。有限元法重视从岩石本身力学性质和外界应力的关系以及构造裂缝形变机制出发，以地质研究为基础，通过实验和计算机手段相结合，基于某些条件下，建立构造裂缝半定量—定量化的预测地质模型和数学模型，预测裂缝的发育分布规律。但是对判断裂缝预测的裂缝平面分布规律的可靠性缺乏有效的认识。在传统裂缝研究方法基础之上，借助现代油藏精细描述和裂缝建模技术，应用油藏数值模拟反演技术，集成创新，形成了具有超低渗致密储层特色的天然裂缝预测技术，依据实际生产资料首次实现了对有效天然裂缝平面分布规律的定量预测。

1. 建立研究区考虑天然裂缝的储层精细三维地质模型

1）常规油藏数值拟合方法

目前油藏基质地质建模技术已经比较成熟，所建基质模型的精度与可靠性越来越高，能够较好地表征油藏的地质特征。但是对于基质物性差的超低渗致密油藏，常规油藏地质建模时，由于没有考虑天然裂缝因素，现有的基质渗透率下在数值模拟阶段是没有办法拟合上储量和生产数据的。

以超低渗致密油藏基质渗透率为 0.2mD 时注水量拟合为例，矿场试验中单井注水 $20m^3$ 以上都没有问题，但是在油藏数值模拟计算中，注水量可能 $5m^3$ 还不到，因此油藏数值模拟工作者往往通过修改基质岩心渗透率、加入大量的人工裂缝、调大岩石的应力敏感系数，或者修改相渗曲线的方法来实现对区块和单井产量的拟合，一般情况下单井的拟合率不高，而且这种方法改变了储层固有的属性，从而降低了井网和开发技术政策方案优化结果的可靠性。

2）考虑天然裂缝的储层三维地质模型

超低渗致密油藏天然裂缝分布特征及裂缝特征参数的定量化研究为考虑天然裂缝油藏地质建模奠定了基础，以华庆地区长 6_3 油藏为例，应用 RMS 软件中的天然裂缝建模模块，以不同期次的天然裂缝特征参数为基础，以天然裂缝平面分布规律为约束条件，定量加载华庆地区长 6_3 油藏 Y284 井区天然裂缝的特征参数（裂缝优势方向北东向，次之近东西向；裂缝密度、开度、延伸长度和切深，其中因裂缝切深比较小，对开发效果影响不大），建立天然裂缝地质模型，再根据天然裂缝特征参数与渗透率的关系将其转化为渗透率模型，最后与基质模型叠加，即可完成考虑天然裂缝的油藏综合地质模型的建立（图 5-2-8）。

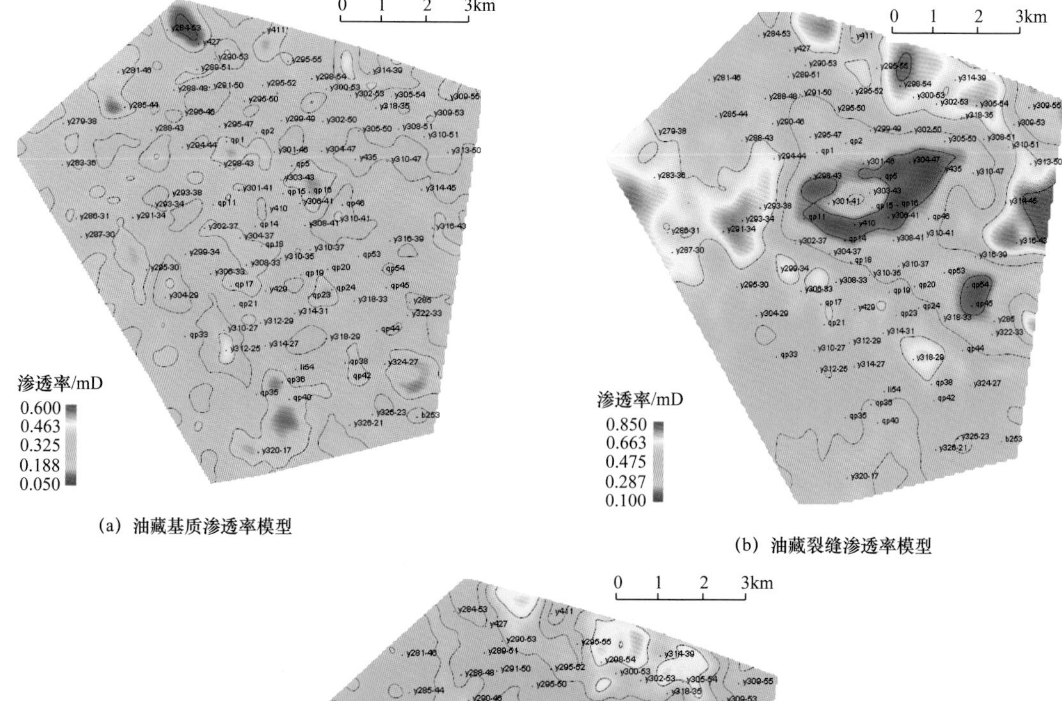

（a）油藏基质渗透率模型

（b）油藏裂缝渗透率模型

0 1 2 3km

渗透率/mD
1.400
1.050
0.700
0.350
0.000

（c）考虑天然裂缝油藏渗透率模型

图 5-2-8 建立考虑天然裂缝的油藏综合地质模型

2. 天然裂缝特征参数对产量敏感参数筛选

天然裂缝是超低渗致密储层主要的渗流通道，根据各裂缝参数对单井产量的拟合研究，裂缝密度、开度对单井产量敏感性较强，延伸长度对单井产量拟合不敏感：在裂缝的切深、延伸长度、开度一定的条件下，裂缝的密度越大，渗流贡献越大，平均单井产量越高［图 5-2-9（a）］；在裂缝的密度、延伸长度、切深一定的情况下，裂缝的开度越大，渗流贡献越大，平均单井产量越高［图 5-2-9（b）］；在天然裂缝的密度、开度、切深一定的情况下，天然裂缝的延伸长度对平均单井产量的影响可以忽略［图 5-2-9（c）］。

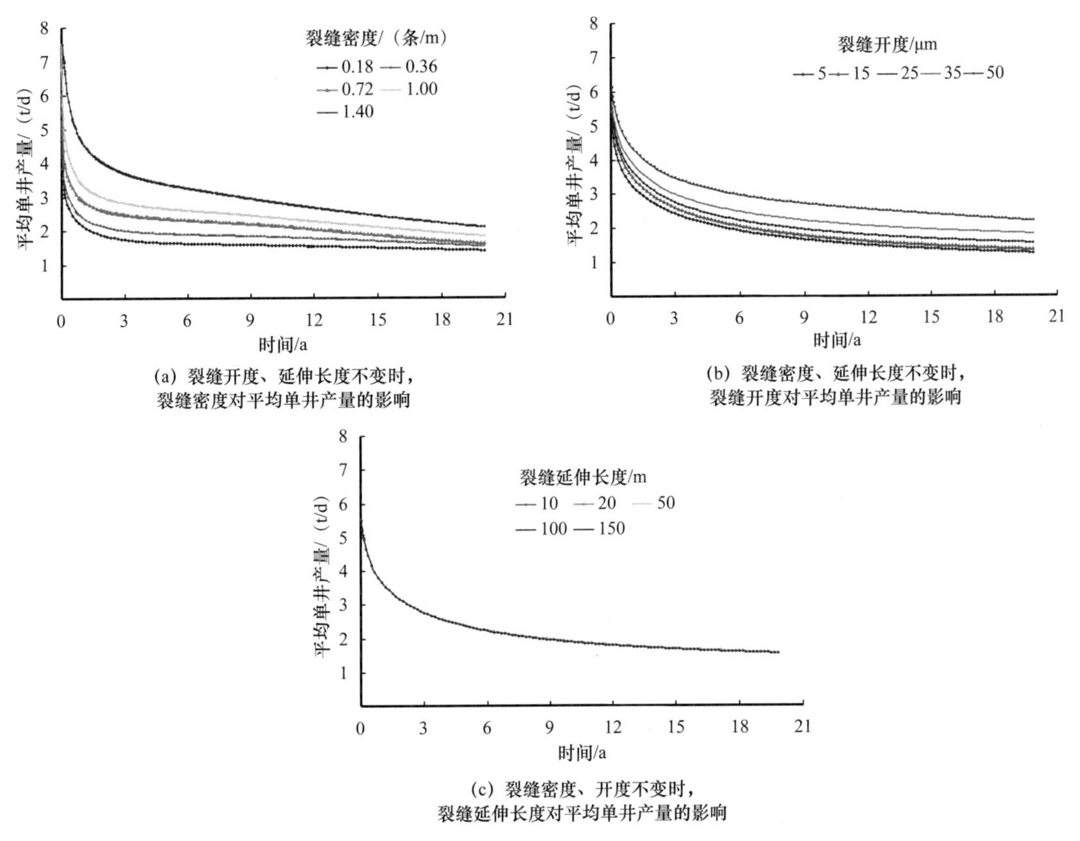

(a) 裂缝开度、延伸长度不变时，裂缝密度对平均单井产量的影响

(b) 裂缝密度、延伸长度不变时，裂缝开度对平均单井产量的影响

(c) 裂缝密度、开度不变时，裂缝延伸长度对平均单井产量的影响

图 5-2-9 天然裂缝特征参数对单井产量的影响研究

3. 有效天然裂缝平面分布规律预测

根据天然裂缝特征参数对单井产量敏感参数筛选结果，提出了采用数值模拟反演再认识裂缝基本特征参数（主要是密度和开度）和有效天然裂缝平面分布规律的技术。

传统的低渗透油藏地质建模时，由于没有考虑天然裂缝的因素，在数值模拟阶段拟合储量和生产数据时，往往通过修改基质岩心渗透率、加入大量的人工裂缝、调大岩石的应力敏感系数，或者修改相渗曲线的方法来实现对区块和单井产量的拟合，一般情况下单井的拟合率不高，而且这种方法改变了储层固有的属性，从而降低了井网和开发技术政策方案优化结果的可靠性（图 5-2-10）。本节提出了采用数值模拟反演方法再认识裂缝基本特征参数（主要是密度和开度）和有效天然裂缝平面分布规律的方法。把裂缝的特征参数、平面分布规律的研究与实际生产特征相结合，通过调整裂缝的基本特征参数拟合生产数据，确定符合实际生产的有效裂缝特征参数和分布规律，具体技术路线如图 5-2-11 所示。

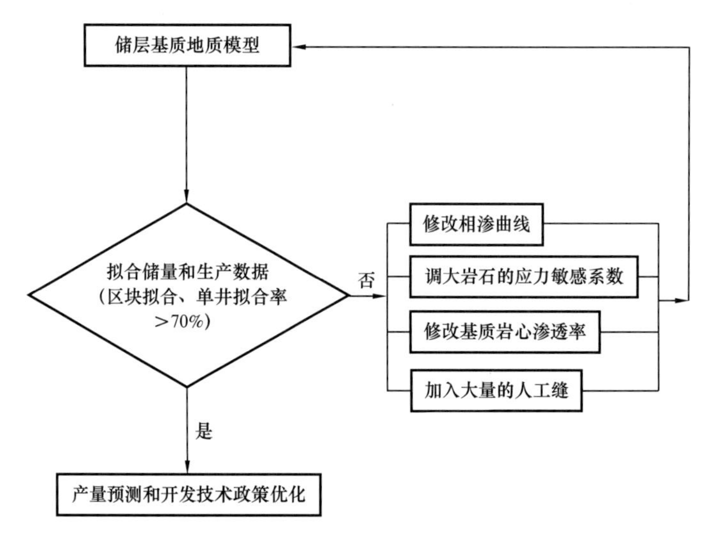

图 5-2-10　常规拟合技术路线

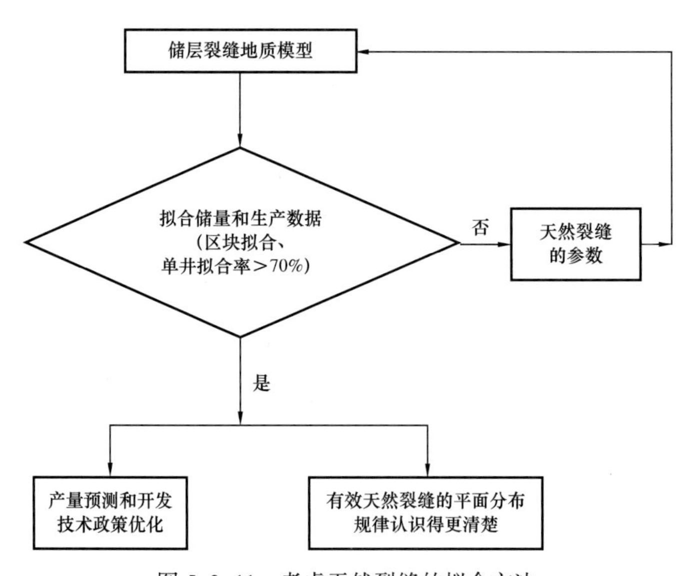

图 5-2-11　考虑天然裂缝的拟合方法

Y284 井区长 6_3 层岩心观察的平均线密度为 0.6 条 /m，裂缝开度 10～40μm；Y284 井区长 6_3 层有效天然裂缝平均线密度 0.36 条 /m，裂缝开度 15～30μm。在天然裂缝建模软件中可以依据裂缝开度、密度和延伸长度等参数计算出天然裂缝渗透率，对比岩心观察的天然裂缝渗透率分布图和应用油藏数值模拟反演所确定的有效天然裂缝渗透率平面分布图［图 5-2-12（a）］，可以看出根据岩心观察确定的裂缝特征参数计算的渗透率明显偏大［图 5-2-12（b）］，研究结果加深了天然裂缝对开发效果影响的认识，对同类油藏注采井网优化设计及老油田后期的开发调整政策制订具有重要意义。

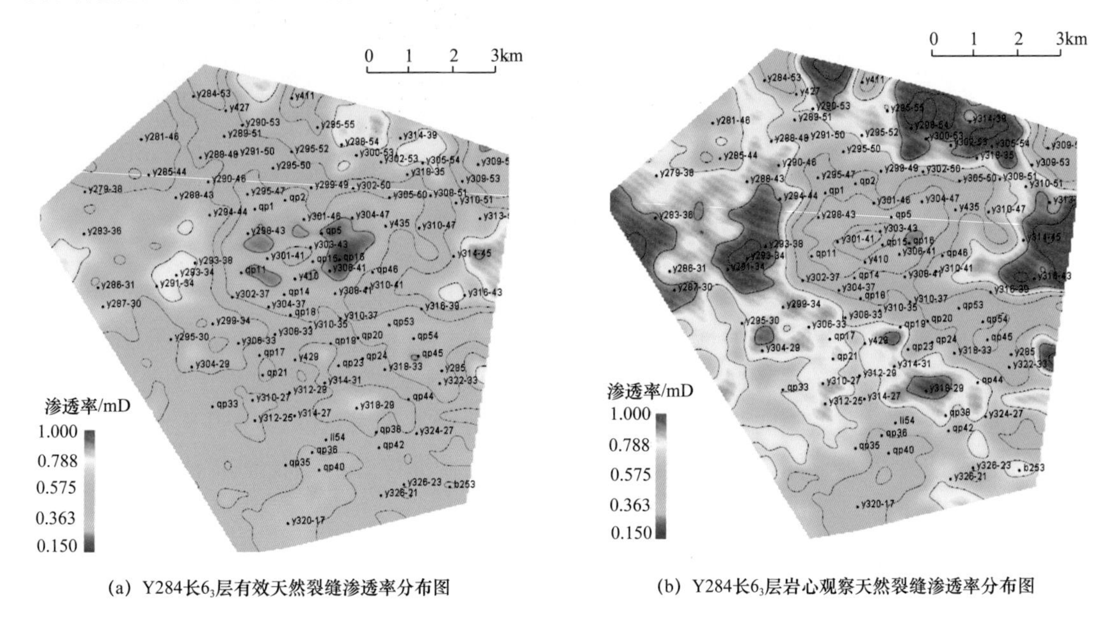

(a) Y284长6_3层有效天然裂缝渗透率分布图　　(b) Y284长6_3层岩心观察天然裂缝渗透率分布图

图 5-2-12　有效裂缝渗透率与岩心观察天然裂缝渗透率平面分布对比图

第三节　水平井线注线采井网优化

针对天然裂缝与地应力优势方向比较一致，油层厚度在 4m 以上，平面上连续性较好的超低渗致密油藏，提出了段间驱替和渗吸驱油相结合的水平井线注线采开发技术；优势是能够解决水平井点注面采五点井网水平段人工裂缝之间主要以弹性溶解气驱为主，很难实现有效水驱的难题，实现由传统的井间驱替向水平井段间驱替和渗吸驱油补充能量方式的转变。对于解决前期致密油以准自然能量开发，后期需要补充能量实现较长时间稳产的目标也有很重要的意义。根据工艺实施难度，水平井“线注线采”开发方式分为 2 类 4 种实施方式：水平井同井同步（异步）注采技术和水平井异井同步（异步）注采技术。

水平井线注线采可实现由传统的井间驱替向水平井段间驱替和渗吸驱油补充能量方式的转变。局部区域的裂缝优势方向保持一致的可能性很高，有利于避免早期见水。由过去的点状注水转变为线状注水，在注水量相同的情况下，注水压力降低，有利于避免天然裂缝在注水过程中产生的二次开启，降低裂缝性水淹风险；将人工裂缝缝间的区域由弹性溶解气驱转变为水驱，实现人工裂缝段间驱替和渗吸驱油的能量补充方式水平；压力场、流线场具有分布均匀、水驱控制范围大的特征（图 5-3-1、图 5-3-2）。

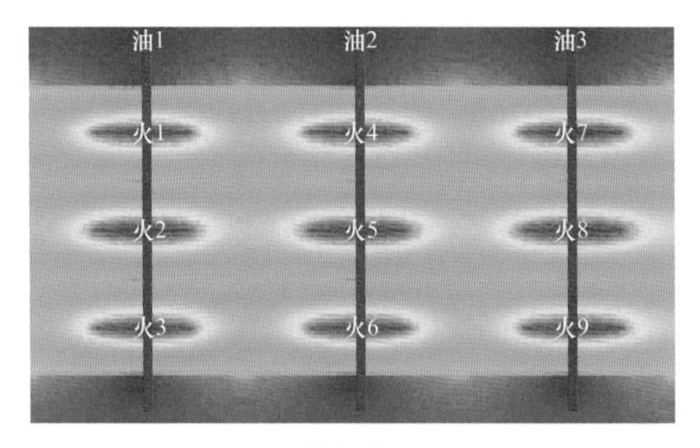

图 5-3-1 同井注采压力场图

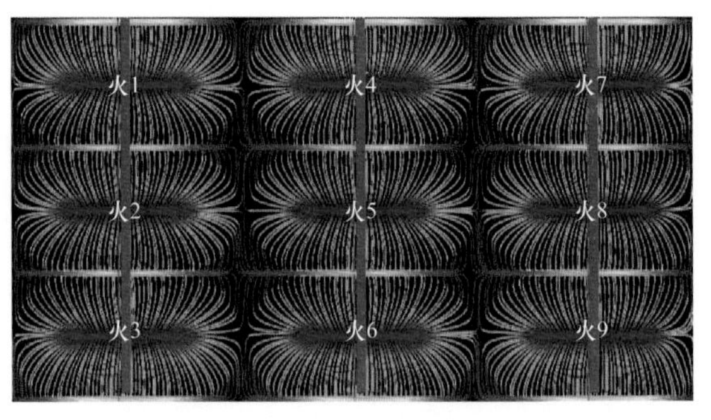

图 5-3-2 同井注采流线场图

储层渗透率对井网适应性的评价结果表明：（1）侧向渗透率不变，主向渗透率增大的情况，可以看出主向渗透率越大，采出程度稍有增加，但增加幅度不明显，含水率与主向渗透率的关系不明显，也就是说主向渗透率增大对含水率上升影响不大；（2）主向渗透率不变，侧向渗透率增大，侧向渗透率增大对含水率上升影响较大。从井网的适应性分析看，储层基质渗透率越低，越能发挥该井网的优势特征（图 5-3-3、图 5-3-4）。

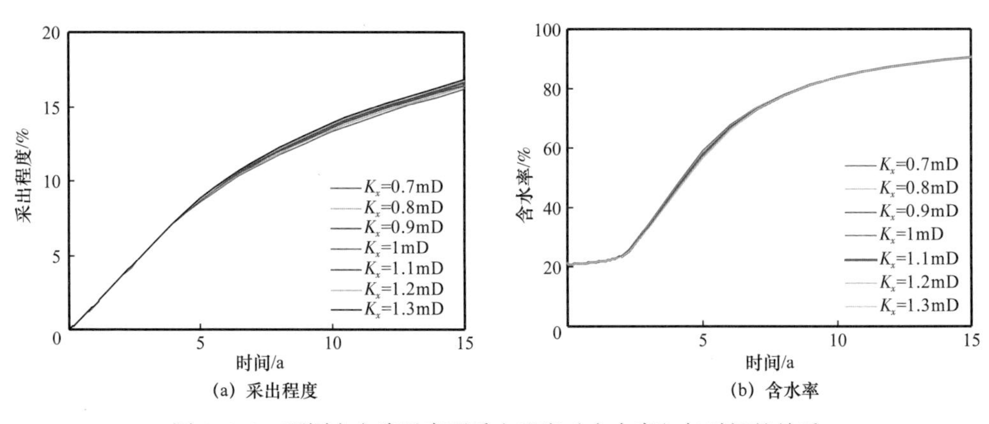

图 5-3-3 不同主向渗透率下采出程度（含水率）与时间的关系

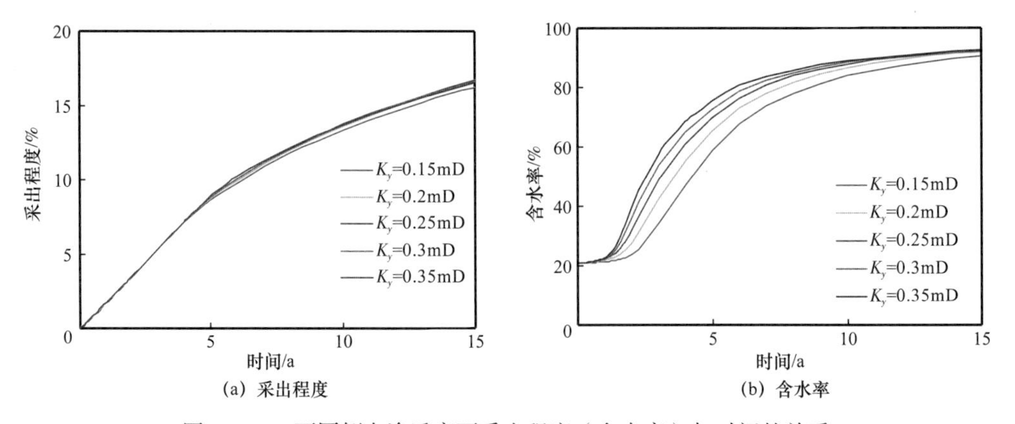

图 5-3-4 不同侧向渗透率下采出程度（含水率）与时间的关系

一、水平井同井同步（异步）注采技术

水平井同井注采井网包括同步注采和异步注采两种方式。同井同步注采是指在一口水平井注水段进行注水，在采油段实现采油；同井异步注采是指首先在一口水平井的注水段注水，待注水完成后，再在采油段进行采油（图 5-3-5）。为防止注水段与采油段发生裂缝性见水的情况，同井同步注采主要适用于裂缝优势方向单一的油藏，而同井异步注采主要适用于裂缝优势方向复杂的油藏或者同井同步含水率较高以后开发阶段。

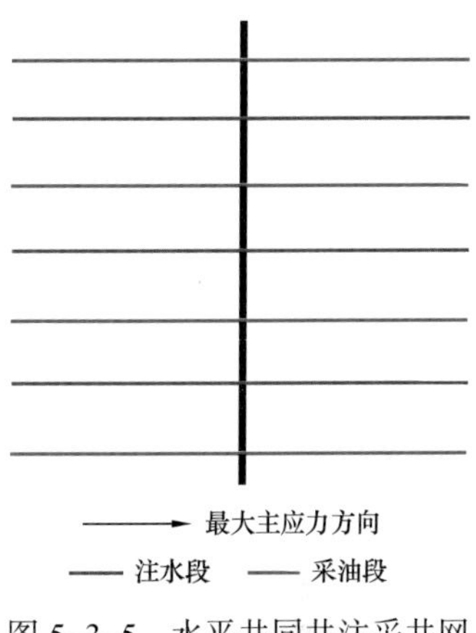

图 5-3-5 水平井同井注采井网

水平井同井异步注采比较容易实现，目前实现 3～4 段分段注水的工艺技术比较成熟；同井同步注采技术要实现多段注多段采技术上难度很大，因此分为两个阶段实施。

第一阶段：借鉴油套分注技术原理，开展根部射孔段注水，趾部射孔段采油，趾部段水淹后封隔点逐次向趾部射孔段下移的技术思路（图 5-3-6）。

第二阶段：进一步研发关键工具，实现其他方式的同井注采工艺（图 5-3-7）。

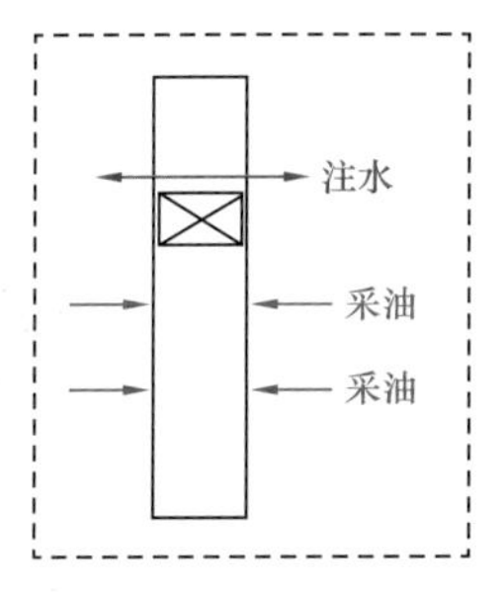

图 5-3-6 第一阶段技术思路

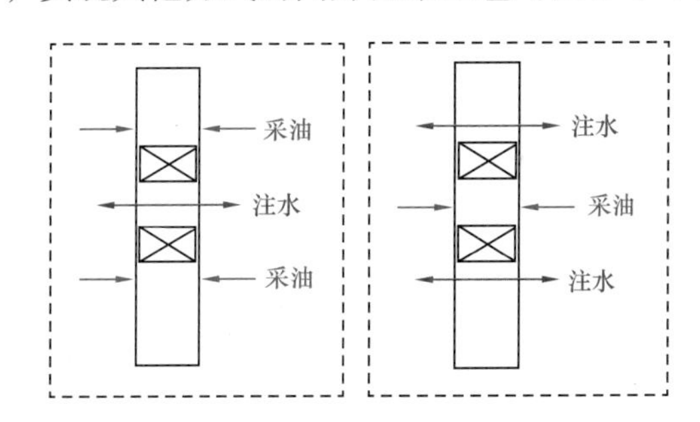

图 5-3-7 第二阶段技术思路

1. 井排方向及水平段长度

井排方向与水平井五点井网相同，都是由最大主应力方向确定；水平段长度原则上说可以任意长。但从实施的角度出发，需要与分段注水的工艺技术相匹配，水平段长度越长实施的难度越大。

2. 人工裂缝段间距优化

通过对动态监测资料研究，表明人工裂缝与地应力优势方向基本一致，不论是体积压裂还是常规压裂，人工裂缝基本都呈条带状分布，不同的是带长和带宽有一定差异。

数值模拟法和取心结果进一步表明，人工压裂缝有效带宽为“米”级。

应用 Blasingame 理论方法，建立水平井分区渗流理论图版。确定水平井人工裂缝有效半径，同时建立入地液量和人工裂缝有效半径的关系式。依据该方法确定人工压裂缝有效半长为井下微地震监测信号带长的 40%～50%。

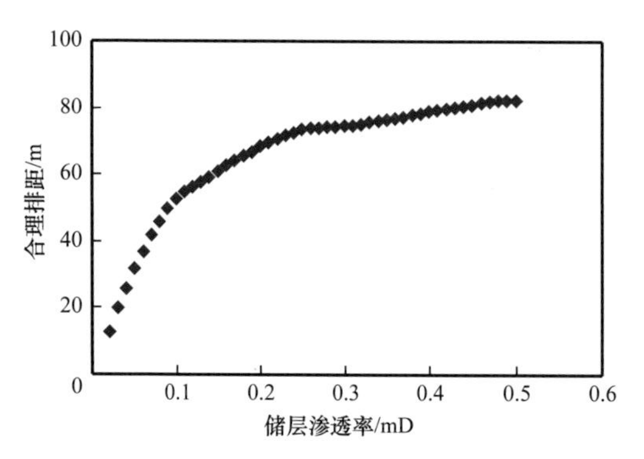

图 5-3-8 超低渗透油藏不同渗透率排距界限图版

在有效裂缝缝长认识的基础上，设计不同裂缝带宽采用油藏数值模拟反演方法，模拟计算不同裂缝带宽自然能量开发下单段产量，依据单段产量评价结果和矿场实践经验值对比，确定人工裂缝有效宽度不大于 5m。

在矿场实践的基础上，采用数值模拟计算方法，建立了异井同步注采有效驱替合理排距与储层渗透率的关系图版。根据超低渗透油藏不同渗透率合理排距界限图版（图 5-3-8），结合超低渗透油藏下步动用的主要储层渗透率范围，优化交错段间距设为 60m 左右。

3. 水平井同井同步注采工作制度

室内实验表明，合理流压保持在饱和压力附近，可有效防止脱气形成贾敏效应，从而降低递减、提高采收率。当地层压力（p）大于饱和压力（p_b）时，流体为单相流动；当地层压力为饱和压力的 85% 时，气体开始析出，油气没有产生分离，流体仍旧处于单相流状态；当地层压力为饱和压力的 70% 时，气体大量析出，油气产生分离，流体处于两相流动状态；当地层压力为饱和压力的 50% 时，地层中气泡增多，原油黏度增大，油气逐渐停止流动（图 5-3-9）。数值模拟表明，当井底流压为饱和压力时，采出程度最大（图 5-3-10）。

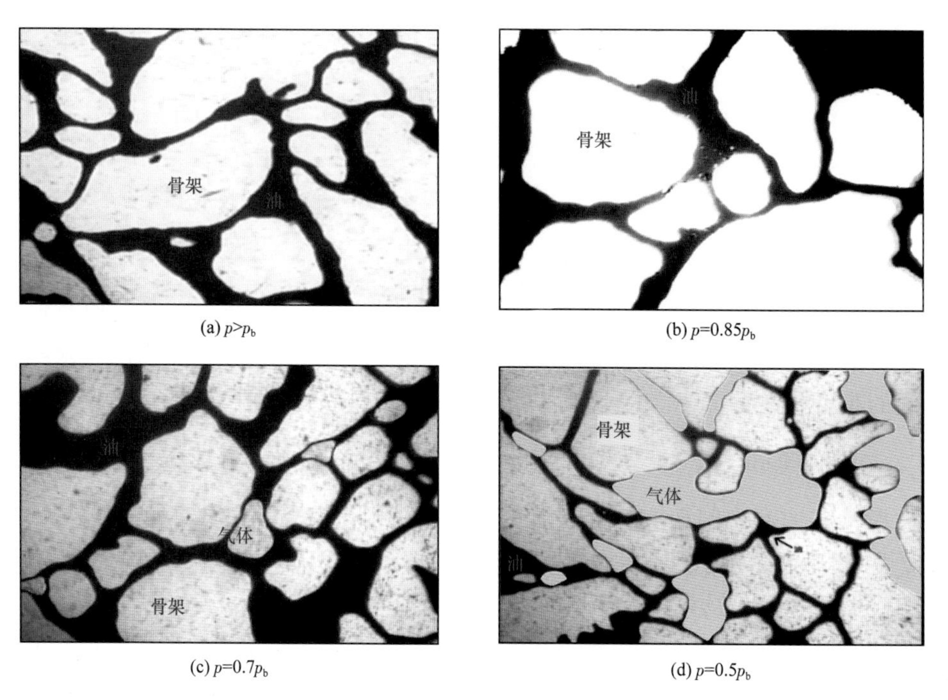

图 5-3-9 室内实验不同压力下流体流动状态

通过数值模拟、理论计算、合理流压计算等方法优化出水平井初期合理日产液（1.5～1.8）m^3/100m。根据前期矿场实践，推荐水平井交错布缝同步注采方式单段注水量5～7m^3。

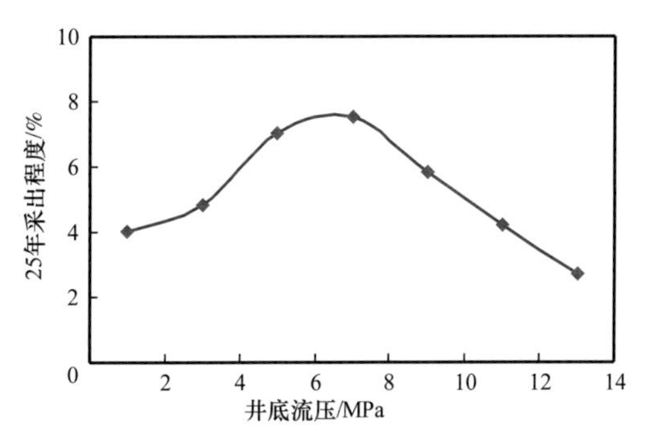

图 5-3-10 不同井底流压下采出程度

4. 水平井同井异步注采工作制度

在注水过程中注入水在注水压力的作用下首先进入渗流阻力较小的高孔隙度、高渗透带、大孔喉或裂缝等有利部位，对高孔隙度、高渗透带、大孔喉或裂缝中的原油起到驱替作用，使得近井地带含油饱和度下降，而远井地带含油饱和度稍有上升。注水完成后进入焖井阶段，高孔隙度、高渗透带、大孔喉或裂缝等部位被注入水充满，饱含原油的基质被注入水包围，毛细管力作为一种驱油动力将原油从基质中置换出来，表现为渗吸作用。焖井后的开井采油阶段是能量释放的过程，地层压力不断下降，井筒附近形成压降漏斗。裂缝系统中压力传播较快，使得裂缝系统中的流体先流向井底，当裂缝系统中的压力降到一定程度，基质系统流体在压力差的作用下流向裂缝，裂缝中的流体进一步流向井底。

根据鄂尔多斯盆地水平井注水吞吐实践，水平井初期产量较高，含水较低，初期有一定稳产期的井实施水平井注水吞吐效果较好。水平井注水吞吐的实施过程中，进行注水吞吐需要确定自然能量开发转注水吞吐的时机、注水参数（注水方式、地层压力保持水平、周期累计注水量、注水速度）、焖井时间、采油参数（吞吐单元开井顺序的确定、合理日产液量）、下一周期开始时机及吞吐周期数等主要参数。

1）自然能量转注水吞吐时机

数值模拟结果表明：随着转注水吞吐，地层压力保持水平地增加，注水吞吐典型井采收率呈现出先升高后降低的特征，当地层压力保持水平为60%左右时，采收率最高，即当准自然能量开发水平井地层压力保持水平达到60%左右时转注水吞吐开发效果最好（图5-3-11）。

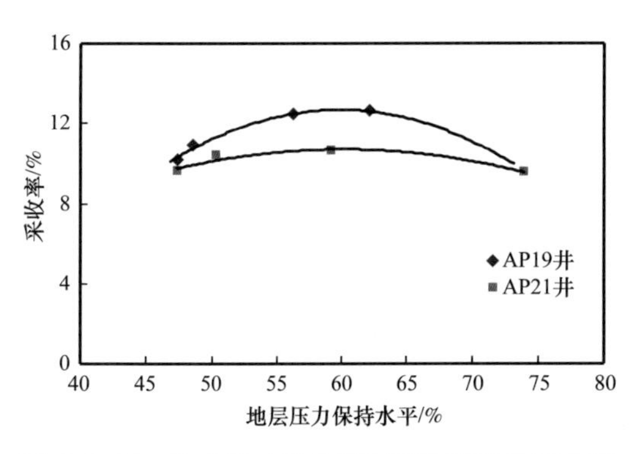

图 5-3-11 注水吞吐采收率与转注时机关系曲线

2）注水参数

（1）注水方式。鄂尔多斯盆地超低渗透储层注水吞吐主要试验了两种开发方式：笼统注水和分段注水。

笼统注水是指在井口采用同一压力注水的注水方式（图5-3-12），该种注水方式可以利用已有的注水系统向注入井注水，优点是操作简单、成本较低，缺点是对于非均质较强的储层，注水过程中各压裂段吸水不均匀（图5-3-13），使得注水波及面积较小，影响注水吞吐效果。

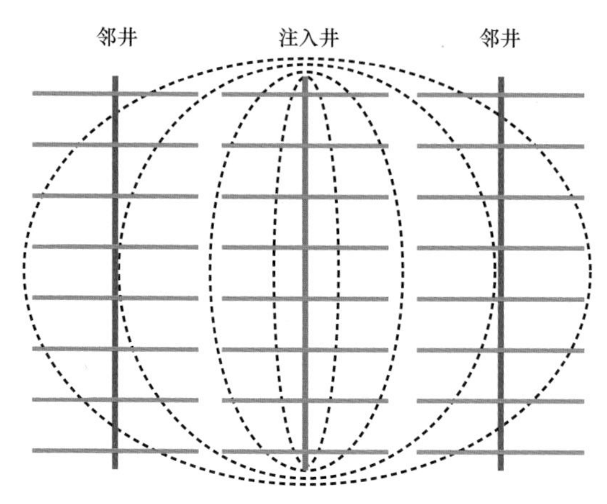

图 5-3-12 笼统注水示意图

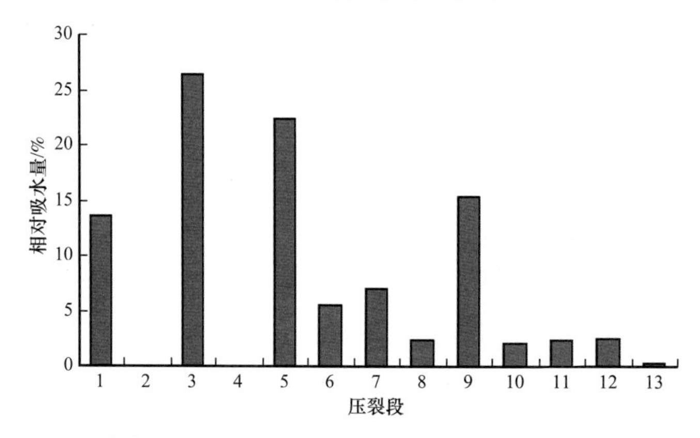

图 5-3-13 AP19 井不同压裂段相对吸水量图

分段注水将均质性相近的射孔段作为一个注水段（图 5-3-14），该种注水方式缓解了水平井笼统注水段间矛盾，能够较好保证注入水均匀推进，提高注水波及面积，提高注水吞吐的效果，缺点是需要复杂的井下设备、操作复杂、成本较高。

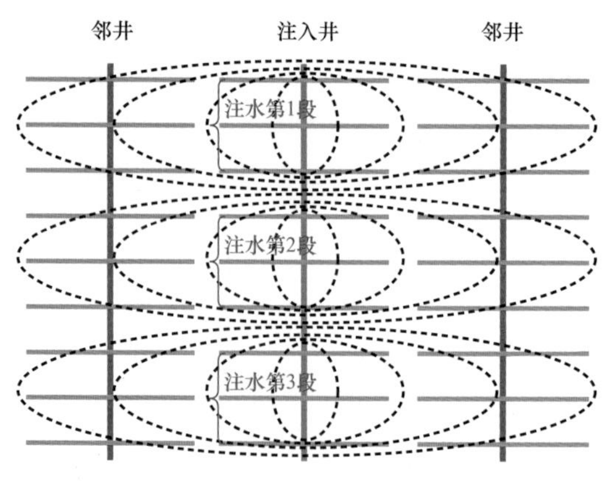

图 5-3-14 分段注水示意图

注水方式的选择主要考虑水平井钻遇储层的横向非均质性，储层横向非均质性根据压裂点处的破裂压力判断。若水平井每个压裂段的破裂压力相近，则认为水平井钻遇储层较均质，若每个压裂段的破裂压力差异较大，则认为水平井钻遇储层非均质性较强。对于单段人工裂缝破裂压力差异不大的水平井采用笼统注水补充能量，对于单段人工裂缝破裂压力差异较大的水平井采用分段注水。

（2）地层压力保持水平。注水吞吐物质平衡关系为：累计产油的地下体积等于地下含水量的增加值，理论上分析，开采后地下被滞留的水的饱和度越大，地层压力保持水平越高，即存水越多，吞吐采油量越多。即：

$$N_{\mathrm{p}}B_{\mathrm{o}}=\left(S_{\mathrm{w}}-S_{\mathrm{wc}}\right)V_{\mathrm{p}} \tag{5-3-1}$$

式中 N_{p}——注水吞吐至某个周期地面累计采油量，m^3；

B_{o}——地层油的体积系数，$\mathrm{m}^3/\mathrm{m}^3$；

S_{w}——每个周期采油结束地下平均含水饱和度；

S_{wc}——束缚水饱和度；

V_{p}——岩石孔隙体积，m^3。

但是如果地层压力保持水平过高，容易使注水井人工压裂缝与邻井的人工压裂缝沟通，裂缝相互沟通后，一方面造成邻井水淹，另一方面注水水平井迅速泄压，起不到提升地层压力及扩大注水波及面积的作用。

根据鄂尔多斯盆地安塞、西峰等超前注水开发特（超）低渗油田开发经验，当压力保持水平为 110% 时超前注水开发效果最好。因此，注水后合理地层压力保持水平为 110%。

（3）周期累计注水量。地层压力保持水平是由注水量来维持的，确定了所需的地层压力保持水平，根据物质平衡原理计算周期累计注水量，压力保持水平从吞吐前的低压力水平（60%）上升到预期达到的地层压力水平（110%）的周期累计注水量计算公式如下：

$$\Delta V=0.51\times C_{\mathrm{t}}\times x_{\mathrm{e}}\times L\times\phi\times h\times\left(1-S_{\mathrm{wi}}\right)\times p_{\mathrm{e}} \tag{5-3-2}$$

式中 ΔV——累计注水量，m^3；

C_{t}——地层压缩系数，MPa^{-1}；

x_{e}——水平井井距，m；

L——水平段长度，m；

ϕ——孔隙度，%；

h——油层厚度，m；

S_{wi}——地层束缚水饱和度；

p_{e}——原始地层压力，MPa。

（4）注水速度。注水速度一方面影响注水过程中注水前缘能否均匀推进，另一方面也影响现场施工周期，注水速度过大，注入水沿某一条裂缝不断突进，导致注入水波及面积变小，影响注水吞吐的效果，注水速度过小，施工周期太长。

对于笼统注水和分段注水两种注水方式，根据鄂尔多斯盆地前期致密油先导注水吞吐试验，当单段注水速度为30m³/d时，4～5d注入水突进到邻井，注水吞吐效果较差，当单段注水速度为8.9m³/d时，邻井27d后才见水，且注水井压力保持水平较高（92.3%），注水吞吐效果较好，因此对于鄂尔多斯盆地致密油藏，两种注水方式下的单段注水速度为10～20m³/d。

3）焖井时间

焖井过程是地层油水饱和度重新平衡的过程，当水平井注水端压力基本稳定，没有明显的下降时，认为油水渗吸平衡过程结束，即焖井结束。鄂尔多斯盆地致密油藏经过注水吞吐矿场实践发现，对于笼统注水和分段注水两种注水方式，焖井时间与注水吞吐入地液量有关，焖井时间一般为（10～13）d/1000m³。

4）采油参数

（1）吞吐单元开井顺序确定。将注水吞吐本井和相邻的水平井作为一个吞吐单元，由于裂缝较发育，本井在注水过程中邻井可能见水。若邻井见水，则关闭邻井，待本井注水完成后再开井生产，一般情况下邻井开采10～15d后本井再开采。若邻井一直未见水，则保持开井状态不变。

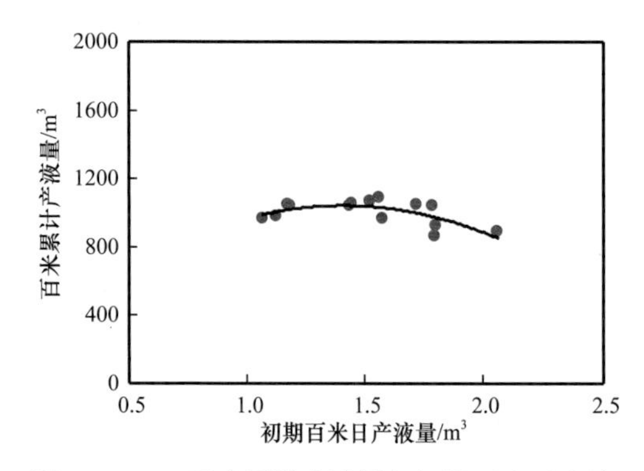

图5-3-15 百米累计产液量与初期百米日产液关系图

（2）合理日产液量。焖井结束后油井合理日产液量的确定主要根据鄂尔多斯盆地致密油藏生产时间较长的体积压裂水平井开发实践。由图5-3-15可以看出，当百米日产液量为1.5m³时，第2年百米累计产液量最大，建议油井开井后以百米日产液量为1.5m³生产。对于800～1500m水平段的水平井，合理日产液量为12.0～22.5m³。

5）下一周期开始时机

当本井地层压力水平下降到60%时，进行下一周期注水吞吐，注水吞吐技术政策与第一周期一致。

6）吞吐周期数

周期产油量与地下油量的关系：理论上每个周期产出油水的地下体积等于地下油、水的膨胀，即：

$$\Delta V_{\mathrm{op}}B_{\mathrm{o}}+\Delta V_{\mathrm{wp}}B_{\mathrm{w}}=\left[\left(1-S_{\mathrm{wi}}\right)C_{\mathrm{o}}+S_{\mathrm{w}}C_{\mathrm{w}}\right]V_{\mathrm{p}}\Delta p \tag{5-3-3}$$

式中 ΔV_{op}——周期产油量，m³；

B_{o}——地层油的体积系数，m³/m³；

ΔV_{wp}——周期产水量，m³；

B_{w}——地层水的体积系数，m³/m³；

S_w——每个周期采油结束地下平均含水饱和度；

C_o——地层油压缩系数，MPa^{-1}；

C_w——地层水压缩系数，MPa^{-1}；

V_p——岩石孔隙体积，m^3；

Δp——生产压差（焖井结束时地层压力与开采结束地层压力之差），MPa。

地层油的压缩系数远大于地层水的压缩系数。因此，开采过程中主要依靠弹性采油。注水吞吐初期，地下含油饱和度高，周期采油量大；随吞吐周期增加，地下含水增加，地下油的体积减小，周期采油量将减少，含水将上升。

5. 典型实例

1）水平井同井同步注采实例

华庆油田白 281 区平均油层厚度 18.2m，渗透率 0.26mD。陈平 14-01 井 2013 年 6 月投产，水平段 719m，压裂 8 段 16 簇，七点井网（图 5-3-16）；初期日产液 7.7m^3，日产油 6.7t，含水率 12.2%，动液面 968m；投产半年日产液 2.0m^3，日产油 1.74t，含水率 13.0%，动液面 1419m，随后单井产能稳定在 2.0t/d 左右，区域地层压力保持水平 81.6%。

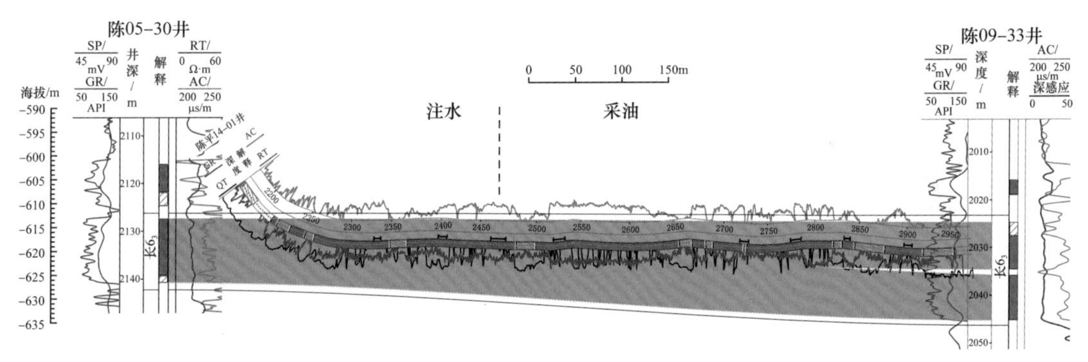

图 5-3-16 陈平 14-01 井施工段示意图

2019 年 3 月 6 日开展同井注采试验，日注水 10m^3，措施前日产油 2.08t，含水率 17.2%，目前日产油 3.96t，含水率 10.5%，日注水 10 m^3，注入压力 10MPa，有效期已 104d，累计增油 208t（图 5-3-17）。

2）水平井同井异步注采实例

（1）基本情况。XP50-11 井水平段长度 579m，采用水力喷砂环空加砂分段多簇压裂改造（表 5-3-1），改造段数 7 段 14 簇，单井加砂量 366m^3，排量 6.0m^3/min，单井入地液量 3891.1m^3，单井排出液量 73m^3。

XP50-11 井 2013 年 11 月投产，采用五点井网注水开发，初期日产液 12.8m^3，日产油 8.7t，含水率 18.5%。该井于 2016 年 8 月起开始进行注水吞吐试验，吞吐前日产液 2.97m^3，日产油 1.23t，含水率 58.6%（图 5-3-18），地层累计采出液量 6187m^3。

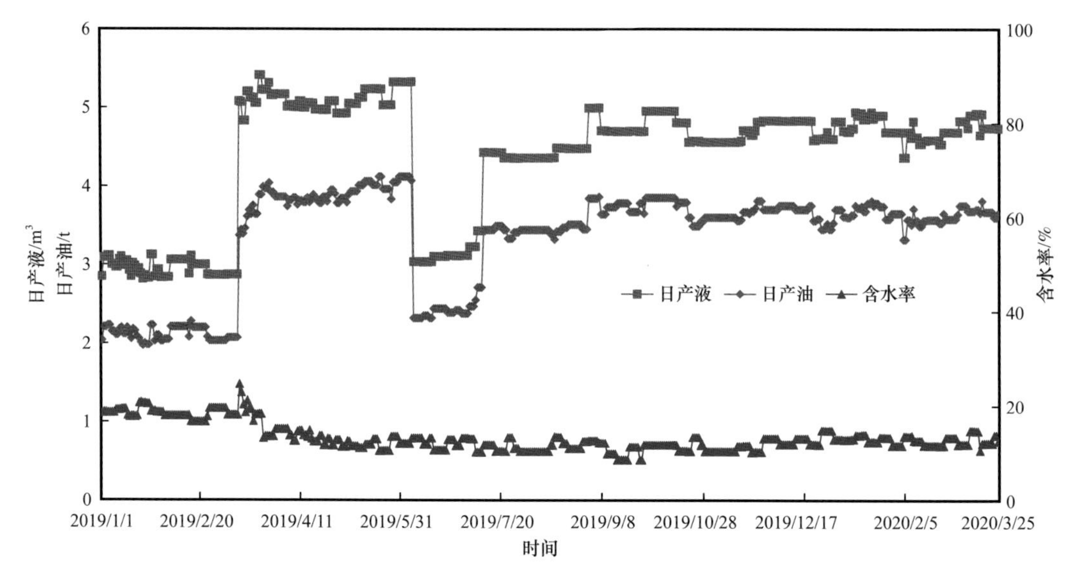

图 5-3-17 陈平 14-01 井采油曲线

表 5-3-1 XP50-11 井试油数据表

压裂段	压裂日期	压裂液类型	压裂层位	加砂 / m^3	砂比 / %	排量 / m^3/min	入地液量 / m^3	破裂压力 / MPa
1	2013/10/29	瓜尔胶	长 7_2	38	12.8	5.90	399.8	29.5
2	2013/10/29		长 7_2	58	13.4	5.85	597.0	32.5
3	2013/10/30		长 7_2	58	12.4	5.95	634.4	34.2
4	2013/10/30		长 7_2	58	12.9	5.85	620.0	32.5
5	2013/10/31		长 7_2	58	12.9	6.05	611.3	33.6
6	2013/10/31		长 7_2	58	12.8	5.95	616.3	32.6
7	2013/10/31		长 7_2	38	12.4	5.95	412.3	36.7

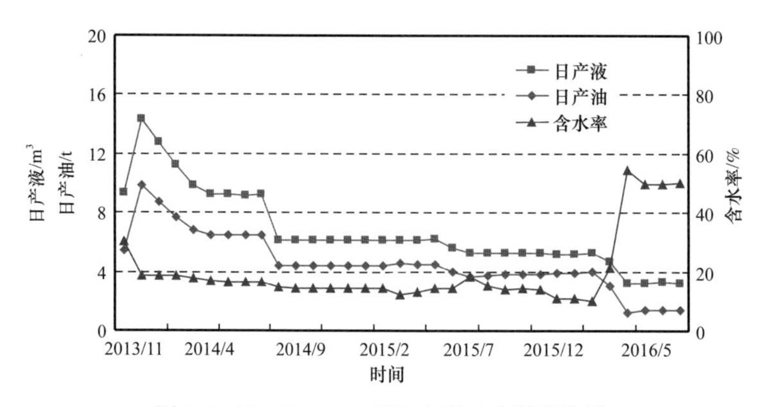

图 5-3-18 XP50-11 井注水吞吐前开采曲线

（2）注水参数。2016 年 8 月 6 日开展分三段注水吞吐试验，1～3 射孔段为第一段，4～5 射孔段为第二段，6～7 射孔段为第三段。单射孔段日注水量 15m^3，则第一段日注水 45m^3，第二段日注水 30m^3，第三段日注水 30m^3，单井注水 105m^3，累计注水 4336m^3，注水 43d 后关井焖井，焖井 58d 井口压力达到稳定。

（3）施工工艺。XP50-11 井基于数字分注工艺，应用智能配水器（集成式涡街流量计）实现井下分段流量自动测调及动态参数实时录取和存储。下井前在地面设置程序，注水过程中共自动测调 15 次，整井及单段注入误差小于 15%（图 5-3-19、图 5-3-20）。

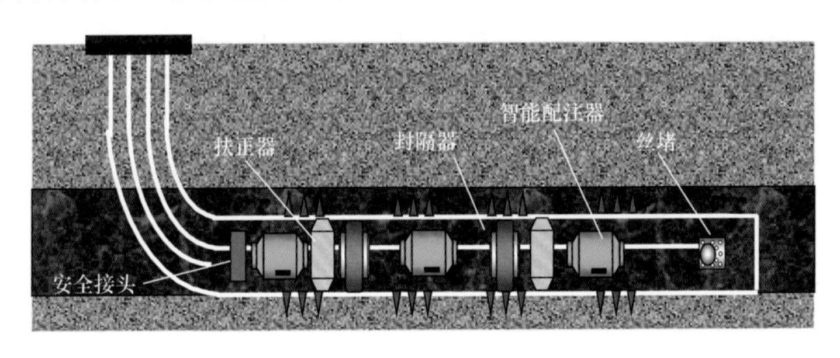

图 5-3-19　XP50-11 井分段注水井下管柱示意图

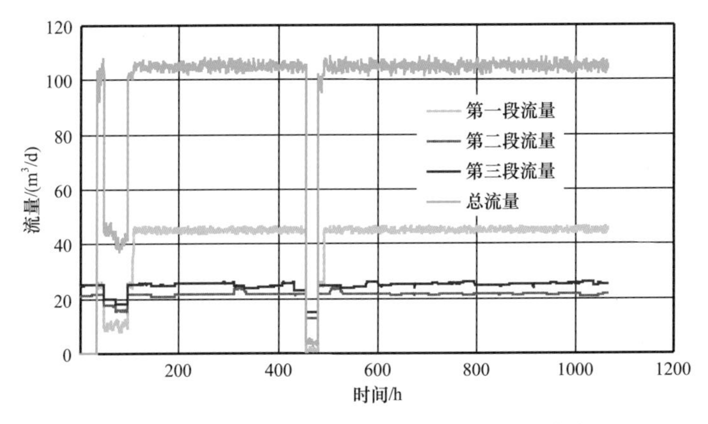

图 5-3-20　XP50-11 井分段注水流量监测曲线

（4）实施效果。XP50-11 井开井后日产液由 3.2m^3 上升到 10.8m^3，日产油由 1.4t 上升到 4.4t，截至 2017 年 8 月底，已实现增油 199t，目前仍旧有效（图 5-3-21）。

二、水平井异井同步（异步）注采技术

考虑到水平井同井多段注采实施技术上目前难以实现，提出了水平井异井同步（异步）注采井网，其技术内涵是将相邻 3 口水平井作为一个注采单元，中间水平井作为水井，两侧水平井作为油井，通过缩小井距，实现交错布缝。水平井异井注采井网包括同步注采和异步注采两种方式。异井同步注采是指在注水井注水的同时，两边采油井进行采油。异井异步注采是指先在注水井进行注水，待注水完成后，在采油井进行采油（图 5-3-22）。

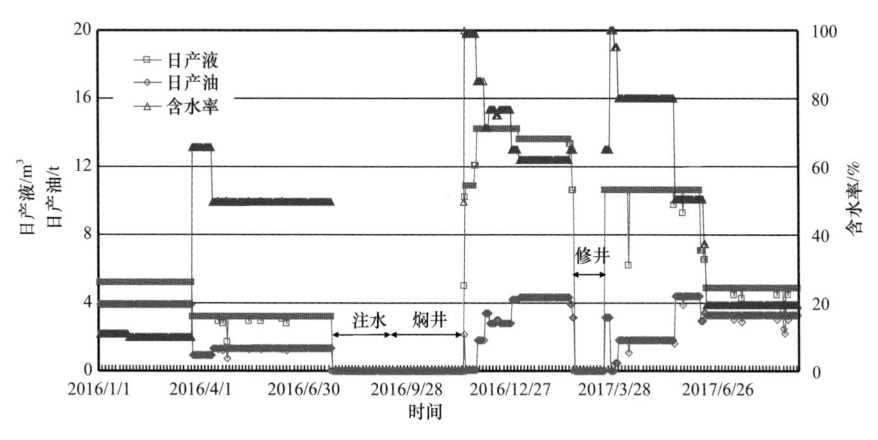

图 5-3-21 XP50-11 井注水吞吐后采油曲线

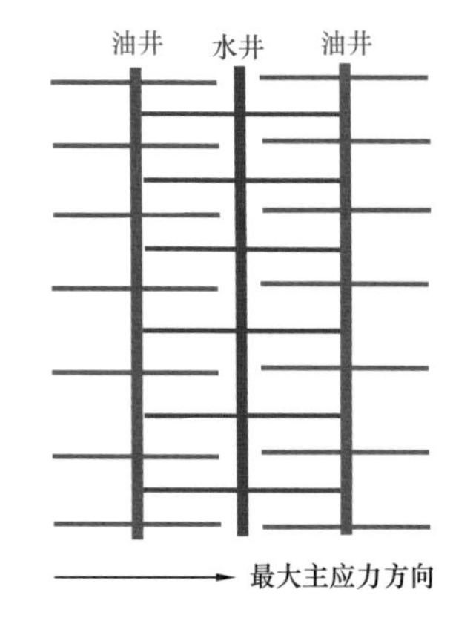

图 5-3-22 水平井异井交错布缝异井注采井网

1. 井距优化

井下微地震监测通过压裂施工参数与微地震数据综合分析，能够对压裂的范围、裂缝发育的方向、大小进行追踪、定位，但近年来矿场实践发现井下微地震监测的地质响应裂缝带长并不代表有效支撑缝长，长庆油田 NP9 井三井同步井下微地震裂缝监测和矩张量反演解释结果表明（图 5-3-23），有效支撑缝长是微地震事件长度的 50%；应用井下微地震裂缝监测和矩张量反演方法解释的有效裂缝半长在 200m 左右，应用水平井分区渗流模型拟合的有效裂缝半长在 160～200m 之间（图 5-3-24），按照交错布缝 100% 左右，井距确定在 200m。

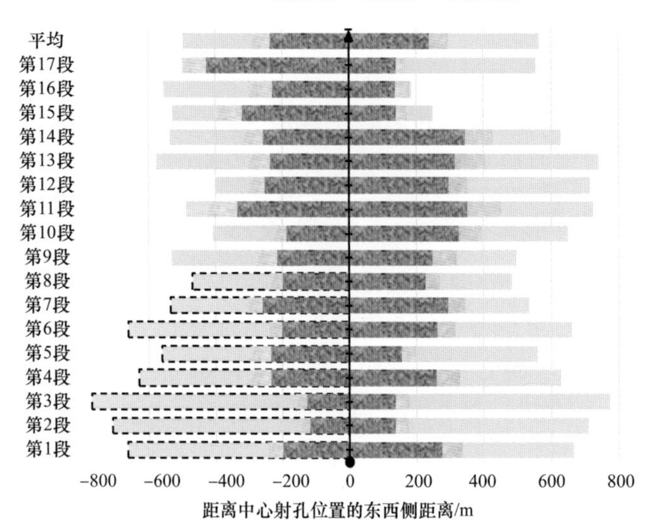

图 5-3-23 NP9 井水力裂缝和有效裂缝半长对比

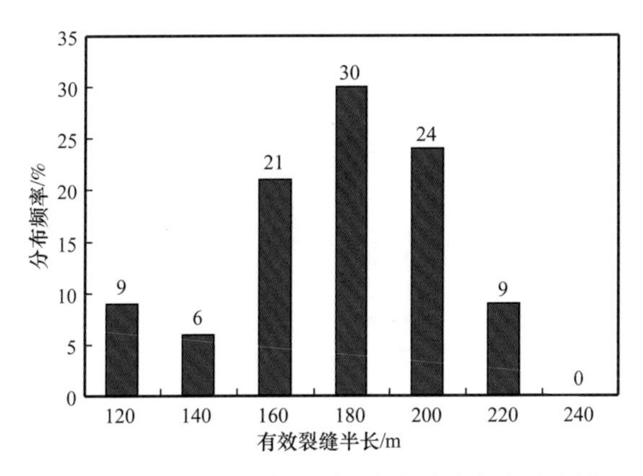

图 5-3-24 水平井有效裂缝半长分布频率直方图

2. 水平段长度优化

考虑到目前分段注水可以实现 3～4 段（其中 3 段注水最成熟），再结合前述水平井同井同步（异步）注采技术中优化的人工裂缝段间距为 60m 的论证结果，反算小注采单元水平段长度 400m；大注采单元水平段长度 800～880m（图 5-3-25、图 5-3-26）。

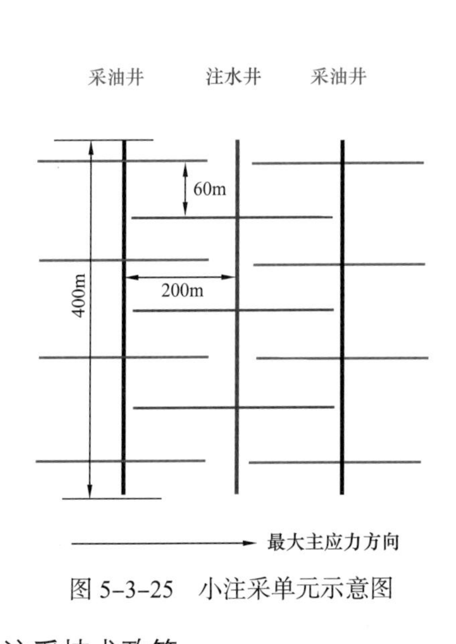

图 5-3-25 小注采单元示意图

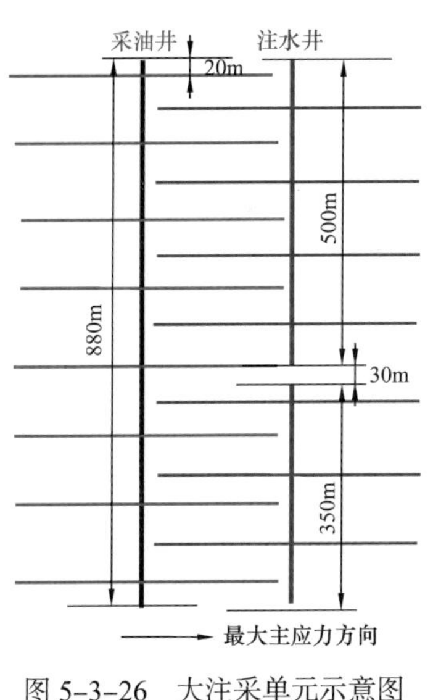

图 5-3-26 大注采单元示意图

3. 注采技术政策

运用数值模拟方法，模拟自然能量开发、同步注水开发、超前注水三种开发方式下单井产量和地层压力随时间的变化（图 5-3-27），可以看出超前注水下单井产量和地层压力均保持较好，推荐采用超前注水开发方式，考虑到水平井改造规模较大，超前注水量主要由水平井人工裂缝入地液量来完成。根据前期矿场实践，推荐水平井交错布缝同步注采方式单段注水量 5～7m^3；当地层压力下降到饱和压力附近或者含水率达到 60% 以上时，开展水平井交错布缝异步注采试验，单段日注水量 10m^3，单井注水量达到原始地层压力的 120%（图 5-3-28）。

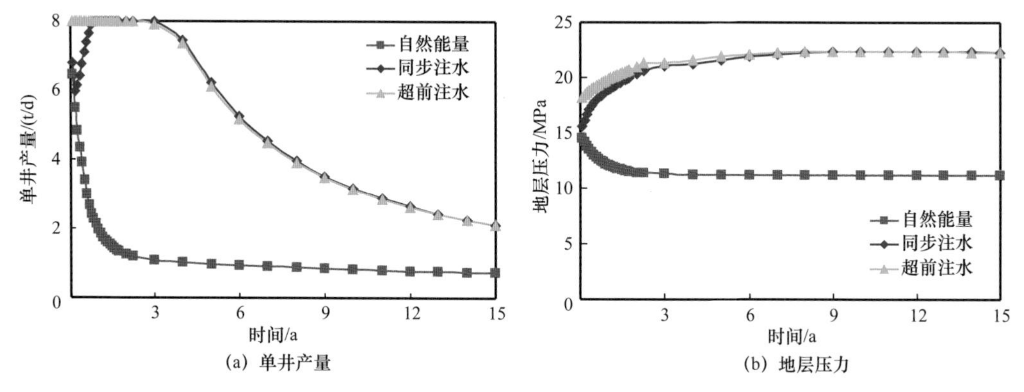

图 5-3-27 不同注水开发方式下单井产量（地层压力）随时间的变化

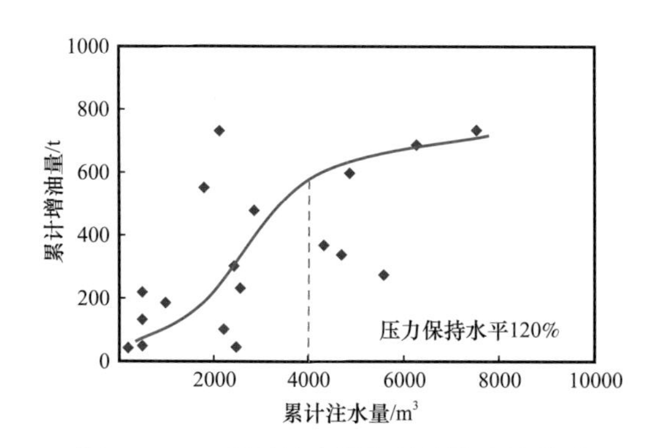

图 5-3-28 累计注水量与累计增油量关系

采油水平井合理流压保持在饱和压力附近，初期合理日产液（1.5～1.8）m^3/100m，有利于提高采收率。

4. 储层改造参数

优化原则：优化注水井裂缝为细长带状裂缝，油井体积压裂。

采油水平井压裂参数：集中射孔、分段压裂；压裂排量为 6～8m^3/min；入地液量 400～600m^3/ 段；加砂量 60～80m^3/ 段；砂比不小于 20%。

注水水平井压裂参数：集中射孔、分段压裂；压裂排量 2～3m^3/min；入地液量 200～300m^3/ 段；加砂量 30～40m^3/ 段；砂比不小于 20%。

第六章　低渗—超低渗油藏提高储量动用关键工艺技术

低渗—超低渗油藏是长庆油田开发的主力油藏，对油田长期稳产起着决定性作用。随着开发的不断深入，低渗、特低渗油藏逐步进入中高含水期，储量动用及稳产难度进一步加大。通过“十三五”技术攻关，解决了常规堵水调剖工艺有效期短（6~8月）、深部剩余油动用能力不足；分注井井下封隔器易失效，分注效果降低、测调工作量大、成本高；常规压裂改造程度低，措施效果差；常规侧钻技术周期长成本高、常规隔采技术有效期短，套损井区储量恢复动用困难等制约提高低渗—超低渗油藏储量动用提升的关键工艺技术难题。形成了低渗—超低渗油藏深部调驱、水平井找堵水、精细分注、储层高效改造、连续管侧钻及套损井长效开采等关键工艺技术系列，提高低渗—超低渗油藏储量动用程度，提升最终采收率。

随着开发时间的延长和开发对象的日趋复杂，不同类型油藏表现出来的开发矛盾各不相同。以长庆安塞油田为代表的特低渗油藏整体处于中高含水开发阶段，含水率60%以上油藏个数占特低渗油藏的56.1%，地质储量占57.4%，产量占50.9%，受储层非均质性影响水驱指数大幅上升，存水率下降，采油速度下降，水驱效果变差；此外，生产时间长，套管服役时间大于15年，部分井出现套损的情况，造成局部井网残缺、储量失控。以华庆油田为代表的超低渗透油藏多处于中含水、低采出阶段（综合含水率50.2%，地质储量采出程度4.32%），储层物性差、裂缝发育、有效驱替难建立，整体开发矛盾为油井裂缝性水淹，低产井多，采出程度低。开展低渗—超低渗油藏提高储量动用关键工艺技术研究对于类似油田开发后期提高剩余储量动用程度和最终采收率具有重要意义。

第一节　低渗—超低渗油藏深部调驱技术

油田进入高含水阶段以后，调剖堵水是一种行之有效的手段。20世纪80年代，注水井调剖技术逐渐被提出来。以鄂尔多斯盆地低渗透储层为代表的低渗—超低渗油藏目前地质储量采出程度7.9%，综合含水率59%，低渗—超低渗油藏平面、纵向水驱不均导致含水率上升过快，是制约该类油藏储量动用的关键因素。传统以“冻胶+体膨颗粒”、凝胶、树脂类为主的调剖工艺在东部油田应用较多，“十二五”期间低渗—超低渗油藏借鉴了东部油田调剖思路，初期取得了较好的效果，但在该类油藏应用中存在常规调剖剂无法进入储层深部及后续注水在近井地带发生绕流、有效期短、多轮次后无效的问题，因此在该类油藏中的适应范围有限。“十三五”期间围绕低渗—超低渗油藏水驱开发矛盾，明确油井见水规律、开展优势通道判识及表征的基础上，研发适用于低渗—超低渗油藏的两类堵水调剖体系：纳米聚合物微球体系、PEG 单相微凝胶颗粒体系，以及通过体系组合，形成了包括聚合物微球深部调驱工艺技术、PEG 单相微凝胶调驱工艺技术、深部复合调驱工艺技术三项技术，研究优化工艺技术参数，初步形成了适应于低渗—超低渗油藏的深部调驱工艺技术，并在矿场取得较好的效果。

一、PEG 单相凝胶调驱工艺技术

对于大尺度优势通道，以往的方法采用冻胶体系在注水井段调剖，但冻胶体系由于多种配液质量可控性差、地下成胶风险大，体膨颗粒体系粒径大、注入性差，同时，高压注水油藏由于提压空间受限，难以开展调剖。因此研发了微米级粒径、尺度可控的 PEG 单相凝胶调驱体系。与传统体系相比，配液组分由 3～4 种简化为 1 种，颗粒粒径由 3～8mm 缩小为 30～300μm，可采出水配液，施工质量可控性、体系注入性、运移性明显提升。

1. PEG 性能表征

1）PEG 凝胶形貌表征

取少量样品置于导电胶上，随后进行喷金处理，采用钨灯丝扫描电子显微镜观察 PEG 凝胶的表面形貌，可以看出，PEG 凝胶初始粒径为 100～150μm，表面呈沟壑状的褶皱结构，分散良好，没有出现粘连现象，如图 6-1-1 所示。

(a) 50μm尺度下

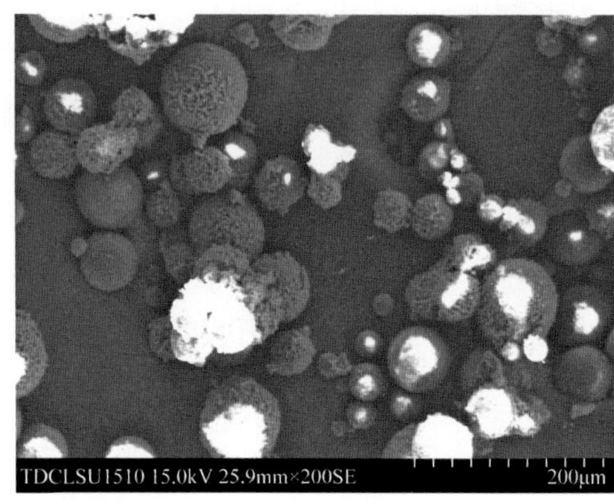

(b) 200μm尺度下

图 6-1-1 PEG 凝胶扫描电镜图

2）红外光谱表征

取少量干燥的样品和溴化钾固体置于研钵中，将二者研磨均匀并加入压片模具中，振荡使其分散均匀，然后将其压成透明度好的薄片试样，将压好的薄片置于红外光谱仪中测试，并记录其红外吸收光谱数据，如图 6-1-2 所示。

3）成胶强度

相同组分不同的聚合机理制备出的 PEG 凝胶颗粒，直径不同，稳定性不同。强度—压缩变形能力宏观测试表明，随着胶体形变的不断加大，胶体强度呈指数变化（图 6-1-3）。

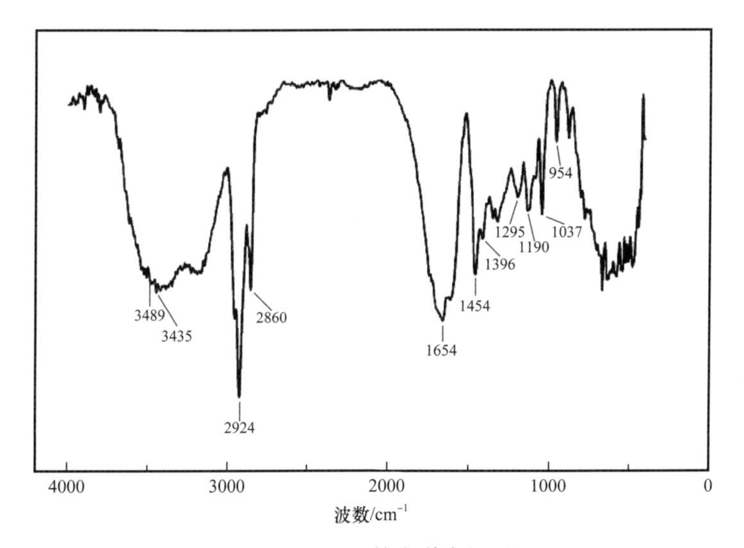

图 6-1-2 红外光谱表征图

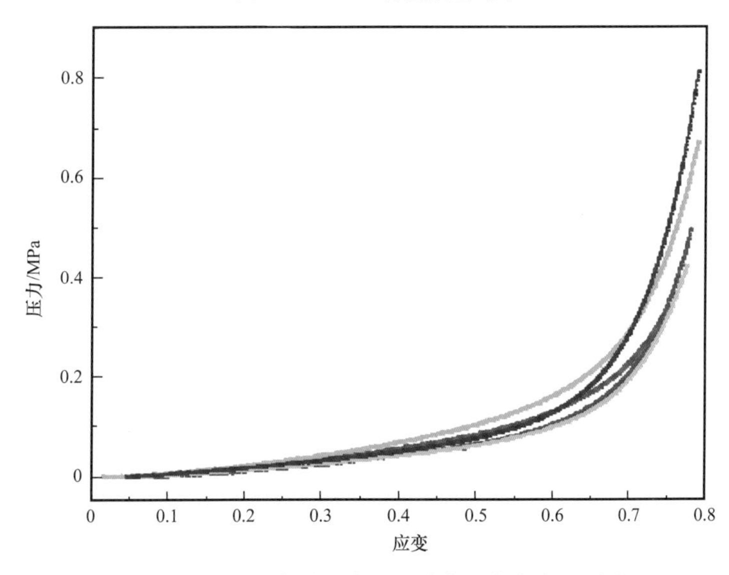

图 6-1-3 PEG 凝胶强度—压缩变形能力宏观测试

4）抗老化性能

根据热分解温度，判断凝胶热稳定性及适宜的温度范围，采用热失重法表征。

取 5mg 的 PEG 凝胶颗粒样品，利用 TA-Q500 热失重分析仪，设定温度范围 0～800℃，升温速率 20℃ /min，N_2（流速 40mL/min）环境测定样品的失重情况。

从图 6-1-4 热失重曲线分析可以看出，在 170℃以下自身没有发生分解，凝胶具有突出的热稳定性，能够满足井下使用温度。

5）耐温抗盐性能

模拟鄂尔多斯盆地延长组油藏温度及地层水矿化度，采用总矿化度为 20g/L、40g/L、60g/L、80g/L、100g/L 的长 6 油藏模拟地层水，配制质量浓度为 0.5%PEG 凝胶颗粒溶液，温度为 60℃的保温箱内烘烤，间隔一定时间后适当搅拌后取少量溶液置于激光粒度仪内

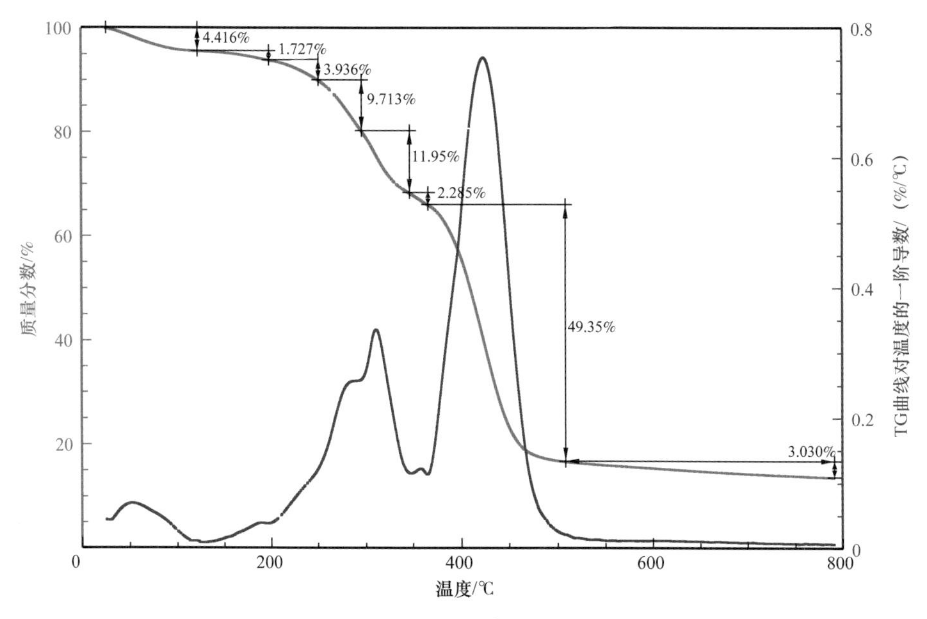

图 6-1-4 PEG 凝胶体系热失重曲线

测量粒径并记录，实验结果如图 6-1-5 所示。从实验结果可知，在模拟油藏温度 60℃、矿化度 20～100g/L 时 PEG 凝胶颗粒仍能够溶胀，溶胀后粒径是初始粒径的 1.56～2.08 倍，矿化度对 PEG 凝胶颗粒的水溶胀性能有一定影响，随矿化度的增大，体系抗盐性能有所降低，但该影响较小。

采用总矿化度为 60g/L 的长 6 油藏模拟地层水，配制质量浓度为 0.5%PEG 凝胶颗粒溶液，模拟油藏温度 40℃、50℃、60℃、70℃、80℃，置于保温箱内烘烤，间隔一定时间后适当搅拌后取少量溶液置于激光粒度仪内测量粒径并记录，实验结果如图 6-1-6 所示。从实验结果可知，实验范围内温度对 PEG 凝胶颗粒溶胀性能几乎没有影响。

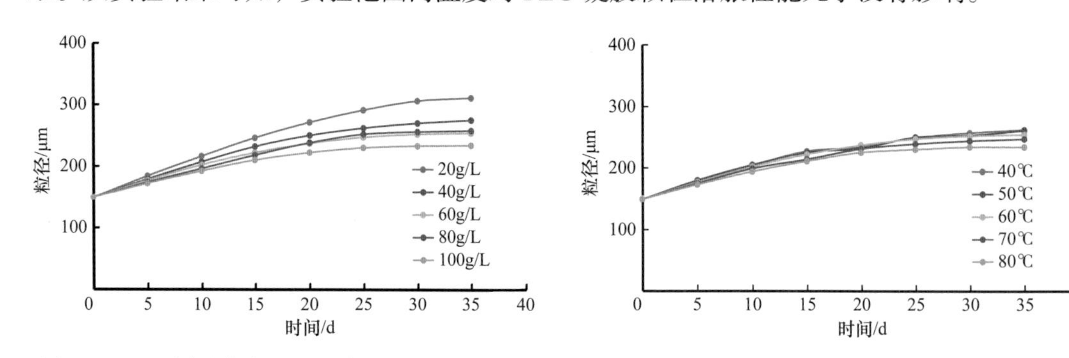

图 6-1-5 不同矿化度下 PEG 凝胶粒径变化曲线

图 6-1-6 不同温度下 PEG 凝胶粒径变化曲线

6）注入性能

准确称取 0.5g 凝胶颗粒，将其分散在 100g 水中，充分搅拌至凝胶在水中分散均匀，得到质量分数为 0.5% 的凝胶水分散液，利用旋转黏度计测量其旋转黏度值。按照同样的方法分别配置质量分数为 1.0%、1.5% 的凝胶水分散液。

采用旋转黏度计测量凝胶质量分数为 0.5% 的水分散液黏度为 13.4mPa·s，低于规定的 20 mPa·s，达到预期设计要求，并且该黏度值显示出凝胶良好的注入性。同时，配置好的凝胶水分散液在 60℃恒温条件下静置 7d，基液黏度仍保持在 20mPa · s 以内。表明凝胶水分散性好，稳定性好。因此，确定现场注入时配制成质量分数为 0.5% 的水分散液（图 6–1–7、图 6–1–8）。

图 6–1–7 质量分数 0.5% PEG 凝胶颗粒液体

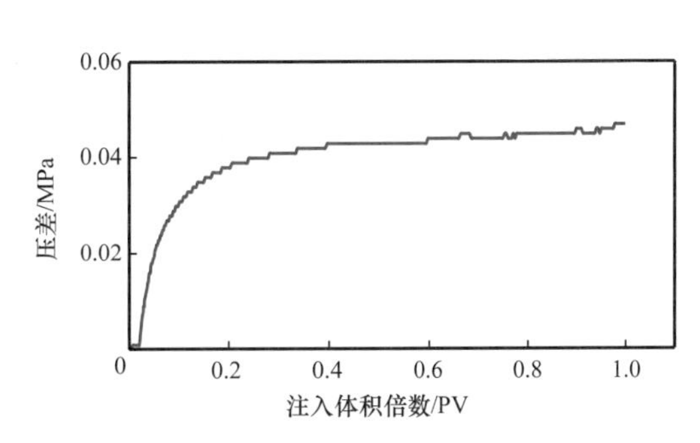

图 6–1–8 填砂管注入压力变化（质量分数为 0.5%）

7）封堵性能

实验材料：凝胶颗粒、油砂（80～100 目），油田注入水（矿化度 59300mg/L）。

仪器及设备：采油化学剂评价装置；真空泵；分析天平，感量 0.01g；玻璃仪器，100mL 具塞刻度量筒及烧杯；搅拌器。

实验参数：填砂管尺寸 ϕ30mm×500mm；填砂管体积 353.25cm^3；孔隙体积 78.43cm^3；孔隙度 22.20%；填砂管初始水测渗透率 307.68mD；注入质量分数为 0.5% 的样品凝胶调驱剂 1PV，即 78.43mL。注入调驱剂后，膨胀 2d、4d、7d、12d 后分别测试水驱渗透率，见表 6–1–1。

表 6–1–1 PEG 凝胶封堵实验数据

项目	压差 /MPa	渗透率 /mD	封堵率 /%
堵前测试	0.06	307.68	—
堵后 2d	0.25	73.58	76.08
堵后 4d	1.96	8.10	97.37
堵后 6d	4.58	3.35	98.91
堵后 12d	6.34	2.50	99.19

实验开始阶段，渗透率波动较大，随着注入量的增加，渗透率波动幅度变小，逐渐接近平稳，在某个中值附近上下浮动，达到稳定状态；同时，随着膨胀时间的增加，水测渗透率明显降低，在注入堵剂 6d 后，渗透率能达到 10mD 以下（图 6–1–9），说明堵剂膨胀后起到了显著的封堵效果。

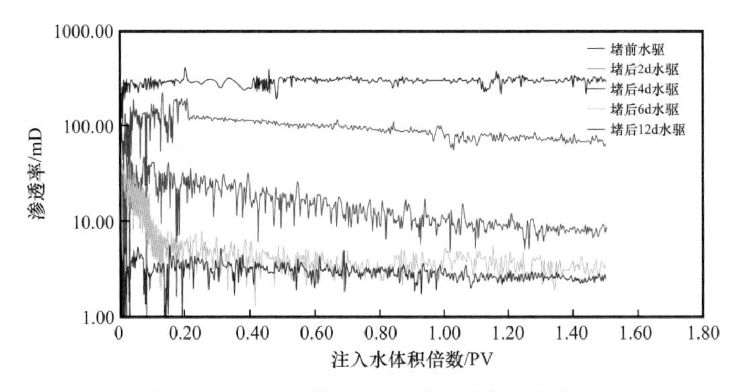

图 6-1-9 PEG 凝胶注入后渗透率变化曲线

图 6-1-10 为水驱过程中压力变化曲线，随着注入量的增加，压力逐渐升高，达到相对稳定状态，同时在压力升高过程中，压力曲线有上下波动的趋势，说明堵剂在岩心中存在封堵—突破的过程；同时，随着膨胀天数的增加，堵剂最后的封堵压力不断升高，原因是堵剂膨胀倍数增大，对岩心孔喉、优势通道的封堵强度更大，堵剂不容易突破，堵塞了水流通道，使压力升高。

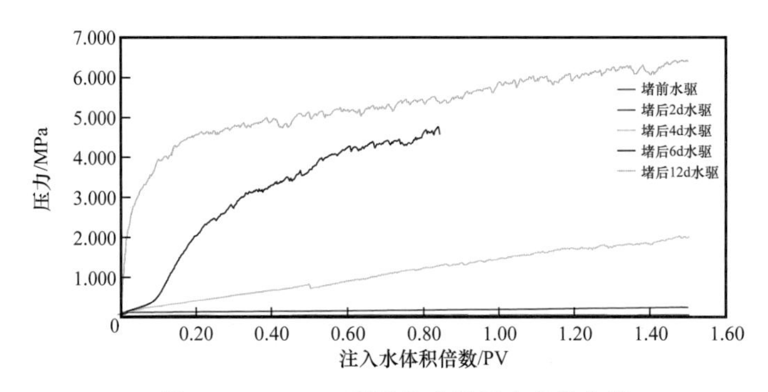

图 6-1-10 PEG 凝胶注入后压力变化曲线

从岩心渗透率数值和压力分布曲线变化情况可以看出，在注入堵剂后，渗透率数值下降幅度更大，2d 封堵率达到 76.08% 以上，渗透率降低到 73.58mD，6d 封堵率达到 98.91%，渗透率降低到 3.35mD，12d 后封堵率达到 99.19%，渗透率降低到 2.50mD，压力达 6.5MPa，封堵效果好。

2. 工艺参数设计

粒径优化：采用平板微流控模型，模拟不同缝宽，开展驱替实验，选取平均粒径 150μm 的 PEG 凝胶颗粒体系作为注入剂，注入浓度 0.5%。根据不同凝胶颗粒粒径与模拟裂缝宽度之比（径宽比）下模型水驱渗透率的变化，计算 PEG 凝胶颗粒封堵率，曲线如图 6-1-11 所示。

从实验结果可知，当凝胶颗粒与裂缝之比为 1～1.5，微凝胶封堵效果好，封堵率达到 85% 以上。因此在矿场应用时，应根据封堵目标裂缝的宽度确定 PEG 凝胶颗粒的粒径。

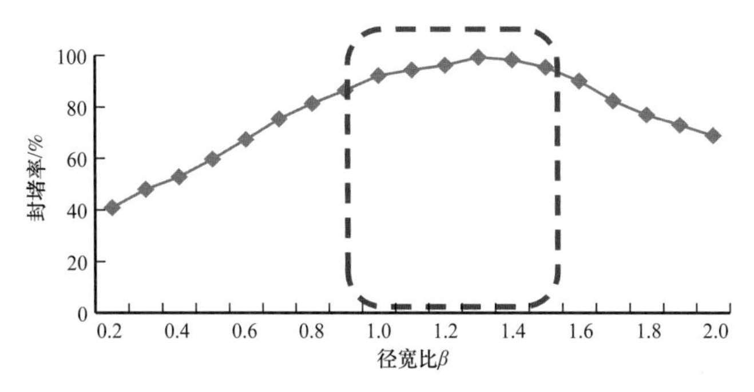

图 6-1-11　不同径宽比下模型封堵率曲线

3. 矿场试验效果

安塞油田王窑长 6 油藏西部区域长期注水开发，人工压裂缝、动态缝及天然裂缝分布复杂，油井裂缝型见水明显。为封堵裂缝，控制油井含水率进一步上升，现场开展 PEG 单相凝胶调驱试验 4 井组，具体试验工艺参数见表 6-1-2。

表 6-1-2　王窑长 6 油藏 PEG 单相凝胶调驱试验主要施工设计参数

颗粒粒径 /μm	注入浓度 /%	注入排量 /（m^3/h）	段塞组合	注入量 /m^3
100～300	0.3～0.4	1.2～1.5	单一段塞	1500～1700

调剖后试验井组平均注水压力由 9.5MPa 上升到 10.6MPa，对应油井 25 口，按照产量递减法评价试验效果，累计增油 883t，试验井组自然递减率由 21.3% 下降到 10.3%，含水上升率由 11.5% 下降到 −5.1%。

二、纳米聚合物微球调驱工艺技术

针对小尺度微裂缝或高渗条带造成油藏平面上水驱不均、油井见效程度差异大的问题，利用反相微乳液聚合法研发纳米聚合物微球，注入纳米聚合物微球后，能够进入储层深部，并滞留在优势通道或微裂隙（裂缝）中，实现封堵，使后续注入水发生液流转向，从而扩大水驱波及范围，改善该类注水开发油藏水驱效果，达到控水稳油的目的。

1. 纳米聚合物微球合成工艺

通过研制新型乳化剂，采用反相微乳液聚合法，控制乳化剂加量合成了粒径 50nm、100nm、300nm 系列聚合物微球（图 6-1-12）。

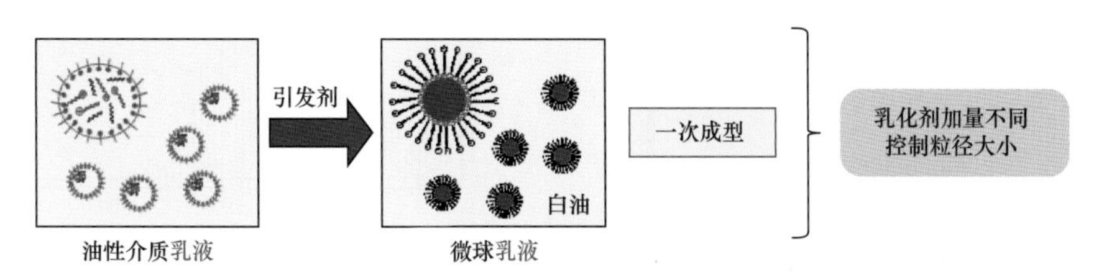

图 6-1-12　聚合物微球合成工艺过程示意图

2. 微球产品性能评价

1）外观及粒径

聚合物微球由于其制备方法的不同，其产品的外观形态也不尽相同。研发的 50nm、100nm、300nm 系列聚合物微球，外观为黄色半透明流动液体，不分层，无絮状物出现。以 100nm 聚合物微球为例，采用马尔文粒度仪测试粒径分布，从测试结果看聚合物微球粒径分布范围窄，d_{50} 值为 107nm。

2）溶液黏度

以 100nm 聚合物微球为例（下同），其原液形态为流动液体，可均匀分散在水中，将其配制成浓度 2000mg/L 的溶液，溶液黏度为 1.8mPa·s，微球黏度和纯水的黏度基本相同。

3）水分散性

聚合物微球是在水井注水管线直接注入的，这就要求其具有良好的分散性，在随注入水进入地层时可以均匀地进入地层深部，不会由于存在未分散的大颗粒而造成近井地带的封堵。试验选用五里湾一区的注入水（矿化度 20000mg/L）配制浓度 2000mg/L 的分散溶液，以 500r/min 速度搅拌分散溶液，30min 后倒入比色管中目测观察是否有明显的未分散物。试验中 100nm 聚合物微球样品可以在 30min 内实现快速分散。

4）膨胀性能

聚合物微球是以丙烯酰胺为主体，根据需要辅以一定的共聚单体聚合而成的交联水溶性高分子，微观形状为球形或类球形。在地层水矿化度和温度的作用下，会发生水化膨胀，在透射电镜的观察下，聚合物微球会形成明显的两层结构，外层为水化膨胀层，内层密度较大，为未水化膨胀层。随着聚合物微球在地层水矿化度和温度的长时间作用下，外面的水化膨胀层逐渐扩大，而中间的未水化层则逐渐减少，体积发生膨胀。

试验选用靖安油田 L75-35 井的地质条件，采用矿化度为 53219.57mg/L 的模拟地层水，配制浓度 2000mg/L 的分散溶液，在 55℃下烘烤 5d、10d、20d、30d 后取样，采用激光光散射粒度分析仪、光学显微镜测量 100nm 聚合物微球样品膨胀后的粒径分布及观察微球的膨胀形态（图 6-1-13）。

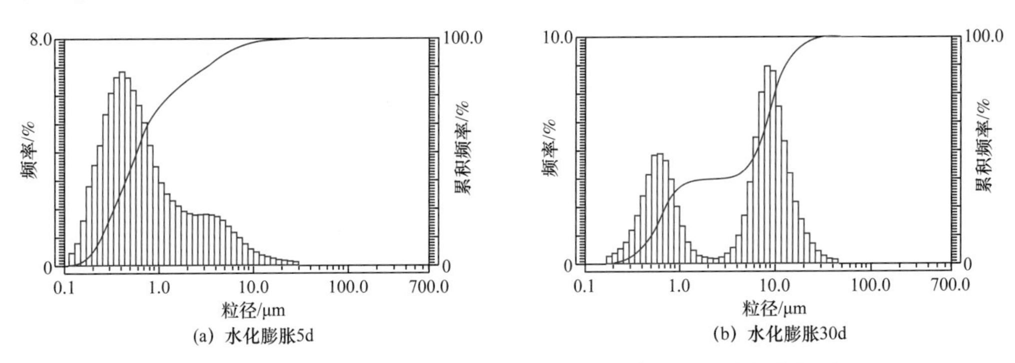

图 6-1-13 100nm 聚合物微球不同烘烤时间条件下的粒径分布图

5）耐温性能

靖安油田长6储层的平均地层温度为55℃，部分地区地层温度相对较高为60℃，实验主要考察所选聚合物微球在相对更高的地层温度条件下的适应性能。选取同一浓度100nm聚合物微球，对比60℃和55℃条件下，利用透射电镜观察微球粒径随烘烤时间的变化情况，结果如图6–1–14所示。

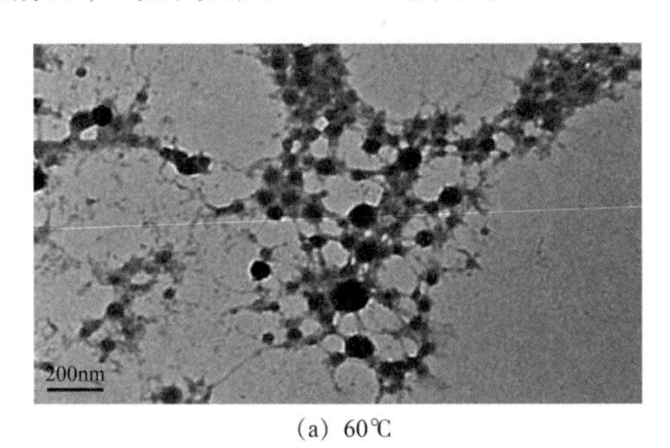

(a) 60℃

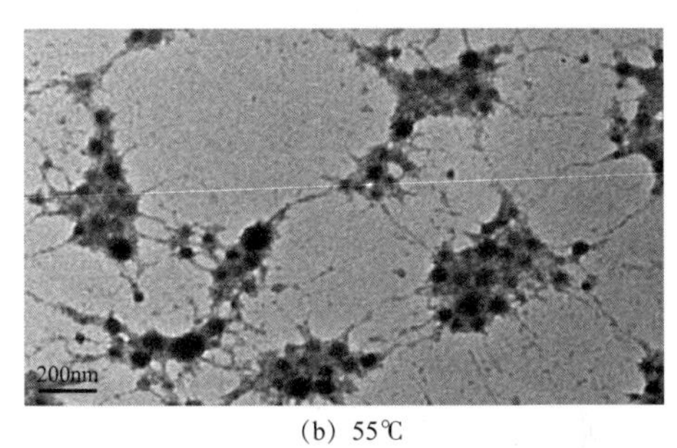

(b) 55℃

图6–1–14 100nm聚合物微球在60℃（55℃）下烘烤20d的透射电镜照片对比

对比100nm聚合物微球在60℃和55℃下的透射电镜照片，相同烘烤时间条件下，微球芯部（颜色深的部分）60℃与55℃整体相差不大，水化膨胀速度差别较小。

6）耐盐性

靖安油田的地层水平均矿化度较高，部分区块的矿化度高达80000 mg/L。实验以L75–35井的地层水条件为基准，将水中离子含量增加一倍，总矿化度达到106439.14mg/L，考察所选聚合物微球在这种极端高矿化度的地层水条件下的适应性能，见表6–1–3。

选取100nm聚合物微球样品，采用矿化度为106439.14mg/L的模拟地层水，分别配制浓度1000mg/L、2000mg/L、5000mg/L、10000mg/L的分散溶液，分别于55℃烘烤5d、10d、20d、30d后，采用激光光散射粒度分析仪，以及结合透射电子显微镜观察不同浓度微球耐盐性情况。

表6–1–3 聚合物微球耐盐性模拟污水离子组成

$Na^{+}+K^{+}$/mg/L	Ca^{2+}/mg/L	Mg^{2+}/mg/L	Cl^{-}/mg/L	SO_4^{2-}/mg/L	HCO_3^{-}/mg/L	总矿化度/mg/L	总硬度	pH值	水型
28659	11606	360	65678	13	120	106439	30469	6.78	$CaCl_2$

不同配制浓度的样品烘烤后粒径测量：样品配制浓度1000mg/L、2000mg/L、5000mg/L、10000mg/L，烘烤温度55℃（图6–1–15）。

100nm聚合物微球样品在不同配制浓度中，在55℃条件下10天烘烤，微球粒径变化趋势基本一致（图6–1–16）。

7）耐剪切性

聚合物微球在实际注入油田地层后，随着时间的推移，在地层水离子和温度的作用下，其自身体积发生膨胀。微球在地层的运移过程中，会受到砂石缝隙、狭窄孔喉、孔道处的多次剪切，本实验是考察所选聚合物微球经过高速剪切后，其结构形态的变化规律。

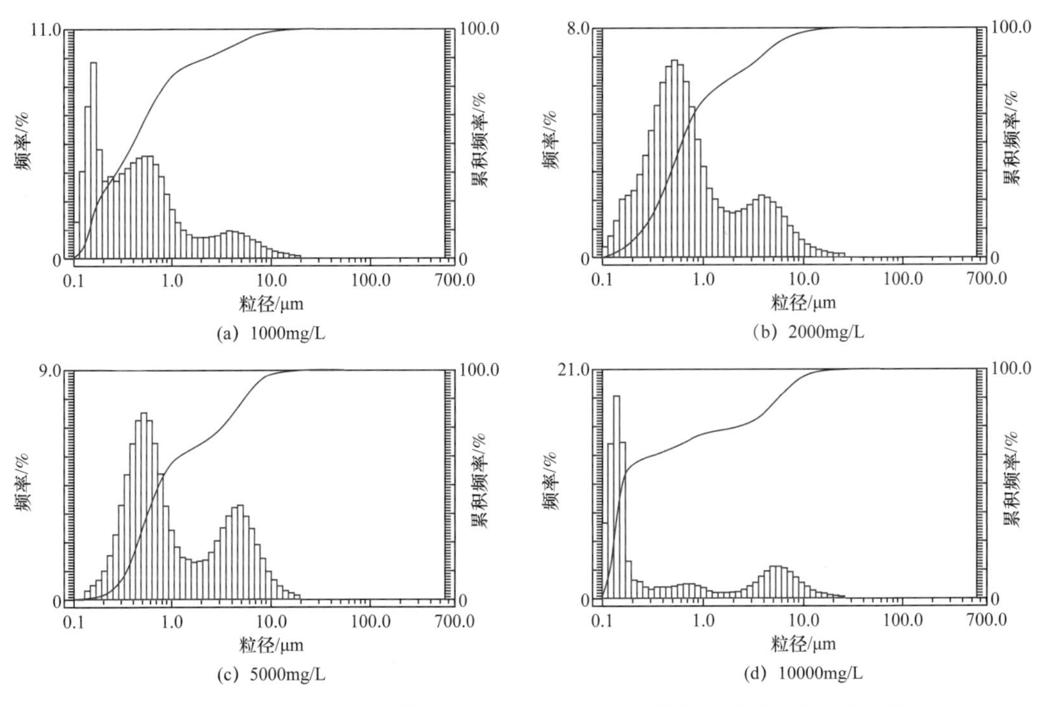

(a) 1000mg/L　(b) 2000mg/L　(c) 5000mg/L　(d) 10000mg/L

图 6-1-15　100nm 聚合物微球样品不同浓度、10d 烘烤时间下的粒径分布图

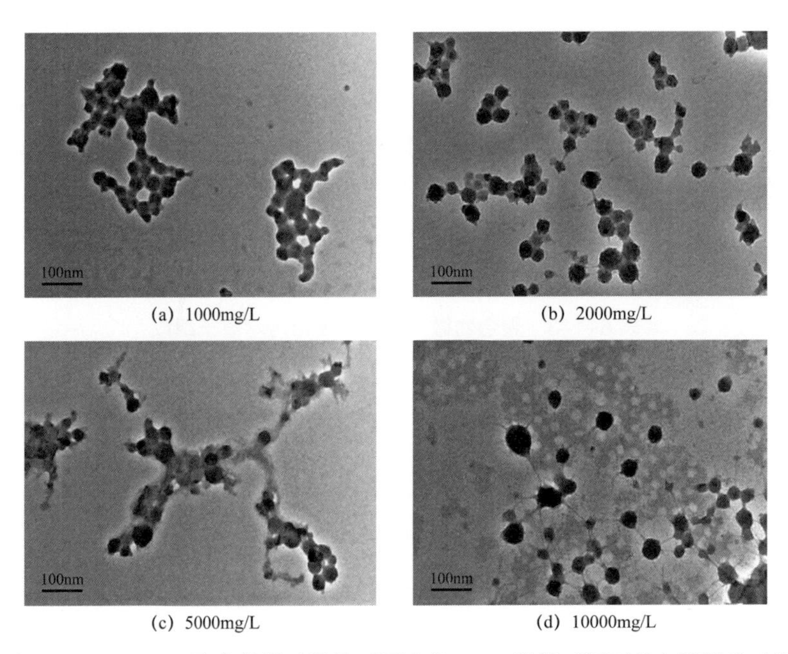

(a) 1000mg/L　(b) 2000mg/L　(c) 5000mg/L　(d) 10000mg/L

图 6-1-16　100nm 聚合物微球样品不同浓度、10d 烘烤时间下的电镜照片对比

从电镜照片中（图 6-1-17）可以看出，聚合物微球经过模拟地层条件下烘烤 10d 后，采用高速组织粉碎机剪切，在不同的转速条件下，其微球形貌仍保持为类球形，微球芯部（颜色深的部分）大小变化不大，并没有因为剪切作用，而使得微球被剪碎、变形，具有良好的耐地层剪切能力。

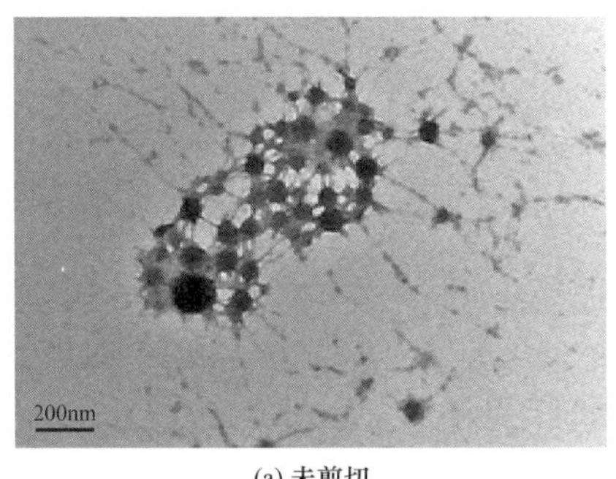

(a) 未剪切

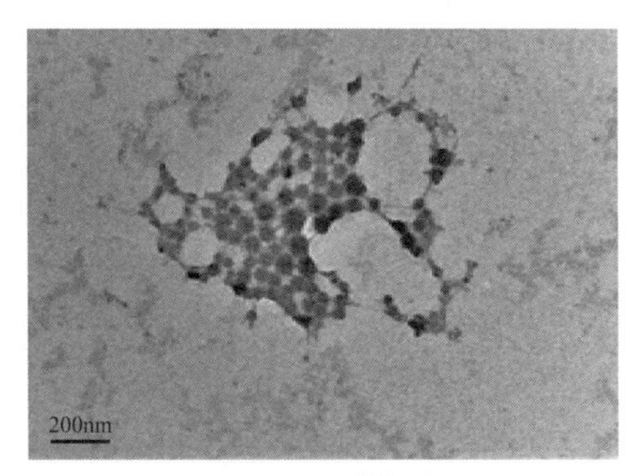

(b) 500r/min剪切后

图 6-1-17 100nm 聚合物微球剪切前后的电镜照片

8）封堵性能

室内采用填砂管模型评价聚合物微球封堵性能，填砂管模型渗透率为 186mD，用模拟地层水采用驱替泵以 0.5mL/min 的速度驱替填砂管，待水驱达到平衡后，采用模拟地层水配制不同粒径微球溶液，浓度为 2000mg/L，再注入聚合物微球溶液 0.3PV，继续水驱至压力不再变化，水驱渗透率降至 13mD，注入微球后，对填砂管模型封堵率高达 93%，封堵效果较好（图 6-1-18）。

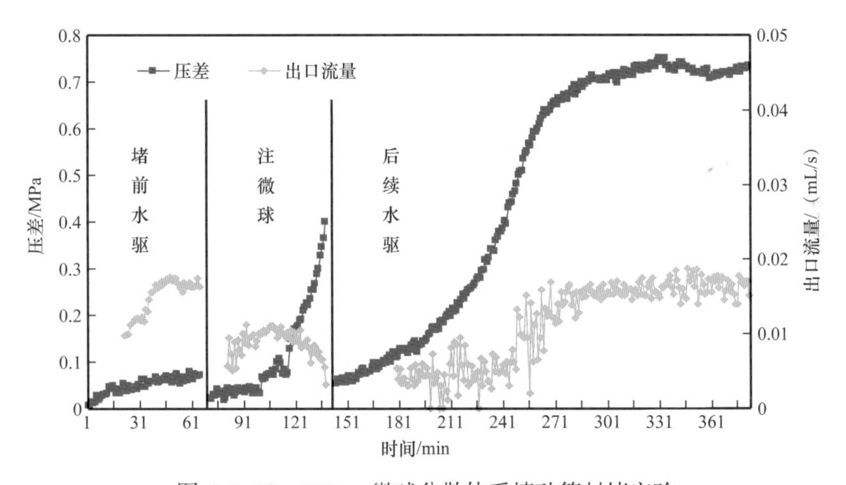

图 6-1-18 100nm 微球分散体系填砂管封堵实验

3. 工艺参数设计

1）注入粒径匹配

聚合物微球主要通过直接封堵、架桥封堵、聚集封堵三种方式实现封堵优势通道，封堵后改变后续水驱渗流方向，以起到改善水驱的作用。为了能够运移到油藏深部，实现深部调驱，微球粒径应小于储层喉道直径，满足“注得进”的要求。根据 Carman-Kozeny 公式［式（6-1-1）］，在已知孔隙度、渗透率、迂曲度时计算储层平均喉道半径，考虑不同储层条件下微球水化膨胀特性（实验确定），选择微球粒径。

$$K=\frac{\phi r^2}{8\tau^2} \tag{6-1-1}$$

式中 K——渗透率，mD；

ϕ——孔隙度，%；

r——喉道半径，μm；

τ——迂曲度。

根据鄂尔多斯盆地孔喉结构表征结果可知，超低渗储层喉道半径主要分布在0.2～1.8μm间，按照1/3架桥、微球水化膨胀3倍综合计算微球粒径与储层匹配关系，注入粒径匹配结果见表6-1-4。

表 6-1-4 鄂尔多斯盆地不同喉道储层与纳米聚合物微球粒径匹配表

喉道半径 /μm	匹配微球粒径范围 /μm	匹配目前微球粒径 /nm
＜0.4	＜0.09	50
0.4～1.0	0.09～0.22	100
1.0～2.0	0.22～0.44	300

2）注入浓度确定

根据室内评价结果，随着聚合物微球浓度的增加，阻力因子和残余阻力因子逐渐变大，但在聚合物微球浓度高于2000mg/L后，残余阻力因子增加幅度明显变小。聚合物微球浓度为2000mg/L时，其阻力因子和残余阻力因子分别为18.5和5.7（图6-1-19），说明聚合物微球在岩心中形成了有效的封堵，大于2000mg/L之后残余阻力因子增幅不大，因此注入浓度建议2000mg/L左右。

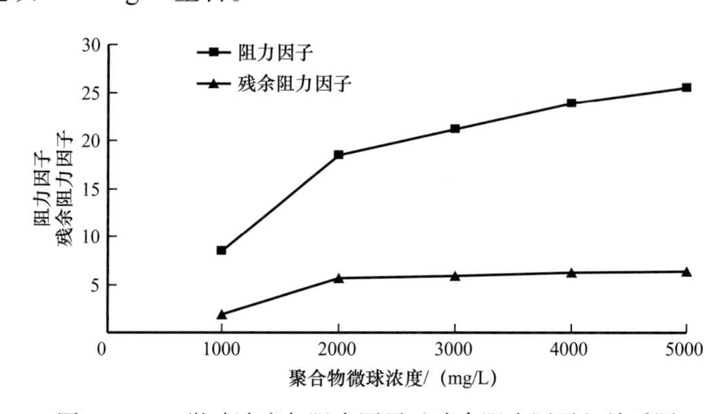

图 6-1-19 微球浓度与阻力因子（残余阻力因子）关系图

4. 矿场试验效果

安塞油田王窑长6油藏老区加密区综合含水率62.1%，采出程度15.2%，微观水驱后残余油有绕流、卡断、孔隙末端三种赋存状态，为动用剩余油，在区域19个井组开展聚合物微球调驱试验，设计微球粒径300nm，注入浓度0.2%，设计平均单井注入体积4500～4700m^3，基于聚合物微球低浓度、与水密度相当，在注水阀组外加注入泵，通过阀组实现在线注入。调驱后区域油井综合含水率稳中下降，单井产能递减显著减缓，试验效果显著，平均单井组增油196t，区域自然递减率由16.7%下降到10.4%，含水上升率由12.4%下降到1.2%，阶段提高水驱采收率0.8%～1.0%。

第二节 低渗—超低渗油藏精细分层注水技术

长庆油田典型的特低渗—超低渗油藏，现已进入中高含水开发阶段，层间和层内非均质性强，为了持续缓解油田开发层间矛盾，提高储量动用程度，提升采收率，油田注水是油田开发最成熟、最经济、最有效的技术手段，而精细分层注水技术是实现低渗透—超低渗透油藏有效开发和持续稳产的核心技术之一。

截至2019年底，长庆油田注水井21841口，分注井8576口，测调井次15000余井次，随着分注井逐年增多，测调工作量不断增大，生产成本压力大；同时，受水质及井筒结垢等因素影响，分层注水不达标，影响注水开发效果。为此，2017年以来，创新研发了低渗—超低渗油藏精细分层注水技术，攻克了井下小水量自动测调和远程无线数据传输技术难题，实现了分层注水全过程监测与自动控制，提高了分层注水合格率，降低了人工测调工作量和费用，提高了储量动用程度和采收率，总体达到国际先进水平。

一、波码通信数字式分注技术

长庆油田特低渗—超低渗油藏层间和层内非均质性强，注水井井斜大（井斜25°以上占40%），单井日配注量小（平均23m^3/d），深井、多层细分井、采出水回注井逐年增多，常规分层注水技术均采用人工、定时测调，存在人工作业风险大、工作量大及分层注水合格率下降快等问题，针对以上问题，创新研发波码通信数字式分层注水技术，实现全天候达标注水，提高了纵向小层水驱储量动用程度。

以“分层流量自动测调＋远程实时监控”为技术思路，研发了波码通信数字式分层注水技术，实现了分层注水远程实时监测与自动控制，提高了分层注水合格率，降低了人工测调工作量和费用，助推了精细分注技术向数字化、智能化方向发展，为数字化油田建设奠定了基础。

波码通信数字式分注技术主要由井下智能配水器、地面控制系统和远程控制系统三部分组成（图6-2-1）。

1. 波码通信数字式配水器

波码通信数字式配水器是实现分层注水的核心，具有远程无线控制、数据采集传送、根据控制指令进行控制水量、监测井下流量和压力数据等功能。其技术参数见表6-2-1。

在正常注水的情况，通过调节地面控制系统的电控调节阀（降压阀）形成压力波码，将调节水量指令传送给波码通信数字式配水器，在稳压模式下自动调节各层配水器注水量；波码通信数字式配水器自动调节注水量后，通过水嘴自动开关（升压阀）形成压力波码，将压差信息传送给地面控制系统，根据人工智能理论建立压差—流量—水嘴开度三者之间的关系模型，形成三维云图图版，计算得出井下注水量，实现配水器配注量的

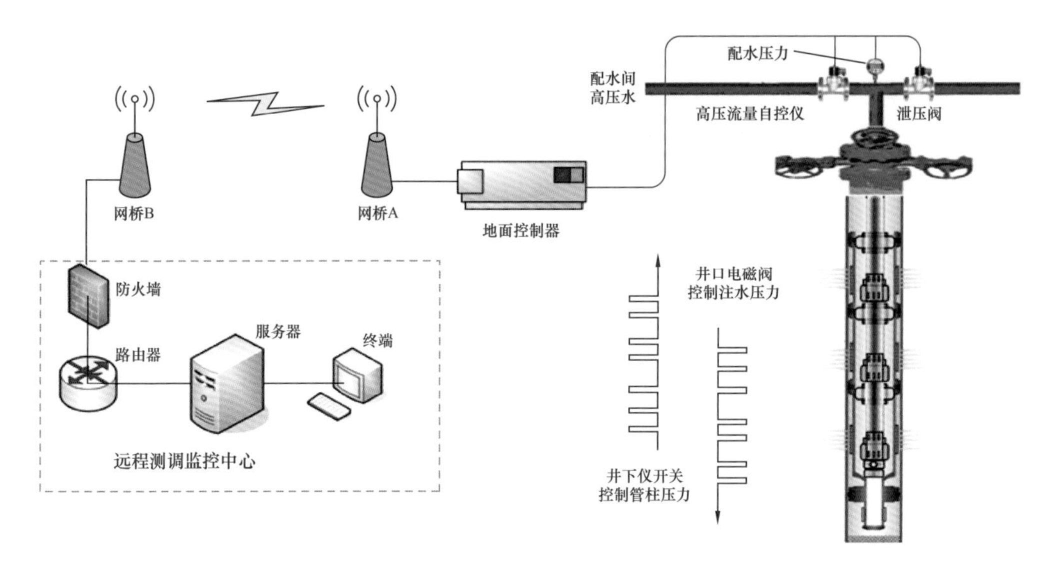

图 6-2-1 波码通信数字式分层注水技术原理

调节、监测和录取。配注量调节完成后，地面控制系统设置为稳流模式，波码通信数字式配水器根据监测的配注量，自动调节水嘴，实现长期达标分注。

表 6-2-1 波码通信数字式配水器技术要求

外径 / mm	内通径 / mm	主要零部件钢体材质	工作温度 / ℃	工作压差 / MPa	流量范围 / m^3/d	防腐性 / mm/a
≤114	46	42CrMo 及其以上	≤150	≤35	0～200	≤0.076

2. 流体波码双向通信系统

流体波码双向通信系统主要包括地面控制系统（地面—井下压力脉冲发生器）、井下智能配水器（井下 + 地面压力脉冲发生器）。

（1）流体波码双向通信原理。

① 地面到井下通信：在油管内压力降低 0.4～1MPa 条件下，地面控制器通过自动开关电动控制阀，引起井筒内压力按指令编码变化，并向下传送，智能配水器（传感器灵敏度 0.5psi）接到编码后，通过整形成方形波电流送达控制电路，按设定的控制方式控制智能配水器自动调节水嘴开度。

② 井下到地面通信：井筒作为一个定容体，当智能配水器水嘴关小或者关闭时，引起井筒内压力突然升高，形成波码信号，并叠加压差进行识别，按编码方案编码，将井下信息传送到地面，实现通信。由于地面传感器接收灵敏度高（传感器灵敏度 0.01psi），可实现对井下波码信号的精确识别。

（2）流体波码双向通信系统。

① 地面—井下压力脉冲发生器——地面控制系统。

地面压力脉冲发生器由地面 GPRS 无线网络通信模块、地面控制模块、进水电动控制阀前压力计、进水电动控制阀、进水电动控制阀后压力计、出水电动控制阀、超声波液体流量计等组成。

地面控制系统是由地面控制模块控制注水井进水电动控制阀和出水电动控制阀交互开关形成对井筒内的压力干扰，从而建立压力脉冲通信波，将控制信息由地面向井下发送。地面控制系统接收到通过网络传送的远程控制指令后，根据控制指令的操作内容，由控制模块针对控制指令信息进行压力脉冲编码的查询与确认，并依据对应的编码操作进水阀和排水阀的开关，建立压力波码指令，随井筒内流体传给井下的配水器。

在井下压力脉冲信息接收时，地面控制系统的压力感应器接收到井下发送的压力脉冲，经过补偿与滤波电路整形后，将信息传送至控制模块，控制模块依据压力脉冲编码特征，根据通信编码协议和编码，运算还原为数据信息。

② 井下—地面压力脉冲发生器——井下智能配水器。

井下压力脉冲发生器是由配水器控制模块控制水嘴电动控制阀开关或微动形成对井筒内的压力干扰，从而建立压力脉冲通信波，将控制信息由井下向地面发送。

定量回传：由于直接从井下向地面长期传送嘴前嘴后压力、水嘴开度等信息，会对注入水过程和流量干扰、电池组供电无法满足需要，故采用了定量回传，并且流量变化小于 5%，配水器水嘴开度不变，流量变化不小于 5% 则配水器控制模块控制电动控制阀改变水嘴开度，自动测调，直至达到满足配注需求。

自学习过程：在测调过程中水嘴开度、压力与流量是不断变化的，这种不同过流面积下的压力变化，人工智能系统会随时记录和处理为不同层的注入压力变化特征，形成一套完整的智能数据云图，智能数据云图也会根据回传的实际压差进行不断修正。对未传回压差数据时，说明流量变化小于 5%，此时系统会启用智能数据云图，根据井筒注入压力变化，按照智能数据云图的规律对各层的压差进行修正，并根据修正结果，从智能数据云图中读取对应的流量值作为实时流量。

以 WINDOWS 操作系统和 .NET 应用系统为支持平台，以 SQL 数据库系统为数据存储与处理核心，分注智能远程控制系统整体功能开发由服务器系统和客户端组成。

分注智能远程控制系统能完成地面数据采集、井下分层数据采集、分层测调、单井流量恒流恒压控制和历史数据曲线查询等功能，全面实现办公室管理模式的水井日常监测管理和动态管理。

第三节 低渗—超低渗油藏低产井改造技术

近年来，随着压裂技术的不断发展，体积压裂技术已成为非常规油气藏提高单井产量、改善油藏开发效果的重要技术。国外体积压裂主要应用于新油气田的开发，国内在部分致密油气、页岩油气体积压裂技术方面也取得了重要进展。但老井体积压裂重复改造方面尚未有规模应用的范例。

与常规压裂裂缝相比，体积压裂在裂缝带宽、裂缝带长等方面明显增加。考虑到老井重复压裂是在既定井网、长期注采条件下开展，因此体积压裂在老井中应用面临以下挑战：一是超低渗透油藏受初次压裂裂缝及长期注采等因素导致的地应力场动态变化对复杂裂缝的影响；二是受注采井网限制，如何实现“复杂裂缝”与井网的适配；三是在老井已有老裂缝基础上如何产生新的复杂裂缝。

一、低产井宽带压裂技术

1. 老井合理裂缝带宽的计算方法

老井体积压裂后裂缝改造区面积大大增加，当裂缝带宽过大时，容易引起水淹；裂缝带宽小，对油井产能增加效果较差。因此对于重复压裂，裂缝带宽的范围确定显得尤为重要。通过设置不同的裂缝带宽，利用数值模拟技术模拟重复改造后产油量、累计产量、含水率变化，确定了超低渗透油藏最优裂缝带宽。

1）最小裂缝带宽范围的确定

由于超低渗透油藏启动压力梯度的存在，当流体压力梯度小于启动压力梯度时，地层孔隙流体不能流动。基于连续性方程及运动方程，运用 COMSOL 数值模拟软件，求解有限导流裂缝下的压力方程。

根据不同储层渗透率下裂缝带宽与极限泄油半径的关系图可以看出（图 6-3-1），在给定的工作制度下，泄油椭圆长轴受地层渗透率及裂缝缝长影响，泄油椭圆短轴受裂缝带宽及地层渗透率的影响。当缝网带宽较小时，泄油短轴长基本不变，缝网带宽增加到一定值，压力梯度降至启动压力梯度以下，使得泄油半径增加幅度变大。因此，考虑以此拐点处的带宽作为重复压裂最小带宽。

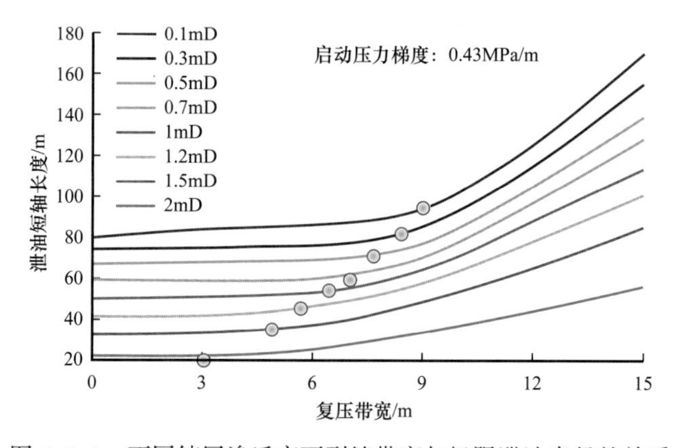

图 6-3-1　不同储层渗透率下裂缝带宽与极限泄油半径的关系

2）最大裂缝带宽范围的确定

体积重复压裂中，带宽直接影响了裂缝与基质的接触范围与窜流情况，带宽过小会导致渗流区域狭窄，无法达到最大程度的增产；重复压裂容易导致油井含水率上升过快。因此，明确重复压裂裂缝最大带宽的合理界限显得十分重要。基于控制侧向井暴性水淹以及累计产油量的最大化，通过数值模拟确定重复压裂裂缝最大带宽。根据合理最大带宽及最小带宽的研究成果，归纳出以下各个研究井组的合理复压带宽范围。

根据超低渗透油藏不同井网、不同开发阶段，建立了排距130～220m、开发时间5～15年不同油藏的裂缝形态图版，为优化工艺参数提供指导（表6-3-1）。

表6-3-1 压裂裂缝优化结果表

排距/m	含水率20%		含水率40%		含水率60%	
	半缝长/m	带宽/m	半缝长/m	带宽/m	半缝长/m	带宽/m
130	200	60	200	50	200	40
160	200	80	200	70	200	50
190	200	100	200	90	200	60
220	200	120	200	100	200	70

2. 缝端暂堵体积压裂工艺

1）裂缝向高应力区延伸的力学条件

经研究发现：注采一段时间后，储层内应力场、地层流体饱和度、岩石力学性质出现条带状分布（图6-3-2），重复压裂裂缝延伸有5种可能路径（图6-3-3），出现具有代表性的三个条带：低压力、低应力条带，高含油饱和度条带，高压力、高应力条带。其中低压力、低应力条带为人工裂缝存在区域，含油量较低；高压力、高应力条带为水井所在条带，含油量较低；中间高含油条带地应力较高。通过物模实验模拟焖井过程后重复压裂过程，并尝试给出重复压裂人工裂缝带形成条件。

针对实际出现的低应力区、高应力区特征，给出物模实验设计思路、具体物模实验方案和实验结果，在此基础上给出侧向形成新缝的力学条件。考虑现场实际生产过程，在进行重复压裂时，主要影响因素为压裂方式、排量和应力差条件。

针对重复压裂过程中可能的扩展路径，通过实验研究人工裂缝由低应力区扩展至高应力区的条件。设计物模实验方案（图6-3-4），根据实验结果给出由低应力区向高应力区扩展的力学条件及人工干预措施。

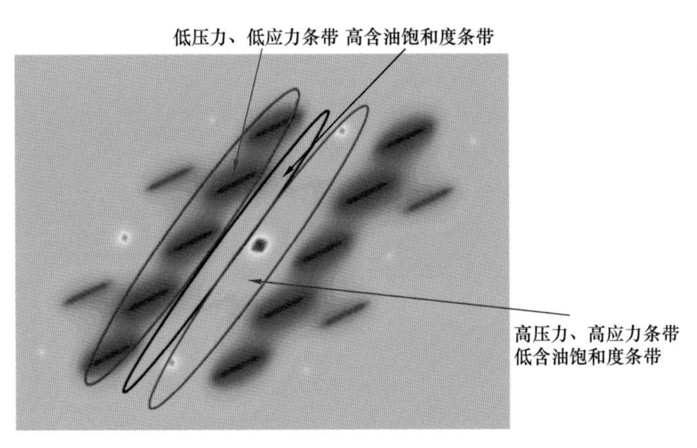

图6-3-2 注采后地应力场分区示意图

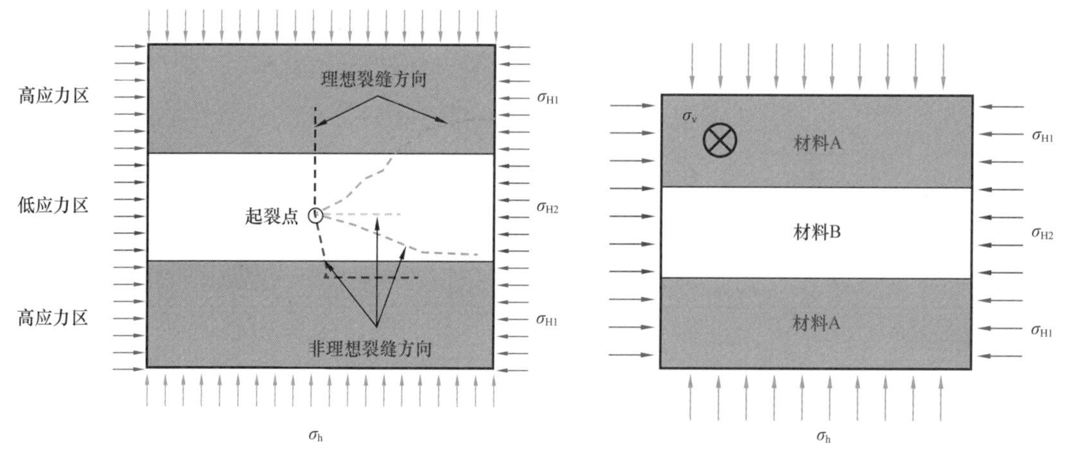

图 6-3-3　重复压裂裂缝延伸的 5 种可能路径

图 6-3-4　物模加载示意图

物模实验设计思路：其中材料 A、材料 B 所对应的区域分别为高应力区与低应力区，在实验室条件下采用不同配比的灰水泥、白水泥和砂进行模拟。采用试件分层、加载不同应力的方式模拟低应力区、高应力区。将试件分为三层，底层与顶层施加相同的地应力，中间层施加较小地应力，呈现出底层与顶层为高应力区、中间层为低应力区。加载应力满足关系式：$\sigma_{H1}>\sigma_{H2}$。

实验考虑应力差、排量、压裂方式三个因素对裂缝侧向延伸的影响，在相同应力差下进行了常规压裂和暂堵压裂物模实验。实验表明，当高应力区应力差为 5MPa、低应力区应力差为 3 MPa 时，常规压裂（试件 1）形成的裂缝在低地应力层扩展，未能实现由低应力区向高应力区扩展，而暂堵压裂（试件 2）形成的裂缝实现了由低应力区向高应力区扩展（表 6-3-2）。

表 6-3-2　物模实验参数及结果汇总表

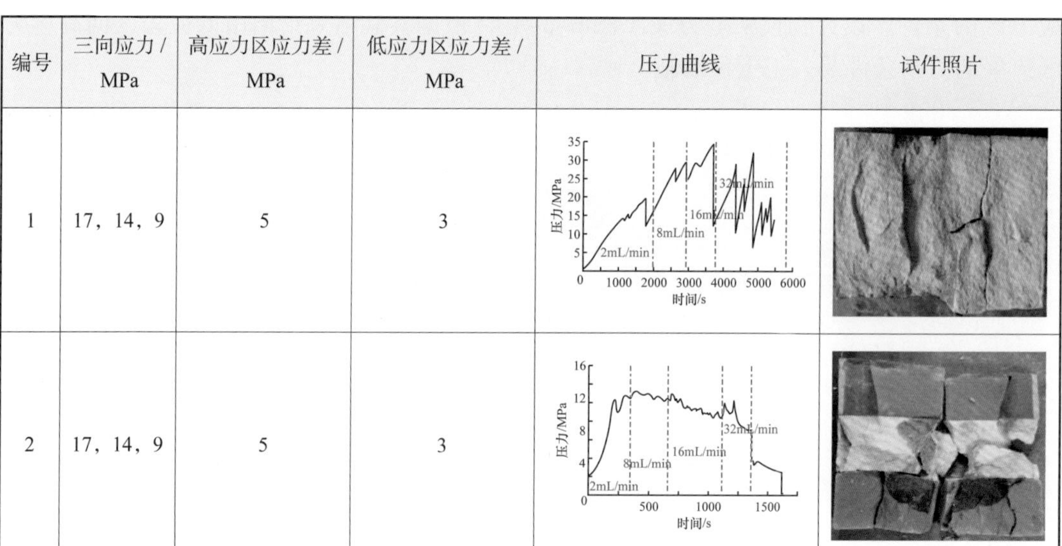

编号	三向应力 / MPa	高应力区应力差 / MPa	低应力区应力差 / MPa	压力曲线	试件照片
1	17，14，9	5	3		
2	17，14，9	5	3		

由上述物理模拟实验可知，应力差不大于3MPa时提高缝内净压力至3MPa，应力差大于3MPa需结合暂堵技术，提升缝内净压力至5MPa。对于平均水平两向应力差为5.0MPa的B区块而言，裂缝要从近井地带的低应力区延伸到剩余油富集的高应力区，通过常规压裂是难以实现的，需要借助暂堵技术，控制裂缝沿初次裂缝延伸，提高缝内净压力，才能使裂缝向从低应力区向高应力区扩展。

针对以上实验结果，可以发现以下规律：在应力差低于2MPa时，变排量、大排量压裂更易使得裂缝由低应力区向高应力区扩展。变排量压裂时，小排量条件下，低应力区井眼附近可产生多个破裂点，随排量突然增加，水力裂缝沿破裂点动态扩展，依靠压裂液惯性使裂缝由低应力区延伸至高应力区。应用暂堵技术可在应力差为5MPa时使裂缝由低应力区向高应力区扩展，且破裂压力降低8MPa，说明暂堵压裂对于裂缝侧向延伸具有现实应用价值（图6-3-5）。

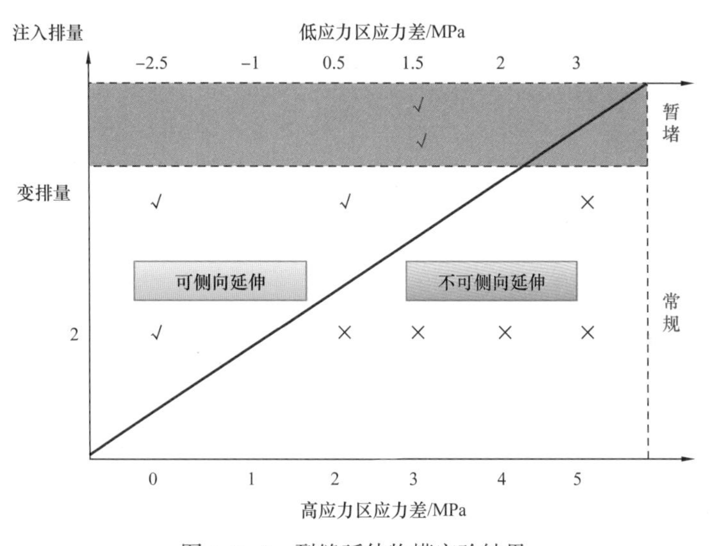

图6-3-5 裂缝延伸物模实验结果

2）缝端暂堵体积压裂工艺

缝端暂堵体积压裂是在体积压裂的基础上，结合老油田长期注采、固有井网条件，集成和优化了缝端暂堵技术、缝内多级暂堵技术和体积压裂技术，主要表现在：一是在携砂液前期阶段通过纤维暂堵为主、降低排量为辅实施裂缝端部封堵，抑制裂缝缝长延伸，提高缝内净压力，开启侧向新缝；二是通过缝内多级暂堵为主、提高排量为辅，进一步提高缝内净压力，压开侧向新缝或开启天然裂缝，扩大裂缝带宽，实现侧向引效的目的。

（1）暂堵工艺优化。

压裂造缝的根源在于岩石的破坏机制，即对应于岩石中的新缝开启或者老缝重启，实现造缝的条件自然就对应于岩石内某处发生破坏（破裂）的临界条件。因此，对暂堵压裂造缝机理的研究应该从岩石基本破坏机制出发，综合考虑客观因素（油气藏地质特征及物性参数等）以及主观因素（完井方式、开采因素、压裂工艺等）对岩石破坏的影响。如果原始水平最大主应力和最小主应力差值小则地应力场越容易转向。依据前期注采条件下应力场的模拟计算结果，长庆油田超低渗透油藏在原始水平两向应力差为6MPa的条件下，后期注采应力差为1.7～4.0MPa，当人为提高缝内净压力到一定程度后，有利于地应力场的反转。

通过对已有井利用Stimplan进行相同液量、相同砂量，不同排量（$2m^3/min$、$4m^3/min$、$6m^3/min$、$8m^3/min$）、不同泵注程度分析计算可见，超低渗透油藏中裂缝动态缝宽随着时间的推移呈现增长趋势，随着排量的增加而增宽，计算的裂缝动态缝宽达到0.4cm以上；结合长庆超低渗透储层深度、管柱结构、施工压力、工具工作压力确定施工排量大于等于$3.0m^3/min$；依据不同粒径支撑剂进入裂缝的最小动态缝宽和计算的裂缝动态缝宽数据，同时结合支撑剂的现场组织情况，确定了要实现支撑剂桥堵作用要采用的支撑剂为8～16目规格，且支撑剂的砂比不小于20%，支撑剂进入裂缝的最小动态缝宽为0.5cm，暂堵阶段的施工排量不大于$6m^3/min$；再结合超低渗油藏注采条件下应力变化、净压力上升情况、储隔层应力差确定暂堵阶段的施工排量不大于$5m^3/min$。主要表现在以下两个方面。

缝端暂堵阶段：

① 确定了缝端暂堵阶段的暂堵时机为20min以内，且采用降排量模式；

② 为控制裂缝长度，结合初次压裂的造缝规模，前置液由缝端暂堵体积压裂的60～$80m^3$优化为目前的$20m^3$；

③ 采用$3^1/_2$in油管注入方式时排量要控制在3.0～$5.0m^3/min$；

④ 暂堵剂采用组合粒径的KDD-1，砂比不小于20%，为了更进一步提升暂堵效果，采用CDD-3+CDD-4组合堵剂；

⑤ 为了保证支撑剂运送到裂缝的端部，优化采用纤维压裂液。

缝内多级暂堵阶段：

① 确定了缝端暂堵阶段的暂堵时机为40～60min以内，且采用降排量模式；

② 采用$3^1/_2$in油管注入方式时排量要控制在3.0～$5.0m^3/min$；

③ 暂堵剂采用KDD-2，砂比不小于20%；

④ 为了保证支撑剂和暂堵剂的沉降，优化采用纤维压裂液。

采用以上暂堵技术手段，缝内净压力提高3.0MPa以上。

（2）压裂参数优化。

优化压裂工艺参数，主压裂阶段排量3.0～$6.0m^3/min$，净压力达到2～3MPa，建立了不同储层厚度下净压力与施工排量关系曲线（图6-3-6）；结合前期暂堵技术手段，缝内净压力提高5MPa以上，满足开启侧向新缝净压力技术条件。

根据井下微地震监测结果标定，以裂缝穿透比0.9为例，优化主压裂入地液量为400～$750m^3$。在相同缝长、缝高条件下入地液量与带宽标定关系如图6-3-7所示。

根据超低渗透油藏压力保持水平，优化工艺技术和参数体系，形成了低渗透油藏缝端暂堵体积压裂技术和两种工艺模式（表6-3-3）。

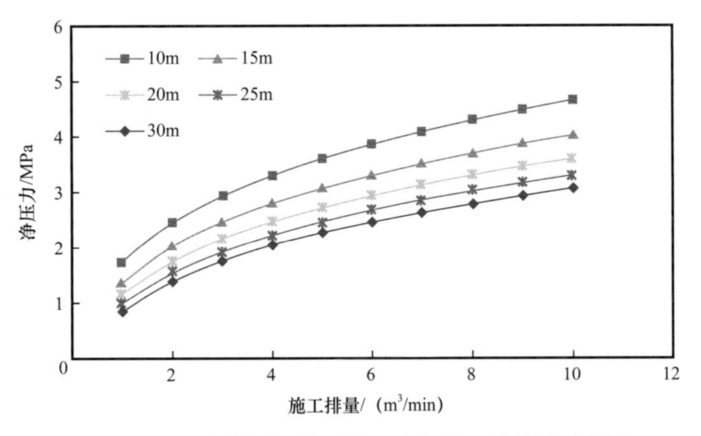

图 6-3-6 不同储层厚度下净压力与施工排量关系曲线

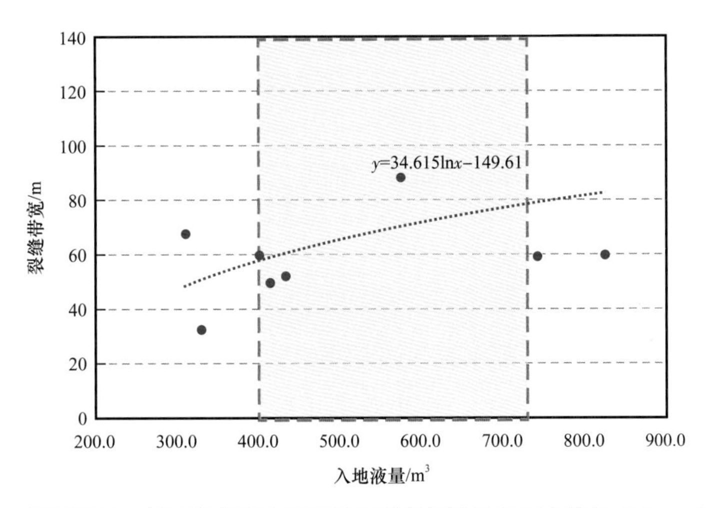

图 6-3-7 相同缝长、缝高条件下入地液量与带宽标定关系图（缝长 400m、缝高 40m）

表 6-3-3 超低渗透油藏缝端暂堵体积压裂改造技术模式表

压力保持水平	改造思路	工艺对策	配套堵剂	压裂材料	改造参数
≥90%	产生侧向新缝、增加裂缝带宽	缝端暂堵体积压裂	低密度堵剂 + 纤维	滑溜水 + 交联液 20/40 目 +40/70 目石英砂	加砂：40～55m³ 排量：3.0～6.0m³/min 入地液量：400～550m³
＜90%	提高地层能力，产生侧向缝	补充能量 + 缝端暂堵体积压裂		驱油压裂液 + 滑溜水 + 交联液 20/40 目 +40/70 目石英砂	补充能量入地液量：500～1000m³ 加砂：45～60m³ 排量：6.0～8.0m³/min 压裂入地液量：500～750m³

第四节 套损井恢复储量动用新技术

一、连续管侧钻工艺技术

连续管技术凭借其效率高、应用范围广、装备操作集中、自动化程度高、安全可靠等优点，已被广泛应用于修井、侧钻、完井、试油和集输等领域，已成为世界油气工业技术研究和应用中的一个热点技术。特别是连续管侧钻技术，已成为老井侧钻、剩余油有效挖潜技术中的一项新技术。目前，国内连续管作业机主要应用于以下几个方面：冲砂洗井、钻桥塞、气举、注液氮、清蜡、排液、挤酸和配合测试。冲砂堵、气举排液和清蜡，占95%以上。

2019年，长庆油田在安塞和陇东地区开展了2口井连续管$5^1/_2$in套管内开窗侧钻试验。DC30–027井连续管侧钻试验了国内首台连续管配套井架及现场施工控制系统，首次应用了有利于降低实钻摩阻扭矩的连续管水力振荡器等新型工具，对连续管提速提效发挥了重要作用。该井全井段平均钻井速度3.3m/h。在该井试验了连续管水力振荡器提速试验，平均钻井速度由3.3m/h提高至4.6m/h，提速超过40%。

二、侧钻窄间隙固井技术

1. 开窗侧钻井小井眼窄间隙固井技术的难点

目前，我国在油田钻井工程中，开窗侧钻井小井眼窄间隙固井是一项新兴技术，在实际操作中存在一些难点，主要有以下几个方面：

（1）套管和井壁的窄间隙很难操控，因为没有窄间隙很容易造成套管和井壁相切的现象，影响固井质量。只有套管能保持一定的窄间隙同时处于居中状态才有利于固井技术的操作。

（2）游离水的合理控制也是固井技术的一大难点。游离水的注入量在小井眼窄间隙井注入水泥的过程中十分重要，游离水只要稍微多出一点就很容易造成水窜槽或形成水环和水带的现象，造成这一结果的原因主要是多余的游离水会使窄环空中出现大段环空的现象。除此之外，一旦出现沉降，将很可能使井泵憋坏，甚至还会出现将地层压漏的现象。

（3）水泥浆的稳定性对固井技术而言非常重要。在开窗侧钻水平井、窄间隙井固井过程中，在水泥颗粒下沉的过程中，水泥浆稳定性变差，在井壁上侧会形成自由水槽，使油、气、水等物质从此通道窜出；此外，水泥浆中自由水的含量过大，从下侧到上侧井眼水泥浆的密度及稠度不断减小，将会延长凝固的时间，水泥环也将会变松弛，继而造成井漏的现象，影响固井技术。

（4）在固井过程中顶替排量的顶替效率是固井技术的重要影响因素，一旦循环压力损耗过大，就会限制固井的顶替排量，此时会选择小排量固井技术来降低循环压力，这一方法将会降低固井的顶替效率。此外，某些小井眼窄间隙井的尾管长度相对较短，因此，注入水泥浆的量相对而言比较少，这样，井壁和水泥浆的接触时间就会非常短，很容易造成水泥窜槽，从而对固井质量造成严重影响。

2. 窄间隙固井工艺优化与水泥浆性能优选

优化固井顶替完毕后采用悬挂器冲洗工艺，防止过量水泥回灌至 $3^1/_2$in 套管内；老井筒内的套管悬挂重叠段，采用黏结式套管扶正器（刚性扶正），裸眼井段应用整体式套管扶正器（弹性扶正）组合式扶正方式，既能保证小井眼窄间隙套管串的扶正，又能确保整个管串的顺利下入。整体式弹性扶正器，在油层段每根油套管加放一支，产层上下部位共加放 10～15 支，油管下放过程中，摩阻增加仅为 1～2tf，油套管下入顺利，通过室内评价，该扶正器的扶正力可达 2500N，满足了侧钻井套管扶正居中的生产需求。采用新型“韧性微膨胀 + 热固树脂”复合水泥浆体系，设计延长领浆的稠化时间，防止封固悬挂工具；设计缩短尾浆的稠化时间，确保水泥浆顶替到位后尽快凝固，防止浮箍浮鞋失效及油水窜现象，确保了尾管的固井质量优良可靠。水泥浆性能参数见表 6-4-1。

表 6-4-1 水泥浆性能参数表

密度 / g/cm^3	失水量（30min，7MPa）/ mL	抗压强度（30℃，24h）/ MPa	稠化（45℃，15MPa）		流性指数 n	稠度系数 K
			初稠稠度 /Bc	时间 /min		
1.89	5	28.9	9	159	0.9	0.35

3. 现场应用效果

2016—2018 年，长庆油田完成侧钻井 389 口井，实现了最大 35.2°井斜条件下的开窗侧钻及完井，固井质量优良率达 80% 以上，平均钻井周期缩短至 10d 以内。形成了侧钻定向井、侧钻超短半径水平井等技术系列，满足了不同剩余油的开发要求，平均单井产量为新钻井的 1.2 倍，复产率达 95% 以上。该技术的试验与应用，充分利用了上部老井筒，节约钻井成本；减少了新井的井场建设数量，节约了土地资源、保护自然环境，为低渗透油藏的经济有效开发与稳产提供了新的技术途径。

三、套损井长效开采工艺技术

长庆油田套损井主要以腐蚀套破为主，占总井数的 98%，腐蚀的主要原因是由于部分油井产出液富含腐蚀性离子，随着生产时间延长，井筒内液面以下套管逐渐出现腐蚀穿孔，造成上部水层倒灌地层，导致储层污染破坏、油井含水率迅速上升，日损失产能严重。

套损井治理的目的是尽快解决井筒故障、恢复生产，目前套损井治理最经济有效的方法是机械隔采技术，同时该技术也是长庆油田套损井治理的主要技术手段之一，占到了总治理工作量额 90% 以上。随着井下作业技术的不断进步，套损井的治理也在不断地深入，治理手段也在不断地丰富。目前，除了机械隔水采油以外，套损井治理还有套管补贴、小套管固井、化学堵漏等技术。

1. 机械隔采技术

机械隔采技术主要应用于套破初期套管有坐封段的套破井，这是套损井快速复产复注且最简单经济的治理方法。

常规隔采：以Y211、Y221和Y341封隔器坐封作为主体工具，应用比例达92%以上，但总体有效期较短，且多次隔水采油效果差，见表6-4-2。

表6-4-2 常规隔水采油工具应用情况统计表

封隔器型号	侏罗系		三叠系	
	统计井数/井次	平均隔水采油有效期/d	统计井数/井次	平均隔水采油有效期/d
Y211	421	130	453	213
Y221	130	103	120	263
Y341	412	134	345	234
合计/平均	963	122	918	237

常规封隔器一般和油管直接连接，管、杆、泵任何一处出现故障均需要起出封隔器且胶筒长度一般较短（单个胶筒60～80mm）。坐封后与套管内壁接触面积小，对坐封段套管坑蚀严重井密闭不严，易封堵失效。

2. LEP长效隔采技术及配套工具

LEP长效隔采技术可以解决常规隔水采油封隔器隔水采油生产过程中存在封隔器蠕动，以及卡瓦腐蚀破坏导致锚定封隔失效，检泵作业时需要解封封隔器，作业过程中存在上层水倒灌地层，致使排液周期变长，甚至污染储层的问题。LEP封隔器具有插管丢手式结构，可实现一趟钻治理完井生产，同时要具有防倒灌功能，能够有效防止上层套破点出水倒灌地层，造成储层污染破坏、后期排液周期变长。

LEP长效封隔器可以实现封隔器隔水采油过程中避免检串起钻上层水倒灌地层问题，具有插管式结构，即起钻过程中插管能够顺利插拔，免去封隔器解封问题的同时，能够灵活实现滑套开关的关闭与打开，这种结构与封隔器集成一体，即共用插管。

LEP-Ⅱ长效封隔器（图6-4-1）配套桥式通道可开关固定阀同样实现了一趟管柱完成坐封、生产，可以降低现场施工要求；结构上设计“Y+K”两组密封胶筒，同时筒形弹性双向割缝卡瓦置于两组胶筒中间，使封隔器坐封时具有更强适应性的同时形成密封空间使卡瓦与井筒内液体隔离；同时筒形弹性双向卡瓦增加了接触面积、降低了对套管伤害，同时便于回收。

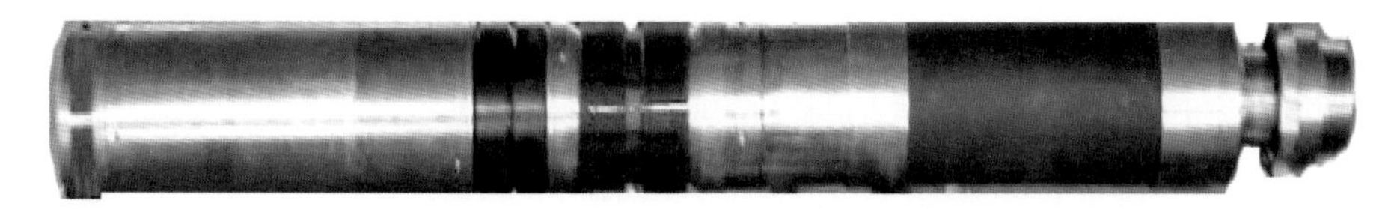

图 6-4-1 LEP-Ⅱ型长效封隔器实物图

3. 套管补贴技术

套管补贴技术是近年迅速发展的一项新技术，可应用于油气田套损井局部腐蚀、穿孔、封堵水层、误射孔、套管螺纹漏失等问题。根据工艺技术原理和补贴管的区别，套管补贴技术可以分为波纹管补贴技术、双卡软金属加固补贴技术以及膨胀光补贴技术。

1）波纹管套管补贴技术

波纹管补贴的原理是将外壁涂有环氧树脂黏合剂的薄壁低碳钢波纹管下至套管漏失位置处，通过水力机械工具产生的液压或机械径向力，使波纹管胀圆，紧紧地补贴于损坏套管的内壁之上，其中波纹管与套管之间由黏合剂密封，形成能够承压密封层。

2）双卡软金属加固补贴技术

双卡软金属补贴加固技术采用内衬厚壁加固管，膨胀两端软金属密封的补贴方法，根据补贴动力可以分为燃气动力套管补贴和水力机械式加固补贴两种。

3）膨胀管补贴悬插隔采技术

膨胀管补贴悬插隔采就是利用膨胀管补贴在套管上再造一个约 10m 的坐封段，然后把原膨胀管底堵改造成一个密封插筒和底堵的组合结构，补贴完成后，捞出底堵，下入专门与密封插筒配合的密封插管，实现隔水采油，如图 6-4-2 所示。

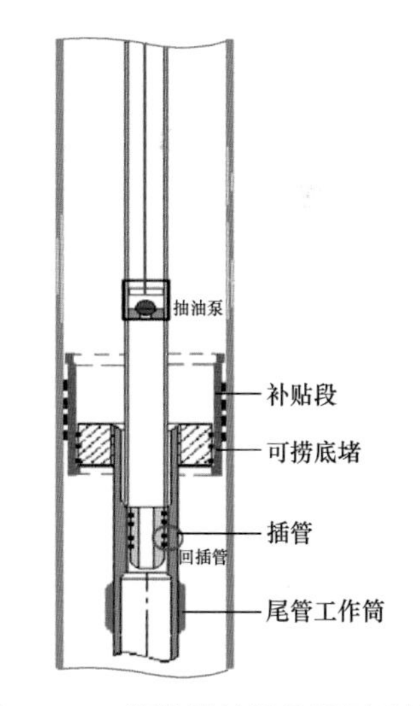

图 6-4-2 膨胀管补贴悬插隔采技术

该技术的主要优点在于结合了膨胀管补贴和机械封隔器隔采技术的优点，降低了膨胀管补贴应用的成本，以及大段补贴带来的施工风险和工艺难度。同时也解决了机械封隔器隔采在大段腐蚀套损井治理时存在坐封成功率低、有效期短的问题。

具有以下技术特点。

（1）小段补贴：1 根 10m 长膨胀管即可满足要求。

（2）较大通径：105mm 通径，满足工具油管作业。

（3）多种封隔：除采油管柱带插管隔采外，后期还可捞出插筒，采用小直径封隔器隔采。

四、化学堵漏技术

对于套管腐蚀或者其他原因造成套破穿孔或套管破裂，常规机械隔采无完整坐封段难以治理，但起下生产管柱不受影响的套损井，可以采用化学堵漏的方式进行治理。

近年来，长庆油田针对安塞、陇东地区不同类型套损井套损特征及生产现状，研发

了隔断凝胶 + 微膨水泥堵漏、液态树脂堵漏、硫铝酸盐水泥化学堵漏技术，封堵套破点、水泥环裂缝、管外窜流通道等，恢复油井产能（表 6–4–3）。

表 6–4–3 长庆油田化学堵漏技术适用性分类表

套损类型	套损特征	堵漏体系	堵漏工艺
安塞油田外腐蚀套损井	套管外无固井水泥环，套损段小于 100m，浅部地层漏失严重，5MPa 吸水大于 300L/min	隔断凝胶 + 微膨水泥	单套破点或多套破点、位于 800m 以下、长度小于 100m，采用套管平推
			多套破点，位于 800m 以上，长度大于 100m，油管挤注 + 套管平推
陇东侏罗系油藏内腐蚀套损井	套管外有固井水泥环，套损段小于 100m，10MPa 吸水小于 300L/min	硫铝酸盐水泥	一趟油管挤注
	套管外有固井水泥环，套损段小于 100m，10MPa 吸水大于 300L/min	轻珠水泥（隔断凝胶）+ 微膨水泥	一趟油管挤注
	套管外有固井水泥环，套损段大于 100m，10MPa 吸水大于 300L/min	轻珠水泥（隔断凝胶）+ 微膨水泥	油管替入堵剂，上提油管挤注
	套管外有固井水泥环，套损段小于 30m，10MPa 吸水量低于 100L/min	液态树脂	投料筒投料套管挤注或油管挤注
	套损段超过 300m 且间隔较大	轻珠水泥（隔断凝胶）+ 微膨水泥	水泥承留器一次堵两段或分段堵漏

1. 外腐蚀堵漏技术

针对安塞油田固井水泥返高较低套损井，研发隔断凝胶 + 微膨水泥堵剂，形成“隔水 + 封口 + 间歇顶替”三段塞堵漏工艺（图 6–4–3）。

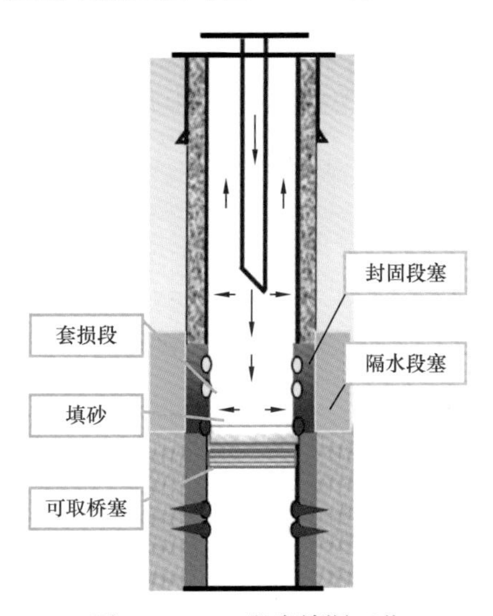

图 6–4–3 三段塞堵漏工艺

工艺特点：(1) 隔断凝胶有效减少地层漏失，驻留能力为 G 级水泥的 3～5 倍，综合排水率不小于 90%；(2) 微膨水泥固化不收缩，稠化时间可调，胶结强度高。

2. 内腐蚀堵漏技术

针对陇东、姬塬油田侏罗系油藏套破段较集中、吸水能力差的内腐蚀套损井，研究液态树脂、硫铝酸盐水泥化学堵漏技术（图 6-4-4、图 6-4-5）。封堵套破点、水泥环裂缝等出水通道，恢复油井产能。

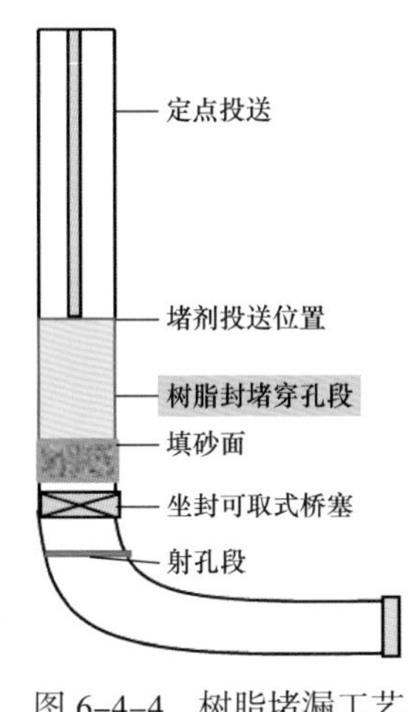

图 6-4-4 树脂堵漏工艺

图 6-4-5 液态树脂堵剂

工艺特点：(1) 堵剂初始黏度低（25mPa·s），易进入套破点及微裂缝；(2) 专用工具投堵实现堵剂精确定点投送；(3) 井筒环境下固化时间 2～10h，抗压强度大于 100MPa，胶结强度大于 35MPa，抗拉强度大于 15MPa。

五、小套固井技术

小套固井是基于成熟的防腐技术，将小套管下至原 $5^{1}/_{2}$in 井眼人工井底，环空采用水泥或其他高性能黏合剂进行封堵，能够对套损井采取全井筒封堵，与原井筒套管一起形成双层套管，对井筒进行了二次加固，实现再造新井筒，该技术可以针对不同类型、不同油藏的套损井都有作用，在套损井的治理当中应用非常广泛。

从 1987 年长庆油田完成第一口小套管修复井以后，开始小套管修复技术研究，并在 1994 年试验推广两种小套管治理套损井工艺技术，但受限于治理成本及后期的采油、修井配套，推广应用比较有限，2016 年开始，长庆油田加大套损井治理力度，小套固井正在逐步成为套损严重、潜力套损井的一类有效的套损井治理手段而逐步推广应用。

第七章　低渗、特低渗复杂油藏规模有效动用关键技术

大庆长垣外围油田自 1982 年投入开发以来，随着低渗透油田注水开发技术的不断进步，主要经历了注水开发试验阶段、上产阶段、快速发展及持续稳产阶段，2006 年上产 500×10^4t，“十一五”以来，针对各阶段主要开发矛盾，持续攻关，形成了低渗透、特低渗透油藏有效动用技术系列，2014 年大庆长垣外围油田年产油达到 547×10^4t 历史高峰，已连续 14 年年产量保持在 500×10^4t 以上稳产，成为大庆油田原油产量的重要组成部分。

进入“十三五”，低渗透、特低渗透油藏仍是大庆外围开发重点，但是油藏地质条件更趋于复杂，一方面，新增探明及探明未动用低渗透萨葡油层油水同层发育，油水同层分级识别精度低；储层薄砂体小，石油富集有利区优选难度大，低渗透、特低丰度葡萄花油层直井开发无经济效益，水平井开发储量损失大；另一方面，已开发低渗透、特低渗透油田注水动态缝和基质系统分布定量表征难，剩余油类型由宏观富集转向微观零散，挖潜方式由按层段挖潜转向按砂体挖潜，导致已有技术难以满足水驱精细挖潜的需求。“十三五”重点围绕制约低渗透、特低渗透复杂油藏有效动用瓶颈，又发展完善了低渗透隐蔽小型油藏群精细评价技术、特低渗透扶杨油层剩余油描述技术、基于水平井穿层压裂的井网优化设计技术、直井适度规模压裂开发调整和低渗透、特低渗透油藏挖潜增效治理 5 项关键技术，搞清了未动用储量区含油富集规律，确定了低渗透、特低丰度油藏水平井穿层压裂开发经济技术界限，揭示了地应力变化及其对裂缝系统、剩余油分布的影响，已开发低渗透、特低渗透油田调整挖潜见到了明显效果，有力支撑了大庆长垣外围油田原油产量稳中有升和大庆油田高质量发展。

第一节　低渗、特低渗隐蔽小型油藏群精细评价技术

大庆油田经过 60 多年深度勘探开发，松辽盆地北部三肇、齐家—古龙富油凹陷萨尔图、葡萄花油层大中型构造油藏、构造—岩性油藏已探明并逐步投入开发，剩余未动用储量主要分布在斜坡、向斜区，油藏微幅度平缓、储层砂体规模小、控藏因素地球物理特征不明显、隐蔽性强，局部富集高产，隐蔽小型油藏群精细评价优化建产是近年来长垣外围油田开发的瓶颈。2017 年，通过齐家—古龙富油凹陷勘探开发一体化实践，开展稀密井网小层沉积微相工业化制图研究，提出了受微构造、低幅度断背斜、断层—河道砂体控制的小型油藏群，沿斜坡区小层富集、呈“串珠状”分布新认识，发展了油水同层分级识别、微构造精准解释、薄窄砂体精细预测与刻画、全油藏风险分类按砂布井开

发优化设计精细评价技术系列，试验形成了萨尔图、葡萄花油层“全藏整体动用、分步动用和单井试采”三种定制式建产模式。

一、稀密井网结合小层沉积微相分布特征

以高分辨率层序地层学理论为指导，通过开发区密井网和评价区稀井网相结合，系统构建了长垣外围不同物源供给体系和斜坡背景下葡萄花油层地层层序构成样式，总结了葡萄花油层三角洲—滨浅湖沉积体系和沉积微相识别标志，完成开发小层级沉积微相研究和工业化制图，明确了不同沉积物源体系分布范围，深化了高精度层序地层格架内沉积微相分布和小层砂体展布规律认识。

1. 盆地级别统一的层序地层格架

依据层序界面标志及不同级别旋回特征（图 7–1–1），葡萄花油层可划分为两个中期半旋回（砂岩组）、11 个短期旋回（小层）。从葡萄花油层连井剖面对比看，长垣东部受基准面变化的影响，葡萄花油层下部以前三角洲亚相为主（P_{I11}–P_{I8} 小层），向上逐渐过渡到以三角洲前缘亚相（P_{I7}–P_{I5} 小层）和三角洲平原亚相（P_{I4}–P_{I3} 小层）为主，到顶部再次以三角洲前缘亚相为主（P_{I2}–P_{I1} 小层）（图 7–1–2）。葡萄花油层自下而上，纵向上为由水退序列到水进序列沉积演化，中部（P_{I4} 小层）为最大水退沉积期，反映了基准面下降到基准面上升的过程，转换面位于葡萄花油层中部，即此时地壳抬升相对最高、可容空间相对最小、湖盆范围萎缩最小、水体最浅、三角洲物源供给最强、河道砂体最发育、延伸范围最广。葡萄花油层沉积平面上，长垣东部三肇凹陷向南一直影响到朝长阶地朝阳沟油田，地层厚度也由北往南逐渐减薄，形成了沉积转换面之下砂岩超覆型尖灭、之上退覆型尖灭的“下超上退”的地层发育格架；长垣西部齐家—古龙凹陷受基准面下降和短轴物源体系的共同影响，沉积范围逐步向南扩大，P_{I11}–P_{I8} 各层沉积时期形成了向南超覆的水退序列，主要影响西部的葡西、古龙、新肇及新站油田，形成“下超顶平”沉积地层发育格架。

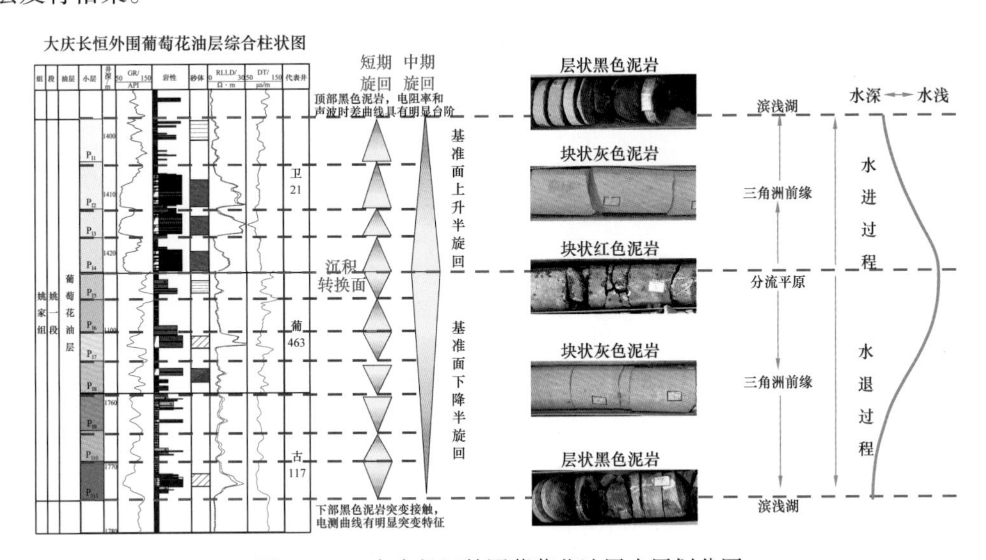

图 7–1–1　大庆长垣外围葡萄花油层小层划分图

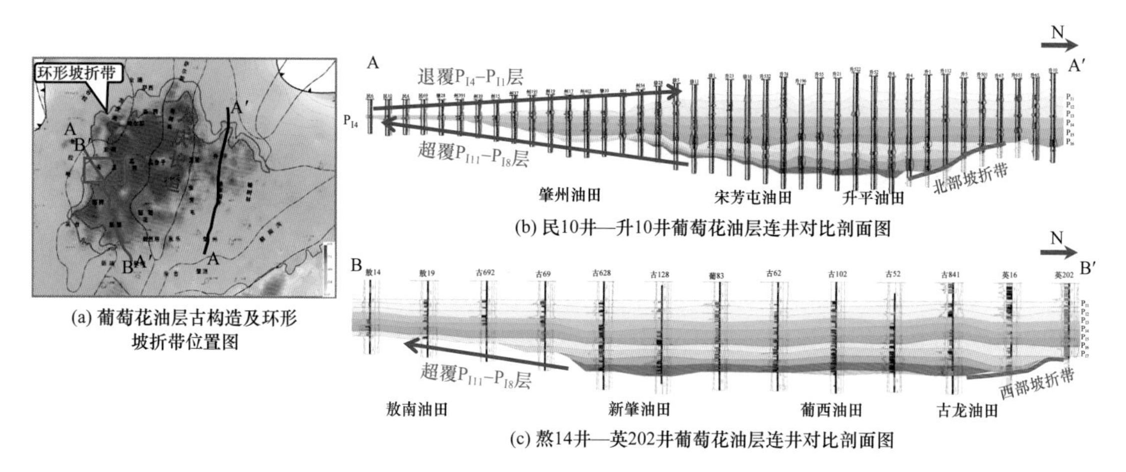

(a) 葡萄花油层古构造及环形坡折带位置图

(b) 民10井—升10井葡萄花油层连井对比剖面图

(c) 熬14井—英202井葡萄花油层连井对比剖面图

图 7–1–2　大庆长垣外围葡萄花油层小层剖面对比图

2. 沉积相类型及演化特征

根据岩性、沉积构造、古生物特征、沉积序列特征、岩石组合特征及其单井测井相研究，认为大庆长垣及外围地区葡萄花油层小层单元为浅水三角洲—滨浅湖相，进一步划分为三角洲分流平原亚相、三角洲前缘亚相，发育分流河道、河口坝、席状砂和泥坪等多种微相类型。

纵向上具有“进积和退积”两种演化模式，即 P_{I11}–P_{I5} 小层为进积模式，P_{I4}–P_{I1} 层为退积模式，受不同沉积物源体系控制，P_{I11}–P_{I1} 各小层三角洲朵叶体具有继承性发育的特征，但规模有所不同，都经历了规模由小到大和由大变小的两个过程，如图 7–1–3 所示。

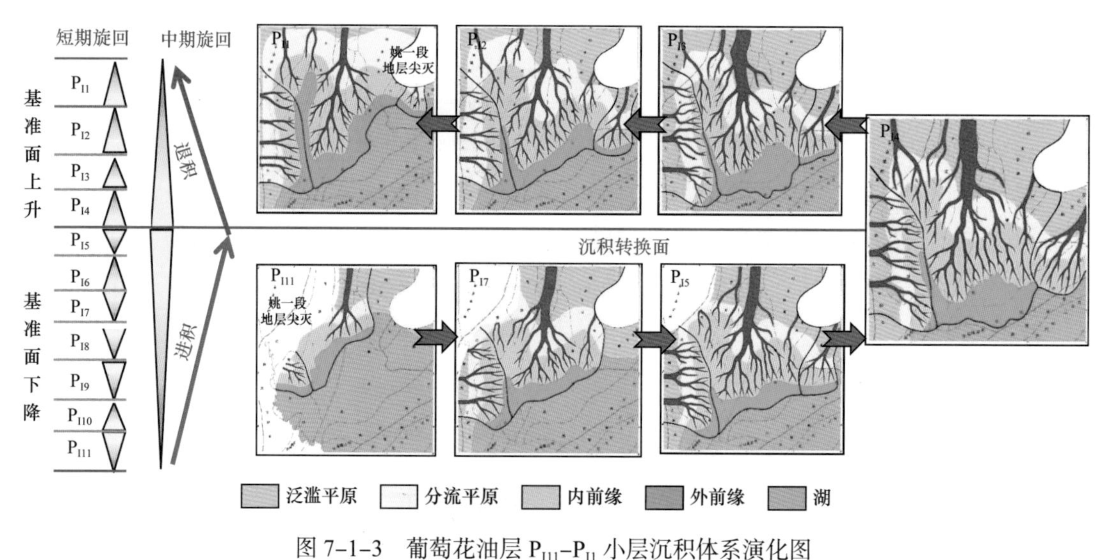

图 7–1–3　葡萄花油层 P_{I11}–P_{I1} 小层沉积体系演化图

3. 三角洲朵叶体特征及小层沉积微相平面图

1）三角洲朵叶体展布特征

北部沉积物源体系是松辽盆地坳陷期主要的沉积碎屑供给体系，沿大庆长垣宽缓的古隆起长距离呈扇形发育五个三角洲朵叶体，以③、④号朵叶体继承性发育，分布最广，是大庆长垣外围低渗透油藏的主要储层（图 7-1-4）。此外，东部、西部物源沉积体系分别控制 2～4 个三角洲朵叶体发育，规模较小。

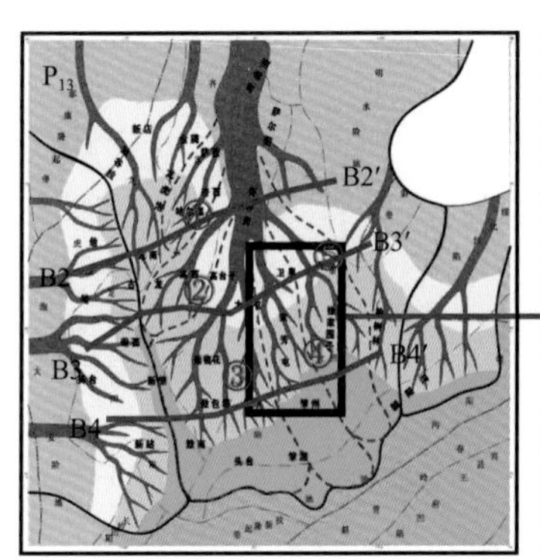

(a) P_{13}小层沉积体系及朵叶体分布图　(b) P_{13}小层沉积微相图　(c) 砂体连通剖面及三角洲垛叶体分布模式图

图 7-1-4　葡萄花油层砂体连通剖面及三角洲朵叶体分布模式图

2）密井网砂体精细解剖

以油田为单元，应用已开发密井网资料，采用多点地质统计学方法，考虑所在朵叶体空间位置及小层沉积微相的变化，地质建模时将研究区块所在的朵叶体及微相引入储层预测，选择距离最小的事件作为最终预测结果，建立沉积微相模型，确定河道砂体发育规模，运用密井网地质模型约束下的近代沉积学河工参数法描述小层沉积微相，如图 7-1-5 所示。

从图 7-1-5 中可知：大庆长垣外围西部葡萄花油层主要受西部和北部物源沉积体系控制。东南部的杏西、常家围子、新肇、敖南油田主要受北部沉积物源长垣缓坡控制，敖南油田发育浅水三角洲前缘亚相沉积，以水下分流河道砂和席状砂为主，河道呈南北条带展布，宽度在 200～400m；敖南油田南部为湖泊相，以泥坪微相为主；西北部的龙虎泡、他拉哈、新站油田主要受到西部沉积物源短轴陡坡影响，发育三角洲平原及前缘亚相，以水下分流河道、分流间湾和河口坝为主，河道呈北西向展布，宽度一般在 300～500m。两个沉积体系在齐家古龙凹陷中部葡西、新肇油田交汇，P_{13}、P_{16} 不同小层三角洲沉积、湖相沉积范围不同。

二、低渗透复杂油藏油水同层分级识别技术

大庆长垣外围斜坡区萨尔图、葡萄花油层油水同层发育，地球物理特征不明显，针对储层含泥含钙严重导致孔隙结构复杂、油水层测井解释难度大的实际问题，在储层四性关系和岩石物理实验分析基础上，重点开展储层分类研究，优选和重构测井敏感参数，分别建立萨尔图油层油水层解释标准和葡萄花油层油水同层分级解释图版。

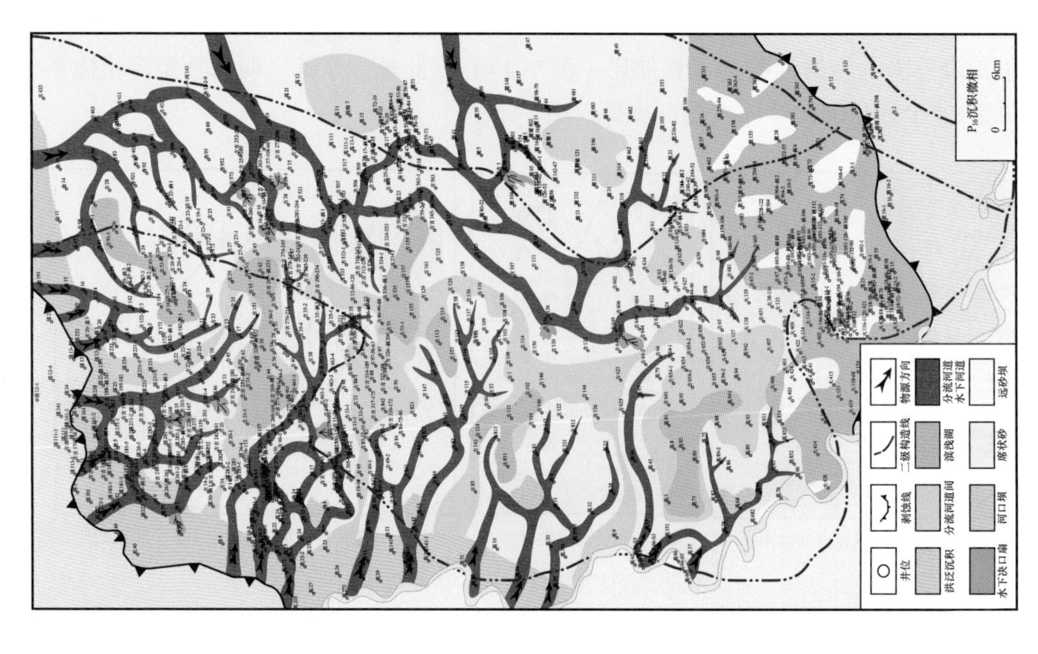

图 7-1-5 长垣外围西部地区 P_{13}、P_{16} 小层沉积微相平面图

1. 储层分类

应用压汞资料、岩心物性分析资料，按照流动层带指数 FZI 和油藏品质因子 RQI 进行储层分类评价，建立了常规测井资料储层分类标准（表 7–1–1）。

流动层带指数：

$$\mathrm{FZI}=\frac{1-\phi}{\phi}\sqrt{K/\phi} \qquad (7\text{–}1\text{–}1)$$

油藏品质因子：

$$\mathrm{RQI}=\sqrt{K/\phi} \qquad (7\text{–}1\text{–}2)$$

式中 K——渗透率，mD；

ϕ——有效孔隙度，%。

表 7–1–1 长垣外围古龙地区萨尔图、葡萄花油层测井储层分类表

油田	类别	岩心分析资料		常规测井资料	
		RQI	FZI	ΔGR	AC/（μs/ft）
龙虎泡	Ⅰ	0.70～2.20	>3.00	ΔGR≤0.0105AC–0.7	≥76
	Ⅱ	0.15～0.58	0.60～3.00	0.0105AC–0.7<ΔGR≤0.0105AC–0.556	≥72
	Ⅲ	0.02～0.18	<0.60	ΔGR>0.0105AC–0.556	> 72
				ΔGR<0.2	< 72
杏西	Ⅰ	0.45～2.70	>4.00	ΔGR≤0.007AC–0.375	≥75
	Ⅱ	0.19～0.85	1.50～4.00	0.007AC–0.2378<ΔGR≤0.007AC–0.375	≥73
	Ⅲ	0.09～0.21	<1.50	ΔGR>0.007AC–0.2378	>73
				ΔGR<0.27	<73
古龙	Ⅰ	1.00～5.20	>2.60	ΔGR≤0.0107AC–0.6821	≥73
	Ⅱ	0.16～1.60	0.85～2.60	0.0107AC–0.6821<ΔGR≤0.0107AC–0.4967	≥70
	Ⅲ	0.10～0.30	<0.85	ΔGR>0.0107AC–0.4967	>70
				ΔGR<0.25	<70

2. 复杂油水层识别标准研究

在储层分类基础上，优选对储层流体性质和物性参数敏感曲线，考虑储层含油性构建了敏感参数综合指数：

$$C=R_{\mathrm{LLD}}\phi^{2} \qquad (7\text{–}1\text{–}3)$$

式中 C——敏感参数综合指数；

R_{LLD}——深侧向电阻率，Ω·m；

ϕ——孔隙度，%。

应用校后电阻率和重构敏感参数，古龙地区分单层厚度建立了萨尔图油层油水层解释标准。厚层（h≥1.5m）：应用35口井48层的试油资料，建立了萨尔图油层油水层识别图版，图版精度97.9%（图7-1-6）。薄层（h<1.5m）：应用22口井29层的试油资料，建立了萨尔图油层储层油水层识别图版，图版精度为96.4%（图7-1-7）。

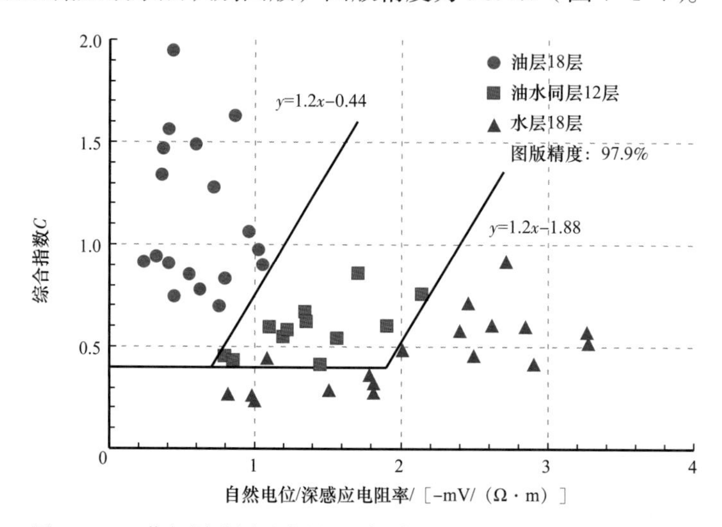

图7-1-6 萨尔图油层油水层识别图版（35口井48层，h≥1.5m）

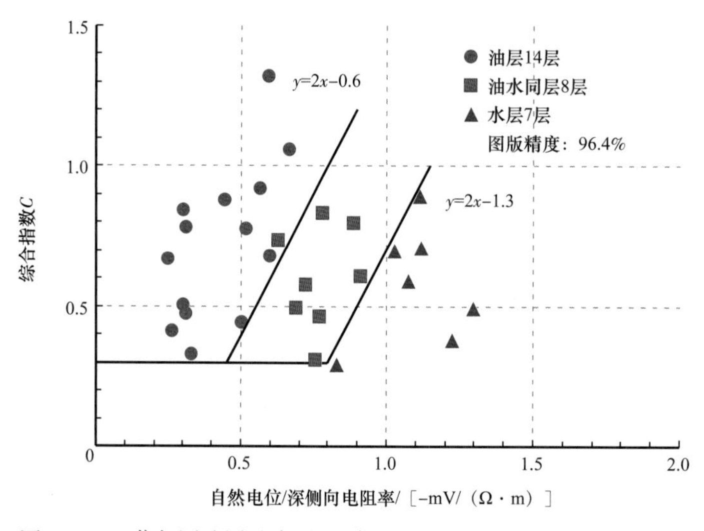

图7-1-7 萨尔图油层油水层识别图版（22口井29层，h<1.5m）

根据测井参数与产能相关性分析，优选有效孔隙度、空气渗透率、深侧向电阻率、储层厚度、压入总液量5个参数，分别重构葡萄花油层油水同层产能级分级评价参数，建立油水同层压裂后产油、产水量半定量识别图版；同时基于阿尔奇公式的原理，优选有效孔隙度和深侧向电阻率2个关键评价参数，将油水层识别细分为油层、油水同层、含油水层和水层4级，建立了油水同层分级识别图版，解释符合率提高到86.5%（图7-1-8、图7-1-9）。

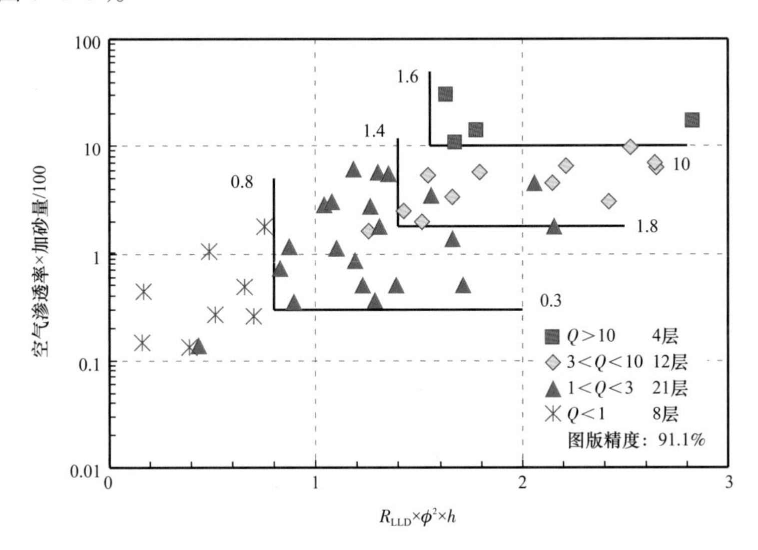

图7-1-8 葡萄花油层油水同层产油量识别图版

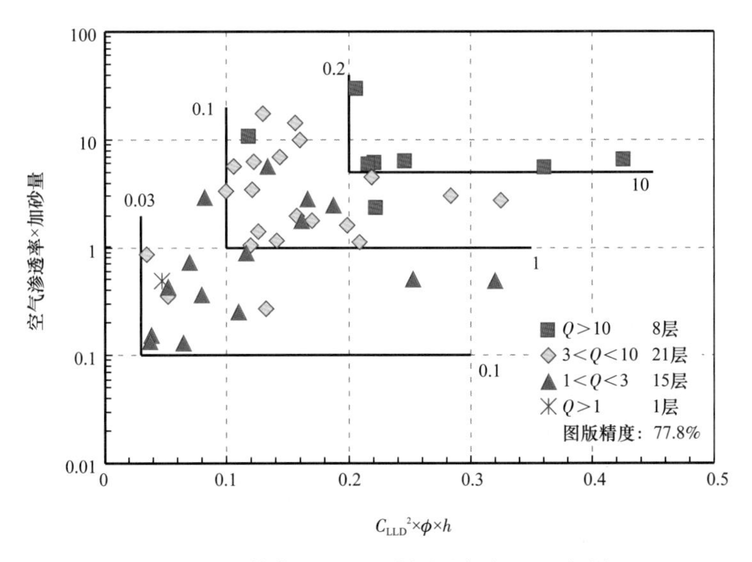

图7-1-9 葡萄花油层油水同层产水量识别图版

根据油水同层分级解释，进一步明确了油水同层开发界线，葡萄花油层油水同层典型井生产动态表明：单井投产含水率稳定，根据低渗透储层油水相渗渗流理论，建立了初含水与采收率关系曲线，随着初期含水率增加，累计产量即采收率降低，进而确定出效益开发下限为油水同层初含水率小于50%。

三、微构造地震精准解释技术

在单井合成记录标定的基础上，利用连井剖面进行多井闭合解释，统一研究区井间地质小层、地震解释层位，采用分级多种地震属性分析精细解释断层和多地震剖面确定断层位置、形态，精准刻画小断层；在小间距等值线构造图基础上，逐条剖面反复核实微幅度构造圈闭和断层复合圈闭，实现全油藏微构造精细识别。根据井震标定结果和标志层地震反射特征确定全区层位追踪原则，依据反射波波组特征、小层沉积厚度和地震层序关系，开展连井对比分析，在多条“井字形”骨干连井剖面解释的基础上，由疏到密，逐步闭合完成地震层位解释。

1. 小断层精准解释技术

针对断距小和地震剖面上识别难的瓶颈，采取分级序断层解释技术，提高小断层识别与平面组合精度（表7-1-2）。首先，综合应用曲率、相干、蚂蚁体等多种属性，融合密井网精细解释和开发井断点引导外推，初步识别断层；其次，利用曲率属性结合地震剖面，筛除非断层的曲率属性条带，利用变面积可视化技术确定小断层；最后，应用时间切片辅助、相干加强等方法精细落实小断层和规模。分级序断层解释技术可实现3～5m小断层准确识别。

表7-1-2 长垣外围油田断层分级及技术对策

级序	典型剖面	断层剖面特征	关键技术及使用条件
一级断层		（1）断距大，断层两侧同相轴明显错断（层断、轴断）； （2）同相轴时差在1个相位以上，断距大于10m	（1）相干体属性； （2）方差体属性； （3）适用条件：地震道波形相似性差别较大，完全错断
二级断层		（1）断距较大，部分同相轴断开或变细，部分层断、轴不断； （2）同相轴时差在$\frac{1}{2}$～1个相位，断距5～10m	（1）分频相干属性； （2）倾角属性； （3）曲率属性； （4）适用条件：同相轴未完全错断，断层处同相轴倾角发生变化
三级断层		（1）断距较小，同相轴只发生扭曲，层断、轴不断； （2）同相轴时差在$\frac{1}{4}$～$\frac{1}{2}$个相位，断距小于5m	（1）曲率属性； （2）相干加强； （3）适用条件：同相轴只发生弯曲或挠曲

2. 微构造解释技术

主要应用构造趋势面分析法，结合三维等时切片解释等技术，线体结合落实微型构造。

利用油层顶面构造进行构造趋势面分析，把油层顶面构造分解为趋势值和局部异常两部分，所有趋势值点构成一个趋势面，趋势面上的局部扰动就是构造异常部位；利用剩余构造分析，剔除趋势面中的区域性变化分量（趋势），保留局部异常（剩余），同时，利用时间切片及小间距构造线精细成图对其进一步识别微构造，运用主测线、联络测线地震剖面逐条剖面反复核实，结合三维可视化技术实现了构造幅度小至 3m 微幅度构造精准识别。

四、井震结合薄窄砂体精细预测技术

针对长垣外围萨尔图、葡萄花油层不同储层地质特点，利用地层切片、多属性分析、波形指示反演、波组特征追踪等多技术手段，精细刻画薄窄砂体平面分布范围。

1.“泥包砂”型窄河道砂地震预测技术

萨尔图油层萨零组河道砂单一，上下泥岩隔层发育，单砂体厚度 1～6m，为明显的“泥包砂”型窄河道砂体分布特征，具有较为理想的地震地质匹配条件，地震波组特征明显，“箱形”河道砂体呈中强振幅透镜状反射特征。从垂直河道切取地震剖面看，由西到东，“箱形”河道砂体呈中强振幅透镜状反射特征；顺沿河道切取地震剖面，从南至北，“箱形”河道砂体呈中强振幅连续型反射特征。基于萨零组典型的“泥包砂”型窄河道地震响应，在井震匹配较好的地震时窗范围内，必然会找到地震振幅与储层厚度最佳的关系。利用皮尔森相关分析方法，在大量地层振幅切片内，可快速优选出井震匹配最好的振幅切片，实现了地震沉积学地层振幅切片优选由人工定性视觉评价到自动精准优选的转变。利用该方法，可优选出单一河道对应多个地层振幅切片数据，大幅提高工作效率（图 7–1–10）。

当地层厚度小于 1/4 地震波长时，地震振幅与储层厚度成比例关系，这是地震储层预测的理论基础。应用多元线性回归方法，可建立各单一河道对应的多个振幅切片与储层厚度之间的井震函数关系［式（7–1–4）］，应用该函数关系可实现河道砂体厚度的定量预测。从井震结合储层厚度预测结果可以看出，萨零组河道呈近南北向条带状展布，单层河道厚度在 1～6m，河道宽度仅 200～400m，局部有较少的溢岸沉积。

$$h_{\text{sand}} = b_0 + b_1\text{AMP}_1 + \cdots + b_m\text{AMP}_m \tag{7-1-4}$$

式中 h_{sand}——储层厚度；

b_m——系数；

AMP_m——地震振幅；

m——地震振幅切片个数。

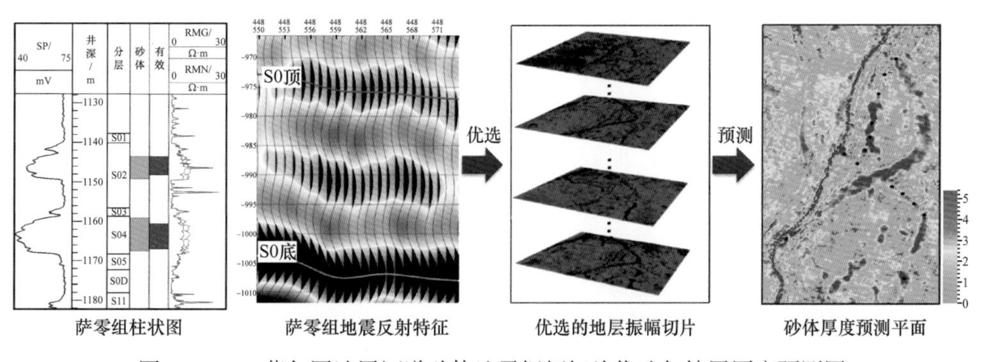

图 7–1–10 萨尔图油层河道砂体地震振幅切片优选与储层厚度预测图

2. 薄互层河道砂体井震结合预测技术

葡萄花油层为河流—三角洲相沉积，砂泥互层、薄层河道砂错叠分布，通过分析三维地震资料品质，加大雷克子波变换去强轴目标处理，即通过子波分解与重构技术，将以往只从宏观上认识的地震道数据分解为不同形状不同频率的地震子波组合，被分解出来不同主频的雷克子波按照能量大小依次排列，去除能量最大的一个或者几个子波成分后将剩余子波重新合并重构，形成新的地震道。该技术利用不同频率可解析的雷克子波，消除了高速层对其上下地层地震反射的影响，提高了地震反射波的分辨率，突出了薄互层河道砂的地震反射特征（图 7-1-11）。利用多子波重构后的地震数据体开展河道砂储层预测，能充分挖掘三维地震资料薄互层砂体识别能力。

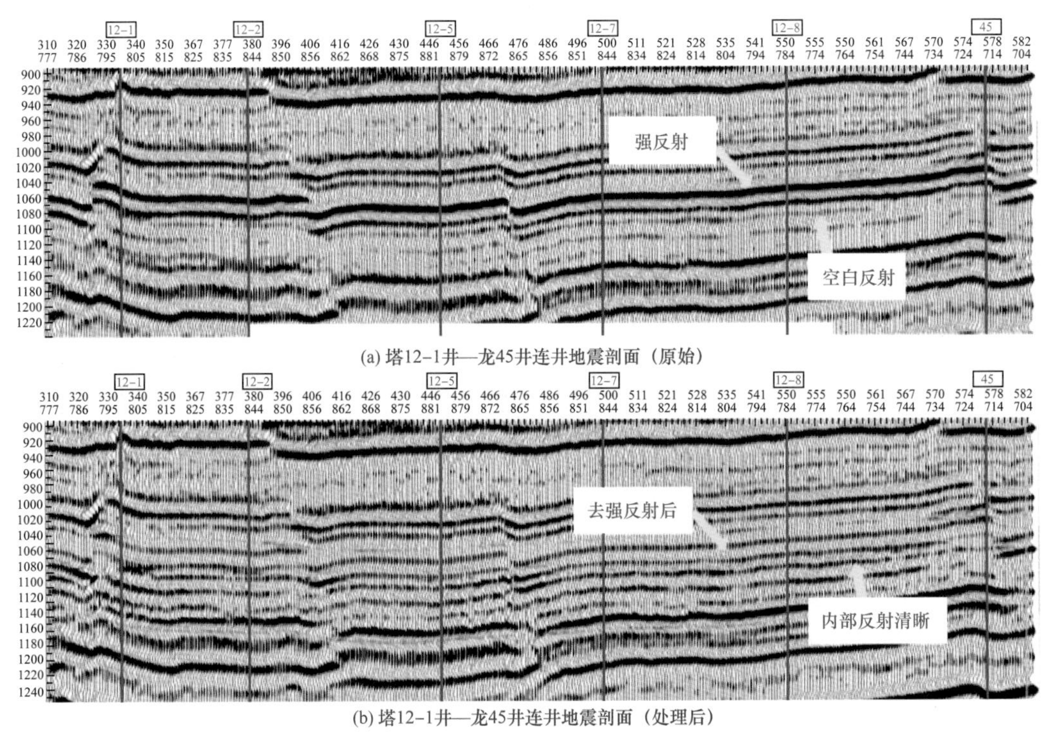

图 7-1-11 大雷克子波变换去强轴目标处理结果图

集成应用“波形控制组段、等时地层切片精细时窗优选、波形指示反演单层”精细预测技术，刻画薄互层河道砂岩性边界。地震反射同相轴是砂岩沉积韵律的反映，反射波的振幅、频率、相位特性是每个单层相互干涉叠加的结果，因此，砂岩厚度变化等可以通过地震波形间接反映出来，地震反射波包含着各种岩性的厚度、速度、波阻抗等信息，波形的变化反映了这些信息的变化。在薄互层沉积地层中，每个油层砂岩组包含一个或多个单砂层。单砂层虽然在地震上无法分辨，但对波形样式会产生影响。井震结合分析油层砂岩组段地震剖面响应特征，以井钻遇砂岩储层地震响应特征为基础，针对目标段，通过横、纵剖面地震波阻特征追踪，逐井追踪砂体范围；以等时地层切片为辅，精细选择时窗，根据平面上地质沉积微相分布规律优选具有相应地质信息响应的切片；

结合属性和波形指示反演，精细预测薄互层河道砂空间分布特征，从而提高砂体岩性边界刻画的精度和准确性。通过该精细预测技术（图 7-1-12），2～3m 薄互层砂层预测符合率由 75% 提高到 85.3%。

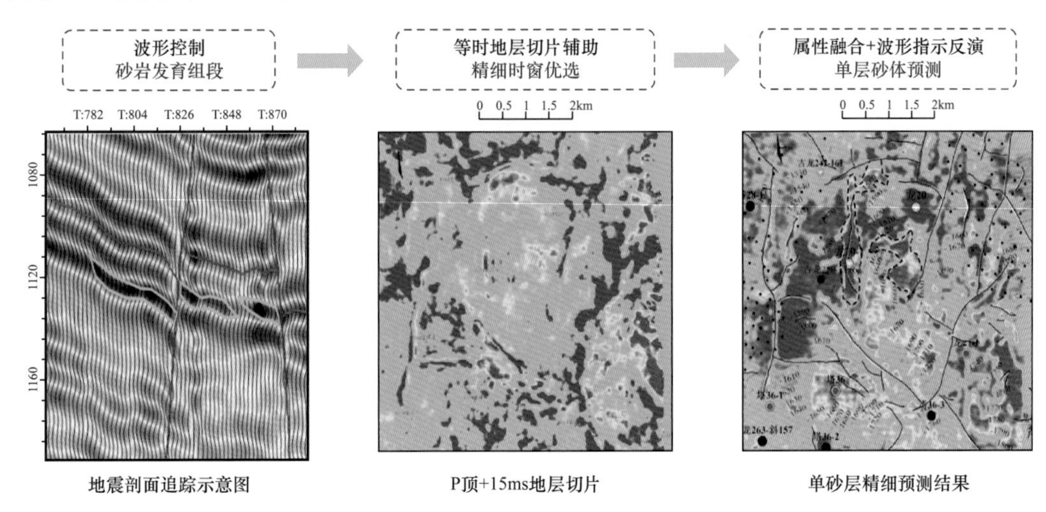

图 7-1-12 集成多技术薄砂层精细刻画砂体岩性边界

五、全油藏风险分类按砂布井开发优化设计精细评价技术

大庆长垣外围油田主要位于富油凹陷内，斜坡、向斜区油藏类型多样，油水同层发育，全油藏无统一的油水界面，表现出“全区含油、一砂一藏”的规律。受微构造、小断层和砂体分布规模等控制，具有富油凹陷“岩相控带、圈闭控藏、断层控富”的成藏规律，斜坡区小型油藏群呈小层富集、沿断层密集带呈串珠状分布。

1. 风险分类评价技术

在构造精准解释和薄窄河道砂精细预测与刻画的基础上，分析小型油藏群成藏主控因素，选取油藏控藏条件、油层厚度、油水分布、邻井区开发产量 4 项关键参数（庞彦明等，2018），建立了小型油藏群风险综合评价方法和评价标准，综合评判值大于 0.7 为低风险油藏，0.5～0.7 为中风险油藏，小于 0.5 为高风险油藏，按风险大小把小型油藏群分成三类部署。综合确定各参数取值标准和权重系数（表 7-1-3），应用灰色关联分析方法计算已发现油藏综合评判值。按照综合评判结果，低风险油藏一般为邻近已开发区评价井证实的微构造或断背斜油藏，直接编制开发方案；中风险油藏为井控程度较低的断层—岩性复合油藏，进一步评价落实油藏规模和油水分布，滚动开发降低风险；高风险油藏为规模小、达不到开发经济界限的微油藏，采用单井试采，快速落实产能后再决策。

2. 按砂布井优化设计技术

大庆长垣外围小型油藏群圈闭幅度平缓、储层砂体规模小、控藏因素复杂、局部富集高产的特点，表明按照面积井网部署的常规思路已不适应，研究形成了“油藏风险分类和窄小河道砂体分布”为核心的开发优化设计方法。

表 7-1-3 长垣外围小型油藏群风险评价参数权重表

<table>
<tr><th colspan="2">评价指标</th><th>子权重</th><th>权重</th></tr>
<tr><td rowspan="3">控藏条件</td><td>微幅度构造</td><td>1.0</td><td rowspan="3">0.3</td></tr>
<tr><td>微构造—岩性</td><td>0.7</td></tr>
<tr><td>岩性</td><td>0.5</td></tr>
<tr><td rowspan="3">有效厚度 h/m</td><td>$h\in$［5.0，12.0］</td><td>1.0</td><td rowspan="3">0.2</td></tr>
<tr><td>$h\in$［3.0，5.0）</td><td>0.8</td></tr>
<tr><td>$h\in$［0，3.0）</td><td>0.4</td></tr>
<tr><td rowspan="2">油水分布</td><td>油层为主</td><td>1.0</td><td rowspan="2">0.2</td></tr>
<tr><td>油水同层为主</td><td>0.4</td></tr>
<tr><td rowspan="4">邻区开发产量 Q/t/d</td><td>$Q_{压后}\in$［10.0，∞）或 $Q_{测试}\in$［5.0，∞），含水率∈（0，30%］</td><td>1.0</td><td rowspan="4">0.3</td></tr>
<tr><td>$Q_{压后}\in$［5.0，10.0）或 $Q_{测试}\in$［3.0，5.0），含水率∈（30%，50%］</td><td>0.8</td></tr>
<tr><td>$Q_{压后}\in$（0，5.0）或 $Q_{测试}\in$［0.0，3.0），含水率∈（30%，50%］</td><td>0.6</td></tr>
<tr><td>$Q_{压后}\in$（0，5.0）或 $Q_{测试}\in$［0.0，3.0），含水率∈（50%，99.9%］</td><td>0.4</td></tr>
</table>

开发优化设计。考虑小层砂体规模、油层层数、有效厚度、油层物性和主应力方向及邻区直井、水平井开发效果，优选井型，宜平则平、宜直则直、宜斜则斜。具有一定规模的油藏采用面积注水开发方式，应用数值模拟法优化注采井网，油层水驱控制程度达到 85% 以上，连通厚度大，双向以上连通比例大，波及体积大，满足一定的采油速度要求。对于面积小于 $2km^2$ 的油藏应用技术经济界限法优化井距，采用灵活注水方式或单井弹性试采。

建产模式优选。把已开发油田、探明未动用区和剩余控制区及空白区作为一个整体，树立全油藏理念，建立地质、地球物理、油藏工程和采油工程多专业一体化优化规范和流程，提高优化效率，加快了小型油藏群建产节奏，形成了定制式 3 种建产模式：即针对微构造面积大于 $2km^2$、井控程度小于 $1km^2$/ 口、地质认识清楚的油藏整体编制开发方案，整体动用建产；针对微构造圈闭面积大于 $2km^2$、井控程度大于 $1km^2$/ 口或复合控藏的油藏立足构造高部位编制开发方案，同时结合砂体精细预测成果，甩开部署评价井落实油藏规模，滚动实施分步建产；针对微构造面积小于 $2km^2$ 或未试油产能不落实油藏直接试采，单井动用建产。

第二节 特低渗扶杨油层剩余油描述技术

剩余油描述方法主要采用油藏数值模拟和动静综合分析方法。油藏数值模拟法是现阶段剩余油定量描述的主要方法，但应用中运算量较大、工作周期长，无法满足油田级大区块的剩余储量快速评价，同时该方法不能按照剩余油成因类型劈分剩余储量；动静综合分析法应用静态精细地质描述成果、产液吸水测试与生产动态资料，人机交互描述剩余油分布，能够按照剩余油成因类型劈分计算剩余储量，但存在人工分析工作量大、工作效率低的问题。因此，需要开展剩余油快速预测方法研究，全面评价剩余潜力，为精细挖潜和规划部署提供基础。

一、特低渗透扶杨油层剩余油类型

大庆长垣外围扶杨油层储层物性受成岩作用影响较大，油藏埋藏深度增加，物性逐渐变差，空气渗透率一般 1～10mD，启动压力梯度急剧增加，一般 0.1～0.15MPa/m（图 7–2–1）。扶杨油层沉积后主要发生了青山口组沉积末期、嫩江组沉积末期、依安组沉积末期三次大的构造运动，不同时期的构造运动形成不同期次构造裂缝，岩性分析资料统计：裂缝线密度 0.012～0.057 条 /m。电成像测井、电导率异常检测等技术分析表明，扶杨油层以近东西向裂缝为主（图 7–2–2）。

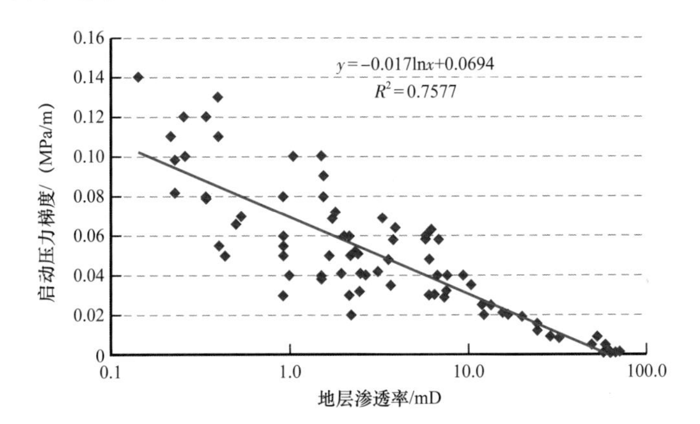

图 7–2–1 特低渗透扶杨油层启动压力梯度与渗透率关系

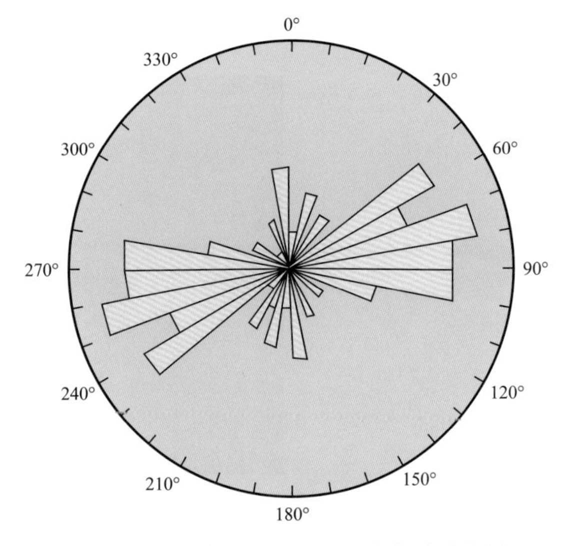

图 7–2–2 东部扶杨油层裂缝方位玫瑰花图

针对特低渗透扶杨油层局部发育天然裂缝以及注水过程中“动态缝”变化的地质特点，在原有8种剩余油类型基础上，新增平面干扰Ⅱ型和井网控制不住Ⅱ型两种剩余油（表7-2-1）。平面干扰Ⅱ型是指天然裂缝发育区块，当井排方向与裂缝方向存在一定夹角时，裂缝方向油井含水率上升快，垂直裂缝方向的油井无法有效动用，而形成剩余油（图7-2-3）。井网控制不住Ⅱ型是指井网能够钻遇砂体，但由于井排距大，导致无法建立有效驱动而形成的剩余油（图7-2-4）。

表7-2-1 扶杨油层主要剩余油类型及成因表

原剩余油成因分类		新剩余油成因分类		
序号	成因类型	序号	成因类型	备注
1	注采不完善型	1	注采不完善型	
2	单向受效型	2	单向受效型	
3	平面干扰	3-1	平面干扰Ⅰ型	平面相变及物性变化
		3-2	平面干扰Ⅱ型	裂缝干扰成因
4	井网控制不住型	4-1	井网控制不住Ⅰ型	砂体规模小未钻遇
		4-2	井网控制不住Ⅱ型	新增注采井距大于有效驱动距离
5	层内未水淹	5	层内未水淹	
6	微构造型	6	微型构造	
7	断层遮挡型	7	断层遮挡型	
8	层间干扰型	8	层间干扰型	

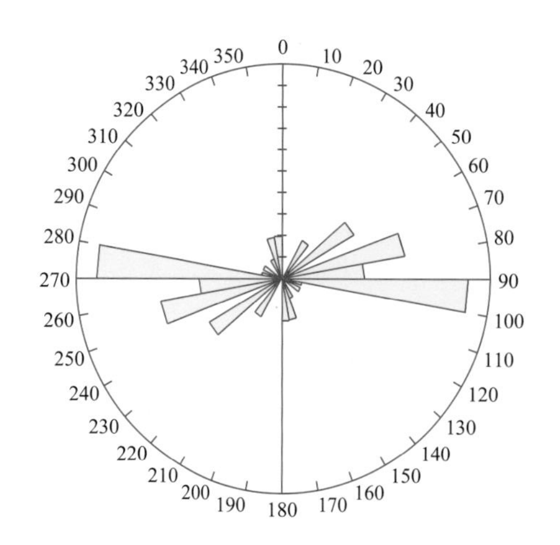

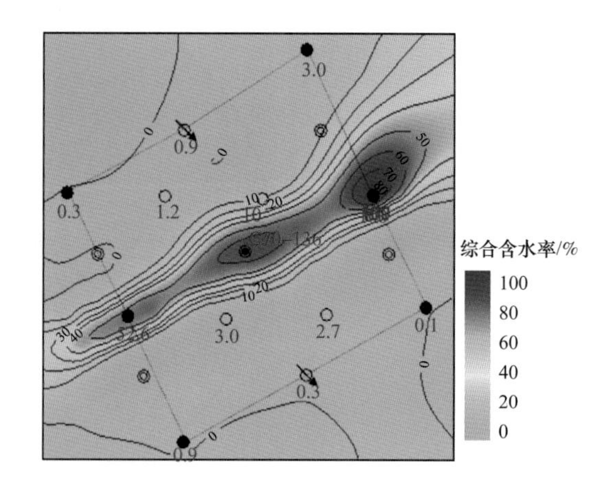

图7-2-3 平面干扰Ⅱ型剩余油成因图

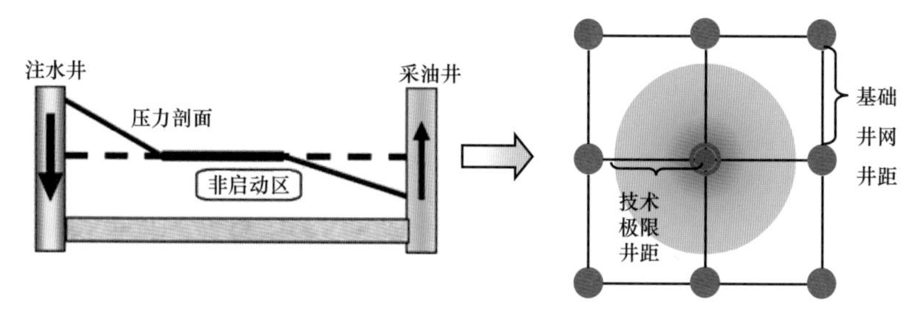

图 7-2-4　井网控制不住Ⅱ型剩余油成因图

二、基于裂缝与非达西渗流的剩余油评价方法

特低渗透扶杨油层存在裂缝、启动压力的地质特点，建立基于裂缝与非达西的油水两相渗流模型，结合油田实际建立不同井网形式与渗透率级别的渗流模板。

1. 基于裂缝与非达西的油水两相渗流模型

特低渗透裂缝性油层可以简化成发育裂缝的裂缝区域和不发育裂缝的基质区域（图 7-2-5）。应用等效连续介质理论，将特低渗透裂缝性油层转化为渗透率各向异性的连续介质油层，建立裂缝性油层等效介质模型。

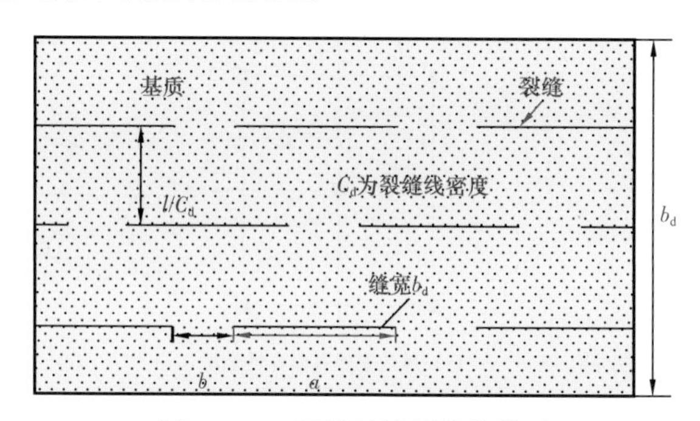

图 7-2-5　裂缝性油层简化模型

为建立裂缝发育油层等效介质模型，首先引入裂缝的线连续性系数 C_l，即：

$$C_l=\frac{\sum a}{\sum a+\sum b} \tag{7-2-1}$$

式中　$\sum a$——油层中某一断面内任一直线上裂缝面各段长度之和，m；

$\sum b$——油层中某断面内任一直线上基质岩石各段长度之和，m。

C_l 数值变化于 0～1 之间；C_l 越大说明裂缝的连续性越好，C_l=1 时，裂缝为贯通裂缝。

利用基质渗透率、裂缝渗透率和裂缝线密度等参数，将裂缝性油层简化成 x、y 两个方向渗透率的各向异性的等效介质油层，获得 x、y 方向渗透率 K_x、K_y。

$$K_x=K_m+\left(C_lK_t-K_m\right)C_db_f \tag{7-2-2}$$

$$K_y=\frac{C_lK_tK_m}{C_lK_t-\left(C_lK_t-K_m\right)C_db_f} \tag{7-2-3}$$

式中　K_t——裂缝渗透率，D；

K_m——基质渗透率，D；

b_f——裂缝开度，μm；

C_d——裂缝线密度，m^{-1}。

对于各向异性储层（$K_x>K_y$），通过坐标转换可以将天然裂缝性油层转化为等效各向同性油层，建立等效连续介质各向同性模型。以五点法井网为例，首先将原大地坐标系转换为以平行和垂直于裂缝方向为主轴的坐标系。x，y 表示在天然裂缝性油层坐标系中某井的横纵坐标，x'，y' 表示在各向异性油层坐标系中某井的横纵坐标，$\bar{x}$，$\bar{y}$ 表示在各向同性油层坐标系中某井的横纵坐标。通过渗流速度与渗流距离关系的求解，获得各向异性油层转换为各向同性油层时某井的坐标（图 7–2–6），坐标转换公式即：

$$\begin{cases} K_{\bar{x}}=K_{x'}\sqrt{\dfrac{K_e}{K_x}}=\sqrt{K_x^2+K_y^2}\cos\left(\arcsin\dfrac{y}{\sqrt{x^2+y^2}}+\theta\right)\cdot\sqrt{\dfrac{K_e}{K_x}} \\ K_{\bar{y}}=K_{y'}\sqrt{\dfrac{K_e}{K_y}}=\sqrt{K_x^2+K_y^2}\cos\left(\arcsin\dfrac{y}{\sqrt{x^2+y^2}}+\theta\right)\cdot\sqrt{\dfrac{K_e}{K_y}} \end{cases} \tag{7-2-4}$$

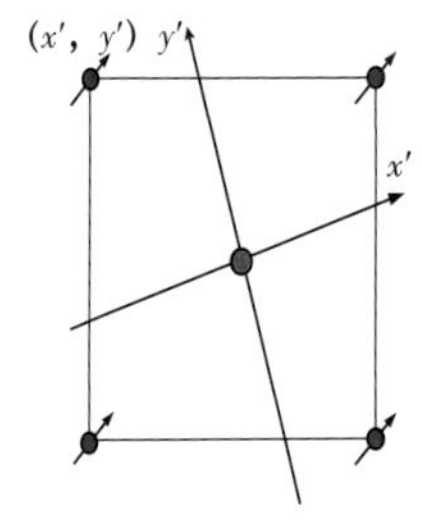

(a) 天然裂缝性油层五点法井网

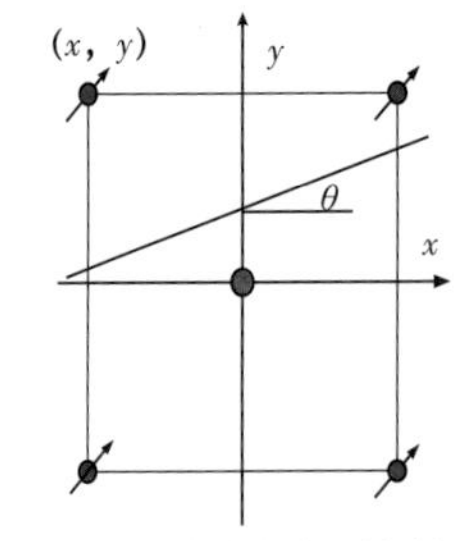

(b) 等效变换各向异性油层

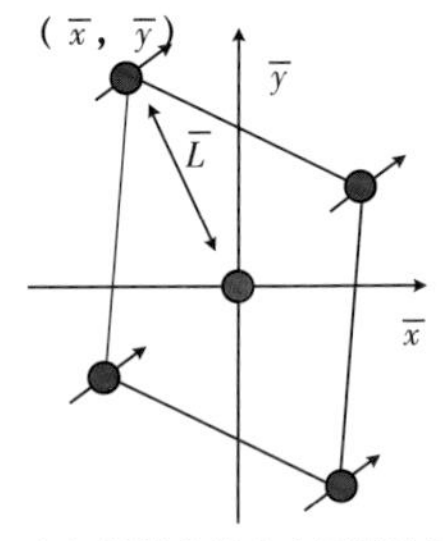

(c) 等效变换各向同性油层

图 7–2–6　天然裂缝性油层向等效各向同性油层转换图

其中，等效各向同性油层渗透率 $K_e=\sqrt{K_xK_y}$。

依据达西定律及非达西油水两相渗流理论，对于油水两相渗流情况下，在线性驱替过程中压力降是恒定的，假设油水两相的压力梯度相等，在等效各向同性油层基础上，引入油水两相启动压力梯度参数，建立基于裂缝及非达西的油水两相渗流方程：

$$q_t=\frac{KK_{ro}A\left(p_i-p_p-G_oL\right)}{\mu_oL}+\frac{KK_{rw}A\left(p_i-p_p-G_wL\right)}{\mu_wL} \tag{7-2-5}$$

式中　q_t——总的注入速度，m^3/s；

K_{ro}——油相相对渗透率；

K_{rw}——水相相对渗透率；

μ_w——地层水黏度，mPa · s；

p_i——注入端注入压力，Pa；

p_p——采出端采油压力，Pa；

G_o——油相的启动压力梯度系数，MPa/m；

G_w——水相的启动压梯度系数，MPa/m。

2. 不同渗透率级别渗流模板

应用流管法，假定单元井网注采井间的驱替过程都是非混相驱替过程，采用多孔介质中均质流体稳定渗流时的流线表示单元井网的流线。利用流线模型，以五点法和反九点法井网为例绘制了注采井间流线分布，即注采井网间的流管（图 7–2–7）。在建立流管模型模拟井网注水井间单元渗流模型时，在划分好流管的基础上，将单根流管分成 n 个体积相等的格（图 7–2–8）。

(a) 五点法井网

(b) 反九点法井网

图 7–2–7 五点法和反九点法井网流线分布图

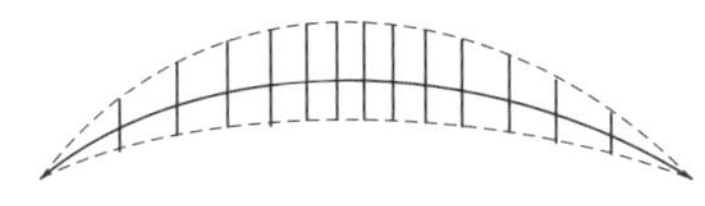

图 7–2–8 单根流管划分示意图

通过上述建立的注采井间的流管模型以及单根流管的网格划分模型，将原本注采井间的二维混相驱替过程进行简化处理，注采井间混相驱替过程转化为沿一根根流管的一维驱替过程，即沿单根流管的驱替前缘不断移动直至第 n 格水窜的过程。

根据单管前缘推进方程，某一时间 t 时某饱和度 S_w 的位置对应的流管体积：

$$V_{pS_w}=V_{pT}Q_i f_w' \tag{7–2–6}$$

式中 Q_i——注入流管流体的孔隙体积倍数；

V_{pS_w}——对应某含水饱和度 S_w 所在位置的流管体积，m^3；

V_{pT}——流管的孔隙体积，m^3；

f_w'——对应于某一含水饱和度时的含水率导数。

当 Q_i 固定时，可以求得每一个 V_p（$0\leqslant V_p\leqslant V_{pT}$）位置上的含水饱和度，从而建立流管饱和度剖面。

在流管法计算线性驱替系统时，总流量与累计注入体积倍数有如下关系：

$$Q_i=\frac{\int_0^t q_t \mathrm{d}t}{V_p} \tag{7–2–7}$$

在进行多管综合时，将相同注入时间下各个流管的结果综合起来，就可以得到在起点和终点都是相同的注采井间区域各流管汇集在一起的总动态。

基于流管法计算注入体积倍数与渗流阻力系数、饱和度分布及含水率变化规律，并绘制其相互关系的渗流模板，实现了含油饱和度与含水率的快速求解。根据外围油田井网与裂缝夹角情况，建立了反九点井网与线性井网不同渗透率级别各5套渗流模板。例如渗透率为10～20mD，井网与裂缝夹角为22.5°时反九点与线性井网条件下的渗流模板（图7-2-9）。

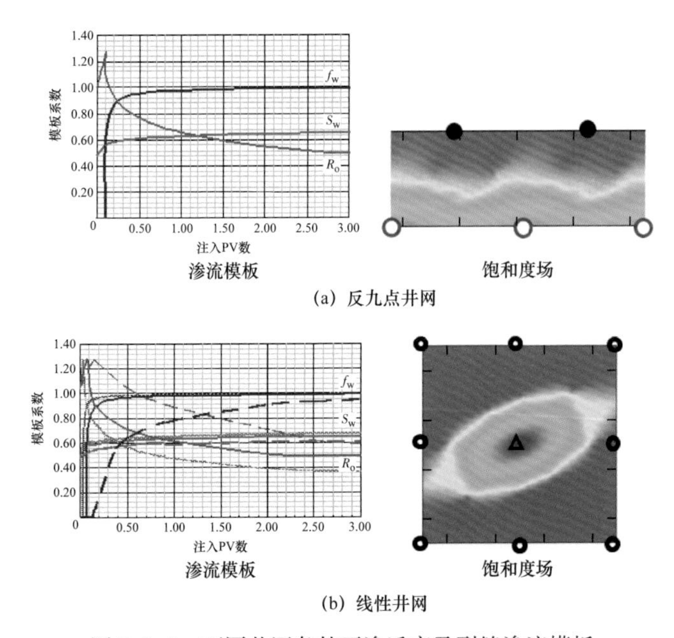

图7-2-9 不同井网条件下渗透率及裂缝渗流模板

以裂缝与非达西的油藏工程方法研究为基础，编制了基于裂缝与非达西两个程序计算模块，可以快速计算各种类型剩余储量潜力，及时搞清剩余油分布规律及主要剩余油类型，揭示油田的开发矛盾。

例如C55区块位于朝阳沟油田的轴部，天然裂缝发育，原剩余油类型主要以层内和注采不完善型为主。通过剩余油定量计算，细化后剩余油是以注采不完善型和平面干扰Ⅱ型为主，占区块剩余储量62.9%；Y2区块由于储层致密，存在启动压力梯度，难以建立有效驱动，原剩余油类型主要以层内和注采不完善型为主，细分后剩余油是以井网控制不住Ⅱ型和注采不完善型为主，占区块剩余储量的70.0%（表7-2-2）。

表7-2-2 典型区块扶杨油层剩余油类型细化前后剩余油储量比例对比表

单位：%

区块	认识程度	层内	注采不完善	层间干扰	平面干扰Ⅱ型	断层遮挡	井网控制不住Ⅱ型	平面干扰Ⅰ型
C55	原认识	43.6	32.2	9.1		12.3		2.8
	新认识	12.9	32.2	9.1	30.7	12.3		2.8
Y2	原认识	45.9	41.5	3.8		8.3		0.5
	新认识	11.6	39.1	1.0		13.9	30.9	3.5

第三节 基于水平井穿层压裂的井网优化设计技术

一、低渗透、特低丰度葡萄花油层评价分类

葡萄花油层沉积时期，大庆长垣外围南部地区为三角洲前缘亚相，地层厚度薄，单井一般 15～30m，水下分流河道、席状砂与泥岩呈互层状，砂体错叠分布，仅发育 2～3 个薄油层，地质储量丰度（10～15）$\times10^4$t/km^2，直井开发无效益。以提高特低丰度油藏储量动用程度和单井产量为核心，试验形成了薄互层水平井穿层压裂开发井网优化设计技术，实现了特低丰度油藏难采储量有效开发。

1. 油层评价分类

从油层品质分类着手，进行全区纵向油层组合评价分类，实现适合穿层压裂有利地区和层位优选目的。通过测井密度、电阻率曲线和试油资料进行油层分类，根据葡萄花油层单层试油采油强度，即低产层（初期采油强度小于 1t/（m·d）），中产层（初期采油强度 1～1.5t/（m·d）和高产层（初期采油强度大于 1.5t/（m·d）），将这些点投入密度—电阻率交会图版（图 7-3-1）。高产层位较集中地分布在密度小于 2.38g/cm^3、电阻率大于 12Ω、有效厚度大于 1.4m 的区域；中产层位集中分布在密度 2.38～2.41g/cm^3、电阻率 10～12Ω、有效厚度 0.8～1.4m 的区域；低产层位集中在电阻率小于 10Ω、密度大于 2.41g/cm^3、有效厚度小于 0.8m 的区域。

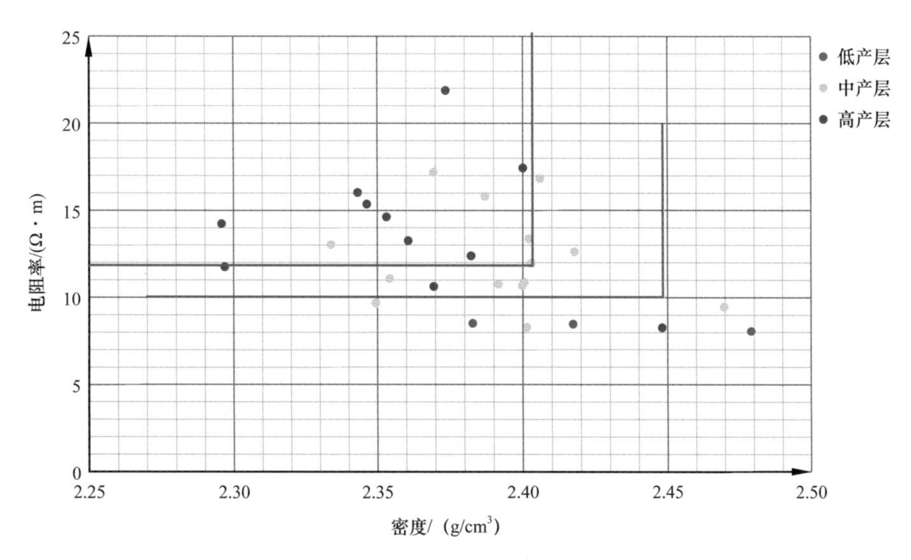

图 7-3-1 密度—电阻率交会图版

根据上述图版，建立大庆长垣外围南部地区葡萄花油层以测井、地质参数为主的分类标准（表 7-3-1）。

表 7-3-1 油层分类评价依据

项目	A类	B类	C类
密度 / (g/cm^3)	<2.38	2.38～2.41	>2.41
电阻率 /Ω	>12	10～12	<10
厚度 /m	>1.4	0.8～1.4	<0.8

2. 油层组合分类

根据上下层单油层组合关系，进行大庆长垣外围南部地区油层整体分类评价。油层组合分类主要考虑油层物性和油层数。从质量上讲，有一个 A 类层位，上下有其他小层的油层组合，即为Ⅰ类组合；从数量上讲，有三个以上 B 类层位，且总的层数较多，亦为Ⅰ类组合。同样地，如果钻遇了两层以上的 B 类层位，且 C 类层位较多，为Ⅱ类组合。其余的为Ⅲ类组合（表 7-3-2）。在区块优选中，优先选择Ⅰ类、Ⅱ类组合控制的地区，Ⅲ类组合区块施工难度较大、经济效益相对较差，不适合进行穿层压裂。

表 7-3-2 长垣外围南部地区葡萄花油层组合分类评价表

油层组合	对应级别
ABB，AB，BBB 等	Ⅰ类
BB，BC，BBC 等	Ⅱ类
BCC，CC，CCC 等	Ⅲ类

二、水平井穿层压裂产能评价技术

根据大庆长垣外围南部地区葡萄花油层薄互层地质特点，建立了水平井穿层压裂渗流数学模型。假设裂缝的缝高足够全部穿过 1 号层（主力层）和位于 1 号层上方的 2 号层（非主力层），裂缝为无限导流能力裂缝，两个层都是定压边界稳态渗流，且原油物性相同，如图 7-3-2 所示。

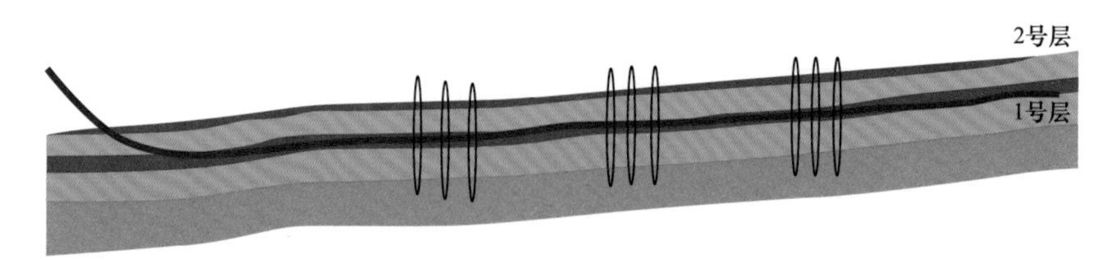

图 7-3-2 水平井穿层压裂数学模型示意图

对于水平井穿过的主力层，其渗流场不但受到裂缝的影响，还受到地层定向射孔孔眼处渗流的影响。在平面内，假设射孔方位与井筒垂直。在图 7-3-3 坐标系中，产量为 q_t 的水平井，设射孔孔眼段长度为 L_p，将此微元段视为均匀流量的线汇，任取的射孔段一微元段长度为 d_y，其坐标为（0，y_p），由该孔眼流入水平井筒的流量为 q_p，其在地层中任一点（x_0，y_0）的势函数为：

$$\varphi(x,y)=\frac{q_p}{4\pi}\left\{y_p\ln\frac{x^2+\left(y_p+\frac{L_p}{2}-y\right)^2}{x^2+\left(y_p-\frac{L_p}{2}-y\right)^2}+\frac{L_p}{2}\ln\left[x^2+\left(y_p+\frac{L_p}{2}-y\right)^2\right]\left[x^2+\left(y_p-\frac{L_p}{2}-y\right)^2\right]-2L_p+\right.$$

$$\left.(2x-y)\arctan\frac{xL_p}{x^2+\left(y_p+\frac{L_p}{2}-y\right)\left(y_p-\frac{L_p}{2}-y\right)}\right\}+C \tag{7-3-1}$$

式中 φ（x，y）——射孔段势函数；

q_p——射孔段流量，m^3/s；

L_p——射孔段长度，m。

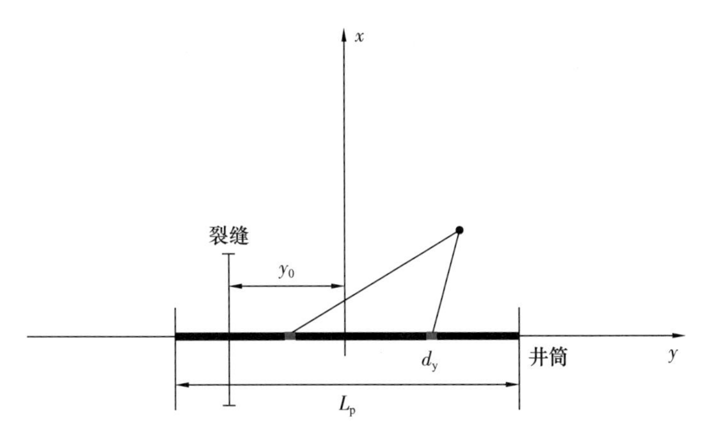

图 7-3-3 水平井穿层压裂坐标系示意图

1. 非主力层计算

对单条裂缝，设供给边界的位置为（0，r_e），以井筒所在的直线为 y 轴，采用图 7-3-3 所示的坐标系进行计算。设压裂段数为 m，每段有 n 簇裂缝。每条裂缝等间距，其间距为 y_0，每段间距 d，地层厚度为 h，如图 7-3-4 所示。

由于不考虑非主力层井筒干扰，只需要对裂缝的势进行叠加。根据势的叠加原理，解 n 个由式（7-3-2）构成的方程组，可求出非主力层每条裂缝的产量。

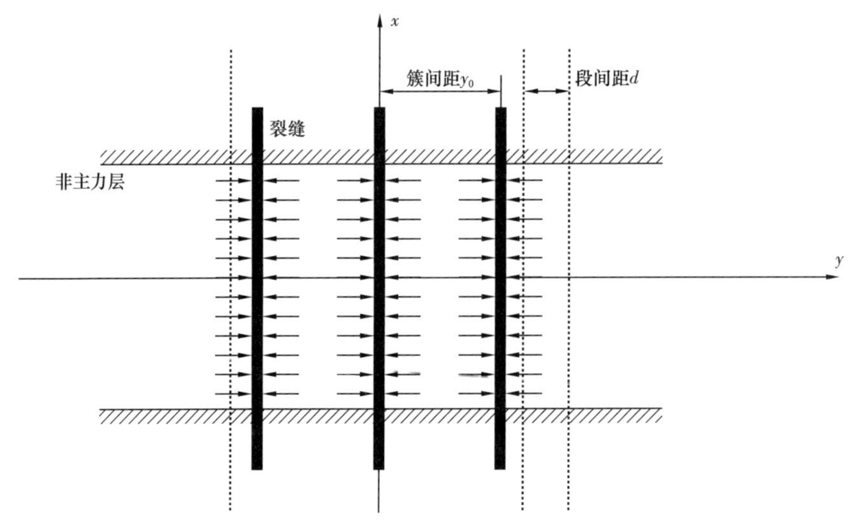

图 7-3-4 水平井穿层压裂基础计算模型（非主力层）

$$\frac{2\pi Kh}{\mu B}\left(p_{\mathrm{e}}-p_{\mathrm{w}}\right)=\sum_{i=1}^{m}\sum_{j=1}^{n}q_{i,j}\ln\frac{\left|y_{0i,j}-r_{\mathrm{e}}\right|+\sqrt{L_{\mathrm{f}i,j}^{2}+\left(y_{0i,j}-r_{\mathrm{e}}\right)^{2}}}{\left|y_{0i,j}-y_{0\mathrm{k,s}}\right|+\sqrt{L_{\mathrm{f}i,j}^{2}+\left(y_{0i,j}-y_{0\mathrm{k,s}}\right)^{2}}} \tag{7-3-2}$$

式中 r_{e}——供给半径，m；

$q_{i,j}$——i 段 j 簇裂缝产量，m^3/s；

K——基质有效渗透率，D；

h——地层厚度，m；

μ——原油黏度，mPa·s；

B——原油体积系数，m^3/m^3；

p_{e}——供给边界压力，MPa；

p_{w}——井底流压，MPa。

2. 主力层计算

主力层需要考虑井筒干扰作用，在进行势的叠加时，应同时考虑射孔段流动的势和裂缝流动的势。仍然沿用图 7-3-3 所示的坐标系进行计算，如图 7-3-5 所示。

在边界（0，r_{e}）处，射孔段的势函数为式（7-3-3）：

$$\varphi_{\mathrm{e}}=\frac{q_{\mathrm{p}i,j}}{4\pi}\left[y_{0i,j}\ln\frac{\left(y_{0i,j}+\frac{L_{\mathrm{p}}}{2}-r_{\mathrm{e}}\right)^{2}}{\left(y_{0i,j}-\frac{L_{\mathrm{p}}}{2}-r_{\mathrm{e}}\right)^{2}}+\frac{L_{\mathrm{p}}}{2}\ln\left(y_{0i,j}+\frac{L_{\mathrm{p}}}{2}-r_{\mathrm{e}}\right)^{2}\left(y_{0i,j}-\frac{L_{\mathrm{p}}}{2}-r_{\mathrm{e}}\right)^{2}-2L_{\mathrm{p}}\right]+C \tag{7-3-3}$$

同样地，求解由 n 个式（7-3-4）构成的方程组，即可得到主力层各缝的产量。

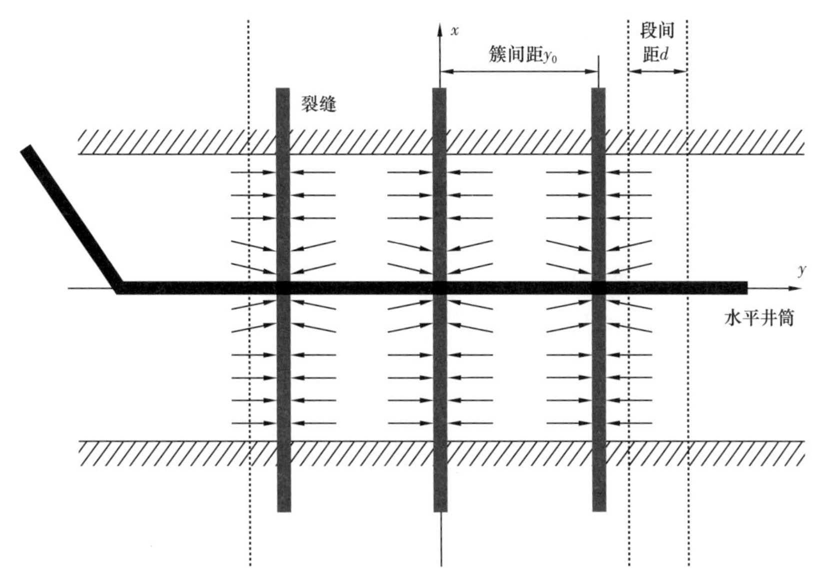

图 7–3–5 水平井穿层压裂基础计算模型（主力层）

$$\frac{2\pi Kh}{\mu B}\Delta p=\sum_{i=1}^{m}\sum_{j=1}^{n}\left[q_{i,j}\ln\frac{\left|y_{0i,j}-r_{e}\right|+\sqrt{L^{2}{}_{fi,j}+\left(y_{0i,j}-r_{e}\right)^{2}}}{\left|y_{0i,j}-y_{0k,s}\right|+\sqrt{L^{2}{}_{fi,j}+\left(y_{0i,j}-y_{0k,s}\right)^{2}}}\right.$$
$$+q_{pi,j}y_{0i,j}\ln\frac{\left(y_{0i,j}+\frac{L_{p}}{2}-r_{e}\right)\left(y_{0i,j}-\frac{L_{p}}{2}-y_{0k,s}\right)}{\left(y_{0i,j}-\frac{L_{p}}{2}-r_{e}\right)\left(y_{0i,j}+\frac{L_{p}}{2}-y_{0k,s}\right)}$$
$$\left.+q_{pi,j}\frac{L_{p}}{2}\ln\frac{\left(y_{0i,j}+\frac{L_{p}}{2}-r_{e}\right)\left(y_{0i,j}-\frac{L_{p}}{2}-r_{e}\right)}{\left(y_{0i,j}+\frac{L_{p}}{2}-y_{0k,s}\right)\left(y_{0i,j}-\frac{L_{p}}{2}-y_{0k,s}\right)}\right] \tag{7-3-4}$$

三、穿层压裂工艺技术参数图版

综合研究认为：泥岩隔层厚度、压裂排量和隔层应力差为穿层压裂效果主要影响因素。在不同隔层厚度条件下，对排量和应力差进行模拟计算，每一隔层厚度点在不同应力差条件下，都对应可实现有效穿层的最小排量（图 7–3–6）。

每条曲线代表一个排量，若地层的隔层厚度和油层应力差值的交点落在某条排量曲线上方，则代表该排量无法在该点实现有效穿层，需要加大施工排量。将大庆长垣外围南部地区Ⅰ类、Ⅱ类油层穿层组合井点投入图版中，可知大多数组合井点的隔层厚度和应力差落在曲线下方，说明Ⅰ类、Ⅱ类油层现场施工排量（$4.8m^3/min$）实现了有效穿层。少数井点落在曲线附近和曲线上方，说明局部地区需要适度增加排量以实现压裂穿层，该参数图版可对现场施工设计起到重要的指导作用。

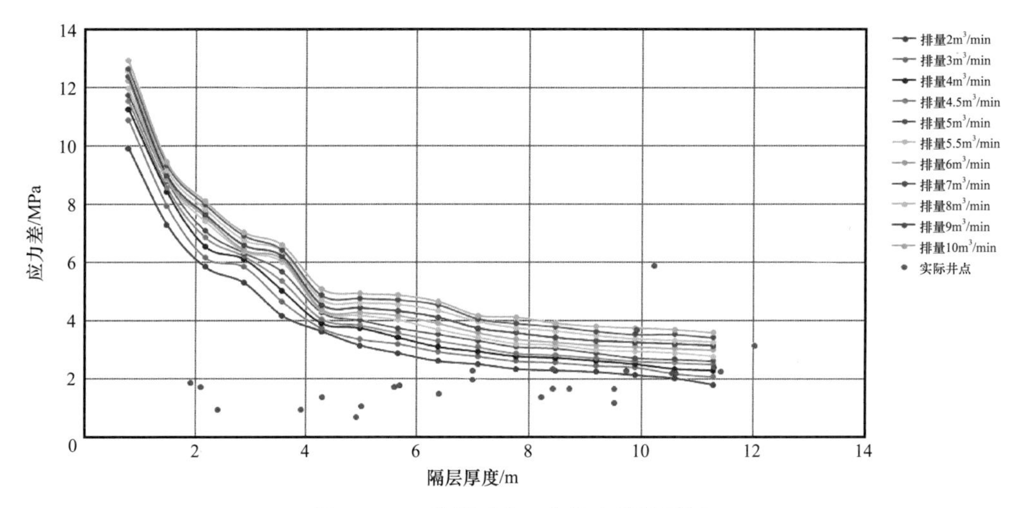

图 7–3–6 穿层压裂工艺最小排量图版

四、穿层压裂开发井网优化设计技术

通过数值模拟研究与对比，优选最有利的井网井型，并进行应力方向风险评估。根据调研，目前水平段主流裂缝形态有两种：纺锤形与哑铃形。根据大庆长垣外围南部地区低渗透、特低丰度油藏实际情况，设计了 6 种注采井网方案（图 7–3–7），根据注水井井距大小，纺锤形井网又分为纺锤形 1 和纺锤形 2 两种。

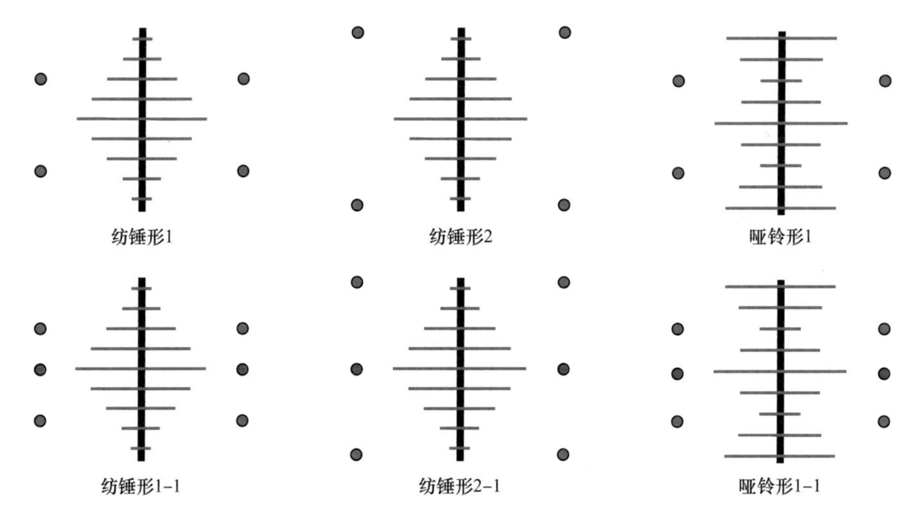

图 7–3–7 穿层压裂不同井网形式方案

1. 压裂水平井注采井网形式优化

对五点法井网的三种方案进行了对比（图 7–3–8）。哑铃形井网由于裂缝距离水井较接近，水驱效果明显，油井产量高，但由于其裂缝端部距离水井较接近，更容易在见水后形成优势渗流通道，含水率上升速度较快，该井网的累计产量低于两种纺锤形井网。纺锤形井网初期产量低于哑铃形井网，但由于压裂时避开了注水井射孔，其含水率上升速度慢，注水受效较晚。两种纺锤形井网相比，由于其注水受效较晚，加大井距纺锤形井网初期产量低于原先的小井距井网。在相同含水率下，加大井距的纺锤形井网的累计产油量高于原先井网所采用的小井距纺锤形井网。综合考虑，在五点法井网中，优选加大井距纺锤形井网。

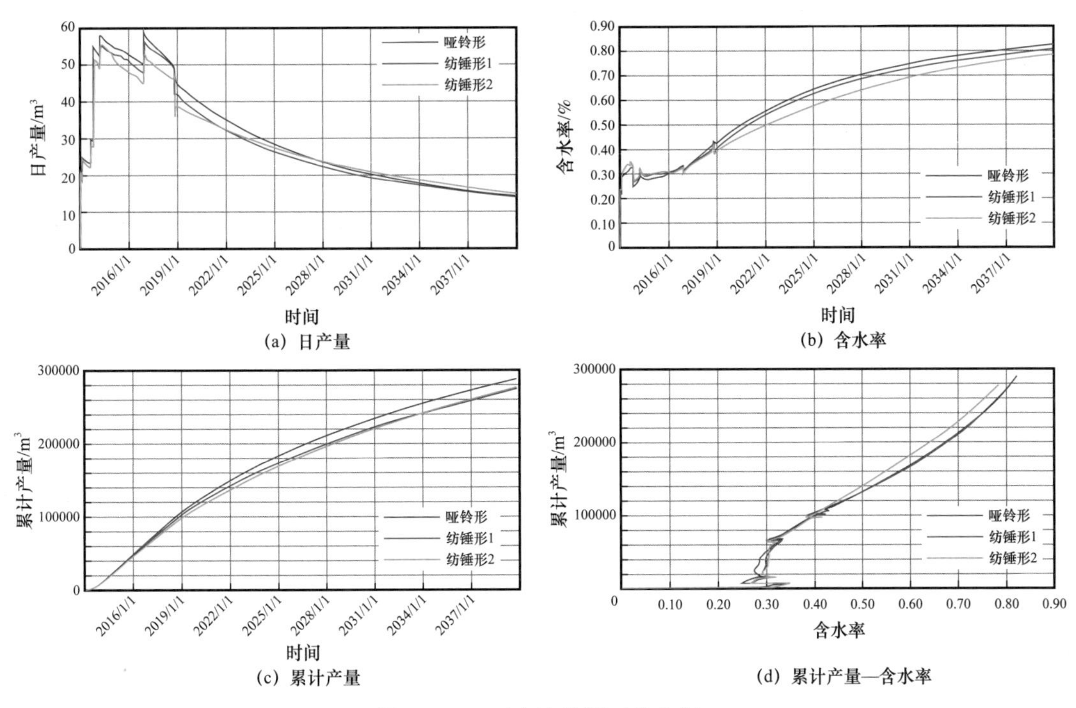

图 7-3-8 五点法井网对比方案

七点法井网方案对比结果与五点法井网的趋势大致相同，在投产初期，哑铃形七点法井网注水受效最早，产量最高，但是含水率依然高于两种纺锤形井网，且在相同的含水率下，加大井距的纺锤形井网累计产量高于前两种井网，在注水井井距增大时，注水井的水驱控制程度也有所增加。七点法大井距纺锤形井网由于增加了两口采油井，提高了井网的波及系数，其产量较高，相同含水率对应水平井累计产量高于不加密的方案，推荐优选七点法加大井距纺锤形井网。

2. 井距优化

研究区目前水平井水平段长度平均为 600m，采用 300m×300m 注采井网开发，为了论证合理的注采井距，以纺锤形加密井网为基础，保持注水井排与水平井井距 300m 不变，分别设计了注水井与加密油井井距为 200m、300m、400m 三种方案（图 7-3-9）。加大注水井和加密油井井距（400m）后，含水率明显小于前两种，相同含水率下，累计产量也高于前两种方案。但考虑到油田实际情况，由于非主力层砂体在平面上分布不连续，存在大面积尖灭，再增大井距可能会导致注水井控制不到非主力层砂体，因此优选 400m 井距作为加密油井到水井的距离。在该油田后期的开发调整中，可以考虑原先的注水井改为油井，在水平井端部以外合理位置部署加密注水井。

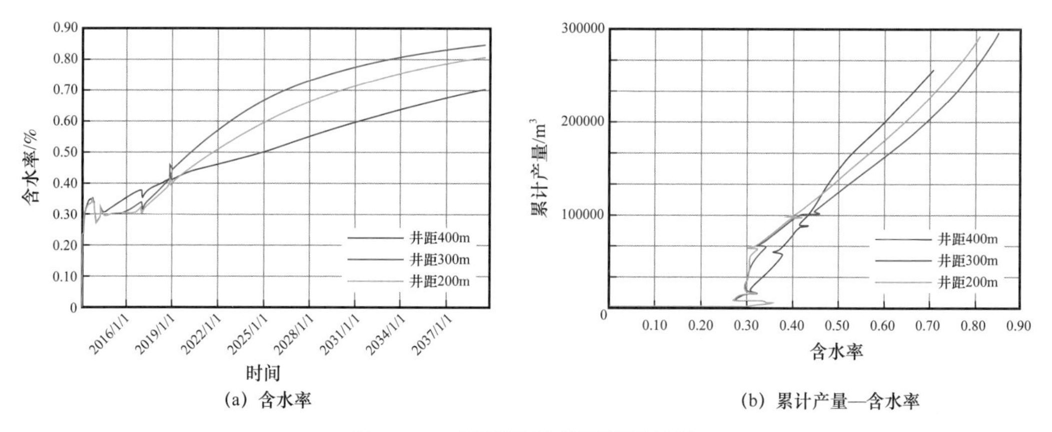

图 7-3-9 不同注采井距模拟结果

第四节 直井适度规模压裂开发调整技术

针对已开发特低渗透油藏加密调整后裂缝动态变化导致含水率上升快、单井产量低的突出问题，“十三五”期间攻关形成了以适度规模压裂复杂裂缝动态表征、砂体—人工裂缝—井网匹配的整体优化设计、注水为主多元能量补充为核心的缝控基质单元开发调整技术，有效改善了区块开发效果。

一、特低渗透油藏“动态缝”地质模拟技术

特低渗透油田经过长期注水开发，地应力场及裂缝组系发生变化，动态裂缝作用下平面多方向见水，剩余油挖潜难度增大，亟须攻关形成一套适应长垣外围已开发油田的动态缝预测及表征技术，指导油田整体开发调整。在室内实验结果和天然裂缝建模的基础上，以四维应力模拟为核心，创新形成人工缝正演模拟—井间伴生缝预测的动态缝地质建模和基于实体缝模拟—应力敏感跟踪的动态缝数值模拟技术，首次实现开发过程中复杂裂缝系统全过程模拟跟踪和预测，为基于缝控基质单元开发调整整体优化设计提供有力支撑（图 7-4-1）。

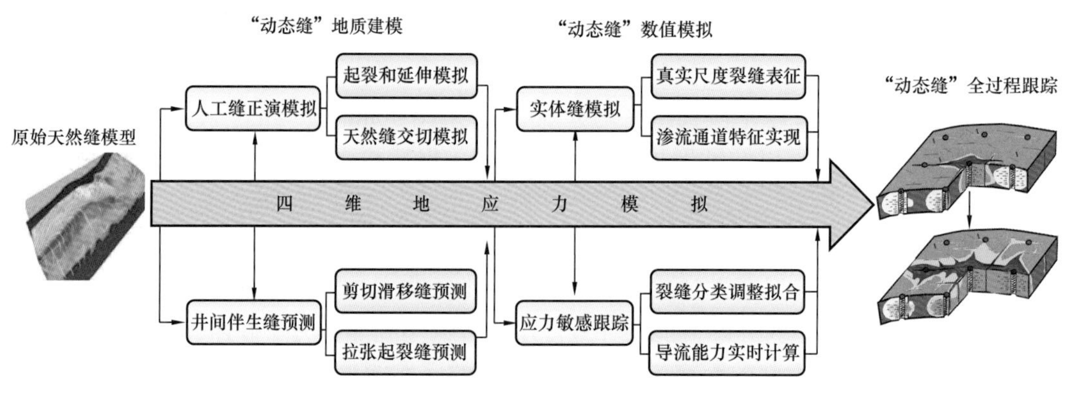

图 7-4-1 低渗透、特低渗透储层“动态缝”表征技术流程

1. 油藏四维地应力模拟技术

在力学参数精细建模和原始地应力精细模拟的基础上，采用有限元与油藏模拟相结合的方法，通过油藏模拟得到油藏孔隙压力变化，实时迭代计算应力场的动态变化。其迭代的过程是：油藏数值模拟过程中可以实时输出孔隙压力，通过有限元计算可以得到实时的应力和应变，应变对裂缝的开度、渗透率等参数产生影响，进而影响流体流动和压力场分布，计算出下一个时间步的压力场（图 7-4-2）。这样将压力场数据实时迭代至有限元模型中进行地应力计算过程，即为四维地应力模拟。通过四维地应力模拟，可为预测和表征人工缝和井间应变伴生缝提供基础。

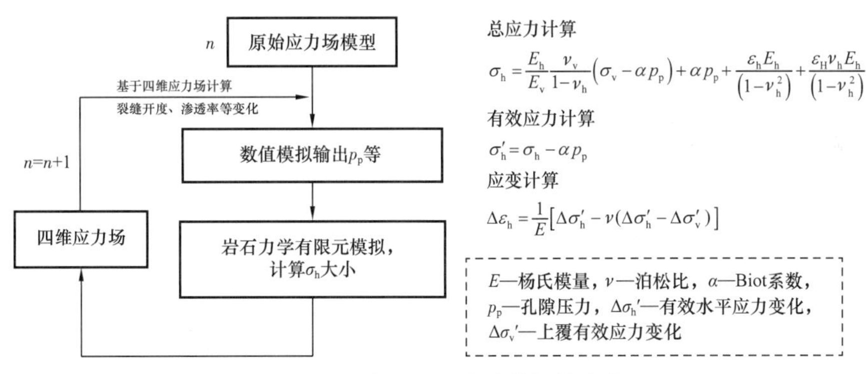

图 7-4-2 油藏四维地应力模拟技术流程

2. 人工缝正演模拟技术

与天然裂缝建模过程中采用地质统计学的随机模拟方法不同，人工缝正演模拟根据施工排量、加砂浓度等参数计算缝内静压力与破裂压力的关系，模拟人工缝起裂和延伸过程；同时，模拟过程中考虑了人工缝与天然缝的交切关系，根据缝内净压力与抗张强度的函数，交切关系存在穿越和阻移两种模式。通过人工裂缝正演模拟，搞清了人工裂缝的分布特征。分布特征主要为：对于裂缝不发育的压裂井区，常规压裂以沿最大主应力方向延伸的单缝为主，适度规模压裂后形成主缝沿最大主应力方向延伸的复杂双翼缝；对于裂缝发育的压裂井区，常规压裂就可以形成复杂裂缝，主缝沿最大主应力方向，延伸至与天然缝交互而形成复杂裂缝体系（图 7-4-3）。

3. 井间应变伴生缝模拟方法

伴随着油田的开发过程，应力场的变化会导致井间裂缝有效性随之改变，进而影响水驱前缘的分布。长期注水开发过程中，伴随注采调整、措施改造等过程，地应力场不断发生变化，导致原来井间闭合天然缝拉张起裂或剪切滑移，当地层孔隙压力（p_p）大于裂缝正应力（垂直裂缝面的有效应力 σ_n），原先闭合的隐性裂缝拉张起裂；当裂缝的剪切应力［平行于裂缝的有效应力（δ）］大于裂缝的摩擦阻力（f），原先闭合的隐性裂缝形成剪切滑移。根据模拟结果，随着开发过程中的应力场变化，致使局部裂缝产生起裂或者闭合，为同步进行的动态缝高精度数值模拟提供了依据（图 7-4-4）。

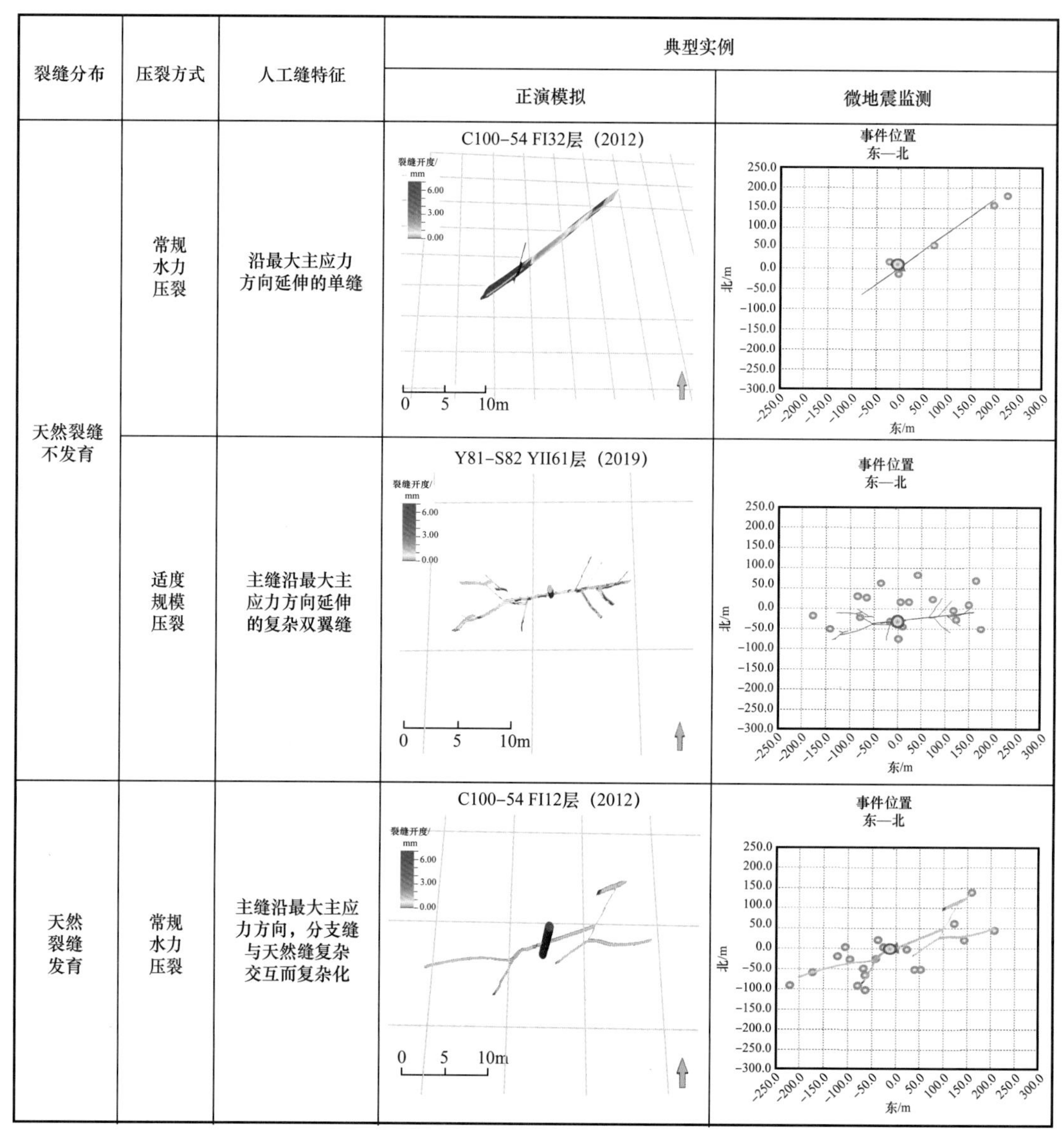

裂缝分布	压裂方式	人工缝特征	典型实例	
			正演模拟	微地震监测
天然裂缝不发育	常规水力压裂	沿最大主应力方向延伸的单缝	C100-54 FI32层（2012）	事件位置 东—北
	适度规模压裂	主缝沿最大主应力方向延伸的复杂双翼缝	Y81-S82 YII61层（2019）	事件位置 东—北
天然裂缝发育	常规水力压裂	主缝沿最大主应力方向，分支缝与天然缝复杂交互而复杂化	C100-54 FI12层（2012）	事件位置 东—北

图 7-4-3　人工缝正演模拟结果及微地震实例验证

4.“动态缝”数值模拟技术

通过实时应力场跟踪，考虑开度和渗透率等参数变化，自动跟踪有效裂缝的开启及延伸，拟合动态裂缝特征。由于“动态缝”数值模拟过程中，考虑了裂缝随着应力突然开启、闭合以及裂缝导流能力随应力发生变化的特征，能够较好地表征裂缝影响的水驱优势方向（图 7-4-5），对见水时间、含水率等指标拟合较好，较常规数值模拟方法的精度有了较大幅度的提高（图 7-4-6）。以 C45 区块 88-100 井排为例，见水时间拟合率提高了 52 个百分点，单井含水拟合率提高 5～10 个百分点，全区含水符合率达到 95% 以上。

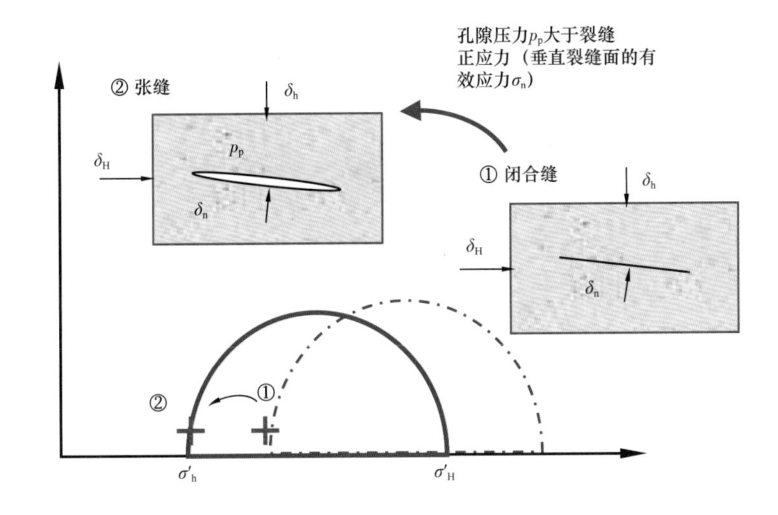

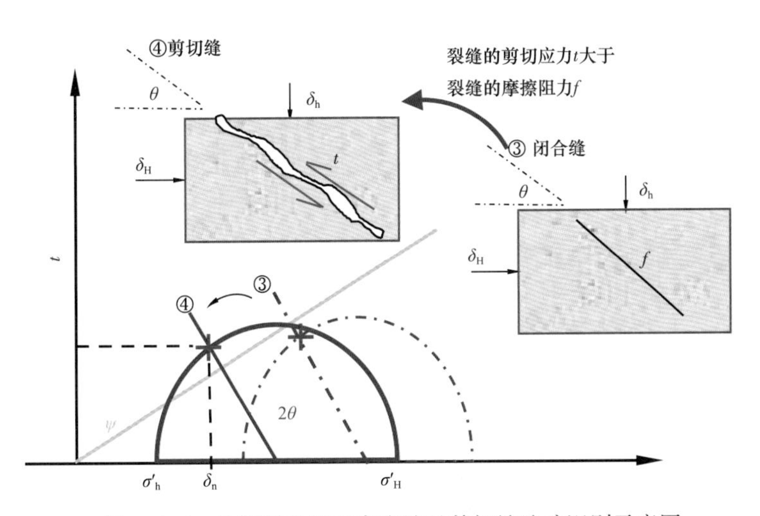

图 7-4-4 油藏开发过程中张缝及剪切缝追踪识别示意图

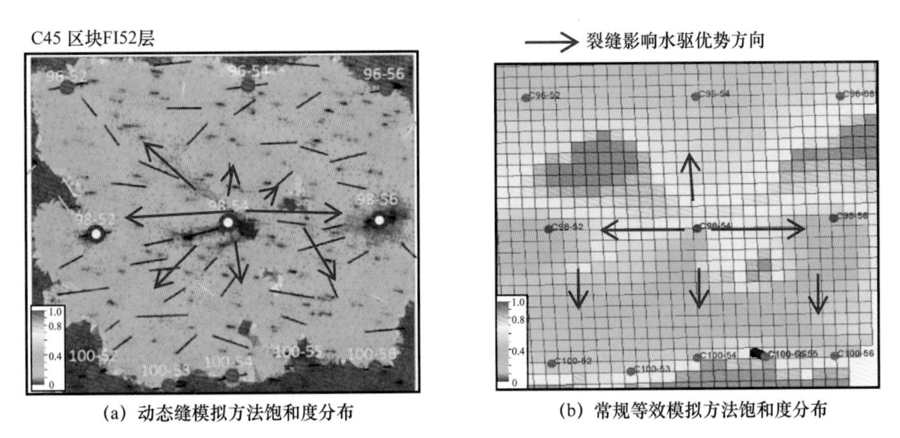

(a) 动态缝模拟方法饱和度分布　　(b) 常规等效模拟方法饱和度分布

图 7-4-5 动态缝模拟法与常规等效模拟法饱和度对比图

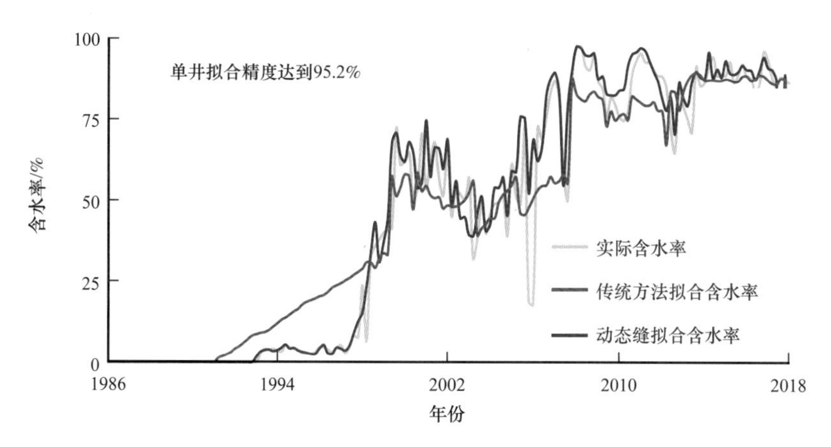

图 7-4-6 不同数值模拟方法单井（C100-54 井）含水率曲线拟合对比图

二、砂体—人工裂缝—井网匹配的整体优化技术

为实现缝控基质单元储量动用最大化和零散井个性化设计，采取按砂体、构造位置、剩余油潜力与压裂规模整体优化，形成了零散井个性化和区块“基础井网邻井错层，加密井网同层隔井、适度压穿邻井”的砂体—裂缝—井网匹配的开发调整整体优化设计技术（图 7-4-7）。

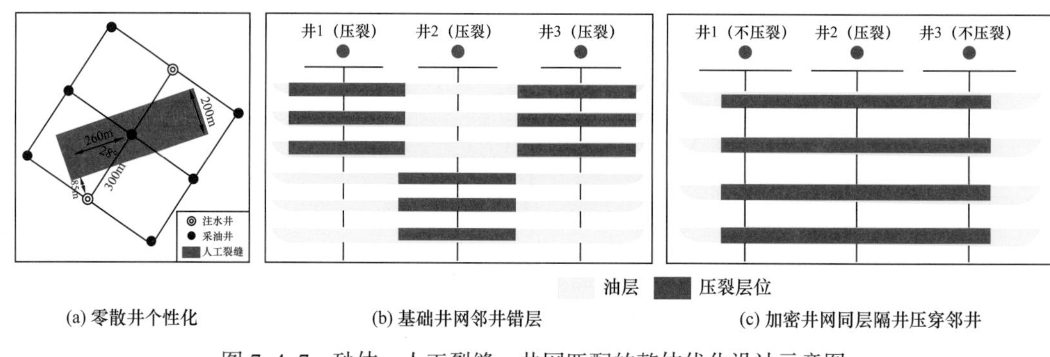

图 7-4-7 砂体—人工裂缝—井网匹配的整体优化设计示意图

D16 扶杨油层开发区块有效孔隙度为 12.3%，空气渗透率为 4.47mD，单井有效厚度为 11.8m。2017 年优选 19 口井开展直井适度规模压裂开发调整整体优化设计，其中在加密的 D160 断块选取 12 口井适度规模压裂，平均单井压裂 3 个油层，平面上覆盖 33 口油井，纵向上控制 6 个主力油层；东部基础井网 S371 断块选取 7 口井适度规模压裂。综合考虑砂体发育、水驱前缘状况、剩余油分布等因素，注重单井个性化设计和有利于区块均衡动用，通过砂体—人工裂缝—井网匹配的整体优化，单层液量 300～1600m^3，单井施工周期减少 2.6d，单井施工费用下降 89 万元，压裂井取得较好增油效果，初期平均单井日增油 6.6t，单井累计增油 2231t，压驱效应使邻井受效明显，区块日产油由 126t 上升到最高时 256t，采油速度由 0.49% 提高到 0.89%，压裂井区采收率提高 2.40 个百分点。

第五节 低渗、特低渗油藏挖潜增效治理技术

“十二五”期间，大庆外围油田加大科技攻关力度，不断提高老油田开发效果，实现了原油 500 万吨以上的持续稳产，为大庆油田持续稳产做出了重要贡献。但“十二五”末期以来，由于国际油价处于较低水平、企业整体经济效益大幅度下滑，大庆外围油田面临“产量和效益”的双重压力，而且随着油田开发逐步深入，油水分布愈发复杂，开发难度越来越大，低产—长关井比例逐年增加，由“十二五”初期的 36.2% 上升到 2017 年的 53.0%，严重影响油田的开发效果及效益。因此，优选了 M71、QJB、S382、C1–CQ3 4 个低渗、特低渗透试验区块开展综合治理研究。4 个试验区合计含油面积 67.17km^2，动用地质储量 2354.43×10^{4}t，共有油水井 829 口，治理前长关—低产井比例为 51.87%。通过加大长关井、低产井治理力度，有效减缓产量递减速度，探索大庆外围油田低油价下挖潜增效的开发技术和治理模式（表 7-5-1），进一步改善长垣外围油田开发效果。

表 7–5–1 大庆外围油田挖潜增效现场试验区情况表

区块	面积 / km^2	储量 / 10^{4}t	井数 / 口	试验前				
				年产油 / 10^{4}t	综合含水率 / %	自然递减率 / %	综合递减率 / %	长关—低产井比例 / %
QJB	18.48	545.73	266	3.4	40.89	16.7	12.04	46.67
S382	7.4	340	108	1.43	34.67	14.6	1.51	34.67
C1–CQ3	13.59	942.4	269	3.81	51.8	13.04	11.37	54.3
M71	27.7	526.3	186	1.92	36.1	14.48	14.42	66.07
合计 / 平均	67.17	2354.43	829	10.56	43.98	14.7	10.88	51.87

一、特低渗透扶杨油层挖潜增效治理技术

特低渗透扶杨油层主要问题是难以建立有效驱替体系。根据变启动压力梯度面积井网渗流理论，渗流能力、驱替压差、驱替距离是影响产量的主要因素。因此，按照“因层施策、常非组合”治理理念，从缩小驱替距离、增加驱替压差和改善储层渗流能力三方面入手，逐步形成了以缝控基质单元有效驱替为核心的特低渗透挖潜增效治理技术。

通过对 QJB 区块和 S382 区块长关—低产井成因分析，以油井为中心，油井及其连通水井为统一治理单元进行综合治理。将长关—低产井按其成因分为三类：一类长关—低产井储层物性相对较好，由于油水井连通性较差，导致难以建立有效驱替体系；二类长关—低产井油水井间连通状况较好，但储层物性差、井距大；三类长关—低产井储层物性差、油水井间连通状况差、油水井间井距相对较大，导致难以建立有效驱替体系。

针对油水井连通性较差导致难以建立有效驱替体系的一类长关—低产井，通过油水

井对应改造，改善油水井间连通性，同时结合区块地应力方向，优化对应压裂缝长，由油水井间驱替转变为裂缝间驱替，从而缩小驱替距离，改善油水井间渗流能力，使油水井间能够建立有效驱替体系。QJB 区块实施油水井对应压裂 18 组，对比单独压裂，水井单井多增注 5969m^3，油井单井多增油 324t。

针对储层物性差、井距大导致的二类长关—低产井，通过向剩余油富集区水平井侧钻，从而缩短油水井间驱替距离，配合水平段大规模适度规模压裂有效改善储层渗流条件，将井间驱替转变为井与裂缝间驱替，建立有效驱替体系，有效提高单井产量。在 S382 区块实施较早的两口井水平井侧钻结合适度规模压裂，单井阶段累计增油 2109t，增油效果较好。

针对储层物性差、油水井间连通状况差、油水井间井距相对较大，导致三类长关—低产井，提压注水增加油水井间驱替压差，配合适度规模压裂有效改善油水井间储层渗流条件，使油水井间建立有效驱替。QJB 区块共实施水井提压注水、油井适度规模压裂 13 组，平均单井累计增注 7656m^3，适度规模压裂单井阶段累计增油 826t。

二、裂缝发育扶杨油层挖潜增效治理技术

裂缝发育区受裂缝影响含水率上升快，剩余油以层内和裂缝干扰型为主。根据封堵裂缝，扩大波及体积，实现均衡动用的治理思路，集成发展“深度调剖 + 周期注水”的综合治理方法，发挥可动凝胶封堵优势裂缝条带和周期注水渗吸的协同作用，进一步扩大水驱波及体积。2017 年以来，C1–CQ3 区块轴部共实施周期注水结合深度调剖 32 口井，平均单井注入压力由 11.2MPa 上升到 13.0MPa，上升 1.8MPa；连通油井含水率由 65.1% 下降到 61.6%，下降 3.5 个百分点，日产油由 54.2t 上升到 68.1t，上升 13.9t。

三、低渗透葡萄花油层挖潜增效治理技术

低渗薄互层受储层物性差影响，欠注井比例高、注采状况差，严重影响了区块开发效果。按照注采两端协同治理、实现薄差储层强化动用的治理思路，注入端深入分析影响注入状况的主要因素，采取针对性酸化改造改善注入状况；采出端通过自生气吞吐、压裂等多元引效措施进一步提高单井产量，从而改善区块开发效果。M71 区块 2018—2020 年共实施低碳有机酸酸化 72 井次，平均单井累计增注 3448m^3（目前仍在有效期内），井区共有见效油井 41 口，平均单井日产液由 1.3t 上升到 2.1t，上升 0.8t；平均单井日产油由 0.4t 上升到 0.7t，上升 0.3t。另一方面对区块连通状况较差、酸化后未见到注水效果的油井，通过压裂、自生气吞吐进行引效，共进行压裂 7 口，自生气吞吐 10 口，井区平均单井日产油由 0.4t 提高到措施后的 1.3t，日增油 0.9t。

挖潜增效试验区经过“十三五”五年治理，开发效果明显改善。试验区块累计增油 13.37×10^4t，自然递减率由 14.70% 降低到 9.69%，下降 5.01 个百分点；综合递减率由 10.88% 下降到 4.85%，下降了 6.03 个百分点；长关—低产井比例由 51.87% 下降到 39.61%，下降 12.26 个百分点（表 7–5–2）。长关—低产井治理是一项长期工作，随着油田开发不断深入，长关—低产井数会逐年增加，治理难度也会逐渐增大。因此，长关—低产井治理技术也需要不断开发和完善。

表 7-5-2 挖潜增效试验区指标变化情况表

区块	井数/口	油井数/口	2015年					2019年					2020年				
			年产油/10^4t	综合含水率/%	自然递减率/%	综合递减率/%	长关—低产井比例/%	年产油/10^4t	综合含水率/%	自然递减率/%	综合递减率/%	长关—低产井比例/%	年产油/10^4t	综合含水率/%	自然递减率/%	综合递减率/%	长关—低产井比例/%
M71	186	112	1.92	36.1	14.48	14.42	66.07	1.82	46.8	12.39	0.11	56.88	1.83	51.8	8.76	−1.57	54.63
QJB	266	195	3.4	40.89	16.7	12.04	46.67	5.07	55.88	12.19	10.92	36.41	4.5	61.57	13.43	11.35	38.97
C1–CQ3	269	186	3.81	51.8	13.04	11.37	54.3	3.36	60.6	10.03	6.41	42.47	3.18	62.7	8.6	5.22	43.33
S382	108	75	1.43	34.67	14.6	14.6	34.67	2.81	35	10.36	−5.24	28	2.91	47.9	2.21	−3.93	13.33
合计/平均	829	568	10.56	43.98	14.7	10.88	51.87	13.06	52.97	13.21	7.5	41.37	12.42	58.07	9.69	4.85	39.61

参考文献

陈守雨，刘建伟，龚万兴，等 . 2010. 裂缝性储层缝网压裂技术研究及应用［J］. 石油钻采工艺，32（6）：67–71.

胡永全，贾锁刚，赵金洲，等 . 2013. 缝网压裂控制条件研究［J］. 西南石油大学学报（自然科学版），35（4）：126–132.

雷群，胥云，蒋延学，等 . 2009. 用于提高低—特低渗透油气藏改造效果的缝网压裂技术［J］. 石油学报 . 30（2）：237–241.

庞彦明，王永卓，周永炳，等 . 2018. 低渗小砂体隐蔽油藏精细评价优化建产技术及应用［J］. 大庆石油地质与开发，37（5）：43–48.

曾联波，肖淑蓉，罗安湘 . 1998. 陕甘宁盆地中部靖安地区现今应力场三维有限元数值模拟及其在油田开发中的意义［J］. 地质力学学报，4（3）：60–65.

曾联波，赵继勇，朱圣举，等 . 2008. 岩层非均质性对裂缝发育的影响研究［J］. 自然科学进展，18（2）：216–220.

张义楷，周立发，党犇，等 . 2006. 鄂尔多斯盆地中新生代构造应力场与油气聚集［J］. 石油实验地质，28（3）：215–219.

赵翰卿 . 2002. 储层非均质体系、砂体内部建筑结构和流动单元研究思路探讨［J］. 大庆石油地质与开发，21（6）：16–18.

赵井丰 . 2016. 大庆长垣南部葡萄花油层成藏模式及主控因素［J］. 大庆石油地质与开发，35（4）：28–32.

周守信，孙雷，李士伦，等 .2003. 单砂体非均质性定量化描述新方法［J］. 河南油田，17（2）：1–3.

Baudat G，Anouar F，2000. Generalized discriminant analysis using a kernel approach［J］. Neural computation，12（10）：2385–2404.

Craig F F，Geffen T M，Morse R A，1955. Oil Recovery Performance of Pattern Gas or Water Injection Operations from Model Tests［J］. Trans.，AIME 204（1）：7–15.

Karimi–Fard M，Durlofsky L J，Aziz K，2004. An Efficient Discrete–Fracture Model Applicable for General–Purpose Reservoir Simulators［J］. SPE Journal，9（2）：227–236.

Mika S，Ratsch G，Weston J，et al.，1999. Fisher discriminant analysis with kernels［J］. IEEE.